Autodesk Fusion 360
官方标准教程

宋培培　编著

清华大学出版社

北京

内 容 简 介

本书以真实的工业设计与机械设计为例，全面介绍中文版 Autodesk Fusion 360 在机械与工业设计方面的强大功能。

全书共分为 9 章，第 1 章概述，介绍了多学科融合的发展趋势下 Autodesk Fusion 360 教育教学支持方案；第 2 章 Autodesk Fusion 360 安装及工作空间介绍，介绍了安装与功能模块，讲解了草图相关工具和建模相关工具；第 3 章 Autodesk Fusion 360 工业设计建模实例，结合案例讲解了实体模型、T-Splines 模型、面片模型和钣金模型的一些建模方法和技巧，还介绍了脚本和附加模块；第 4 章渲染，讲解运用 Fusion 360 进行材料、场景、贴图、着色、渲染等可视化技术；第 5 章零部件的设计与装配，讲解了装配基础和两个完整的产品装配设计实例，在第二个实例中讲解了工程图的生成；第 6 章动画，讲解了关键帧动画和基于装配联接的动画，以及动画的发布；第 7 章仿真分析，讲解了仿真分析的类型和工具命令，结合案例介绍了静态应力分析和热分析，以及机器人夹持臂的轻量化设计；第 8 章衍生式设计，讲解了衍生式设计的概念，并结合案例介绍了 Fusion 360 衍生式设计的流程及参数设置；第 9 章制造，讲解了 CAM 基础，结合案例介绍了 2D 加工与 3D 加工，以及如何生成 G 代码，讲解了 3D 打印、Meshmixer、3D 打印工艺和分层预览等内容。

本书采用中文命令形式进行操作，通过详细介绍的工具按钮和操作步骤进行练习，对每个实例都进行了详细的分析和总结。通过对工业设计知识、机械设计知识、计算机辅助设计知识进行系统、全面的学习，使初学者可以轻松地掌握中文版 Autodesk Fusion 360 的工业设计、机械设计与加工仿真技术。

本书适合 Autodesk Fusion 360 初、中、高级用户，以及大中专院校相关专业师生和社会各类相关培训学员。

图书在版编目（CIP）数据

Autodesk Fusion 360 官方标准教程 / 宋培培编著. —北京：清华大学出版社，2022.7（2024.11 重印）
ISBN 978-7-302-60513-3

Ⅰ.①A… Ⅱ.①宋… Ⅲ.①三维动画软件－教材 Ⅳ.①TP391.414

中国版本图书馆CIP数据核字（2022）第055870号

责任编辑：李玉茹
封面设计：李 坤
责任校对：翟维维
责任印制：丛怀宇

出版发行：清华大学出版社
      网　　　址：https://www.tup.com.cn, https://www.wqxuetang.com
      地　　　址：北京清华大学学研大厦A座　　　　邮　　编：100084
      社 总 机：010-83470000　　　　　　　　　邮　　购：010-62786544
      投稿与读者服务：010-62776969，c-service@tup.tsinghua.edu.cn
      质量反馈：010-62772015，zhiliang@tup.tsinghua.edu.cn
印 装 者：三河市龙大印装有限公司
经　　销：全国新华书店
开　　本：210mm×285mm　　　　印　　张：23　　　字　　数：560千字
版　　次：2022年7月第1版　　　　印　　次：2024年11月第2次印刷
定　　价：149.00元

产品编号：096260-01

首先，这不是一本仅介绍工业产品建模的教材，而是一本融合了从设计、结构、渲染到分析、制造完整流程的 Fusion 360 软件的官方标准教程。在现有的教材中，尤其是工业设计方向的，往往是包含大量的、复杂的和非常炫的建模案例的教材。目前，行业中尚未把设计与生产制造有序地结合起来，导致国内高校以及一些教材把教学重点放在了建模上。Fusion 360 这个在国外产业界和教育界有着成功运用的软件工具，在国内却严重缺乏相关的中文学习资料以及实际的案例。笔者是第一位获得 Fusion 360 国际认证的工程师，从事工业设计教学 18 年，也长期工作在设计一线。在与 Autodesk 研发中心和 Fusion 360 的研发团队学习交流后，收集了许多国外的信息资料，结合自己的学习和工作经验，归纳总结编写了此书。

2016 年，Autodesk 公司推出 Fusion 360 这款集工业设计、结构设计、机械仿真以及 CAM 于一身，支持跨平台和通过云端进行协作、分享的设计平台。在此之前，设计与制造一直是脱节的。一项产品的设计研发，设计师和工程师之间的交流需要借助不同的软件，不同的工具命令，甚至不同的行业术语。设计思路与加工策略之间的沟通也是一件困难的事情。艰难的产品设计与研发流程导致了设计方案与实际产品之间差距甚大。一个完整的产品研发流程被分为了几个大的环节：工业设计、机械设计、渲染与动画、机械仿真（CAE）、计算机辅助加工制造（CAM）等。Fusion 360 解决了跨平台数据交换的技术难题，实现了跨地域协作和总览协作流程的有效控制，突破了艺术与制造、设计与加工之间的诸多壁垒，它所包含的技术是工业设计或机械设计专业的人必须学习的。由于本书的篇幅有限，主要介绍 Fusion 360 的工作环境模块及案例，目的是让读者对 Fusion 360 有个正确的认识，打下坚实的基础，并且能够掌握小型工业产品从设计建模到材质动画、装配、工程分析、制造技术的设计流程。

全书共分为 9 章，具体内容简要介绍如下。

第 1 章　概述，介绍了多学科融合发展趋势下 Autodesk Fusion 360 教育教学支持方案。

第 2 章　Autodesk Fusion 360 安装及工作空间介绍，介绍了安装与功能模块，讲解各个工作空间及其命令。

第 3 章　Autodesk Fusion 360 工业设计建模实例，结合案例讲解了实体模型、造型模型、面片模型、钣金模型和脚本等的一些建模方法和技巧，还介绍了脚本和附加模块。

第 4 章　渲染，讲解运用 Fusion 360 进行材料、场景、贴图、着色、渲染的可视化技术。

第 5 章　零部件的装配与设计，讲解了装配基础和两个完整的产品装配设计实例；在第二个实例中，讲解了工程图的生成。

第 6 章　动画，讲解了关键帧动画和基于装配联接的动画以及动画的发布。

第 7 章　仿真分析，讲解了仿真分析的类型和工具命令，结合案例介绍了静态应力分析、热分析和运动仿真分析，以及形状优化设计。

第 8 章　衍生式设计，讲解了衍生式设计的概念，并结合案例介绍了 Fusion 360 衍生式设计的流程及参数设置。

　　第 9 章　制造，讲解了 CAM 基础，结合案例介绍了 2D 加工与 3D 加工，以及如何生成 G 代码；讲解了 3D 打印、Meshmixer 概述，以及 3D 打印工艺和分层预览等。

　　为了让读者更好、更轻松地掌握书中的内容，本书还附赠配套资料，供读者分析参考。

扩展资源二维码

| Fusion 360 教学视频 A.mp4 | Fusion 360 教学视频 B.mp4 | Fusion 360 教学视频 C.mp4 |

Fusion 360 教学视频 D.mp4　　　　　　Fusion 360ppt.rar　　　　　　Fusion 360 教材配套文件 .zip

　　在本书的编写过程中，得到了 Autodesk 公司教育部门的大力支持和协助。同时，在本书的资料收集和文档整理过程中，得到了王东、黄庆九、贺琼仪、闫晶、何超等的帮助，有些案例和技巧是从 Fusion 中文网学习整理并编写的，在此表示深深的感谢。特别感谢王兵、袁双喜两位老师为本书提供的案例，同时也敬请各位读者批评指正。

编　者

目录

第 1 章
概述

1.1 Fusion 360 与设计教育

Fusion 360 是 Autodesk 公司推出的一款基于云端计算的新一代 CAD/CAE/CAM 工具，是集工业设计、结构设计、机械仿真以及 CAM 于一身，支持跨平台和通过云端进行协作、计算并分享的软件工具。Fusion 360 已经逐渐成为集 Autodesk 云端计算及云协作于一体的云端设计平台，融入了很多非常优秀的云端计算服务，如设计交互、衍生式设计、装配动画、高品质渲染、仿真分析、CAM 辅助制造、3D 打印等，可实现从概念到生产工具的全部设计理念，使设计探索更加容易和便捷。

1.1.1 设计 3.0 时代的特征

智能制造 2025 是中国实施制造强国战略第一个十年的行动纲领，它推动中国制造业进入转型期。在中国制造业进行产业升级的进程中，创新设计的作用越来越突出，智能制造离不开创新设计驱动，而对于创新设计与智能制造人才培养以及专业链的建设格外重要。中国科学院原院长、全国人大常委会原副委员长路甬祥院士提出，在第三次工业革命浪潮中，"创新设计"将引领以信息化和网络化为特征的绿色、智能、个性化、可分享的可持续发展文明走向。中国需要提升创新设计能力作为促进创新驱动、转型发展、建设创新型国家的重要战略。中国设计要引领世界发展潮流，积极迈向设计 3.0 时代。路甬祥院士解释说，我们把农耕时代的传统设计称之为 1.0 时代，把当前工业化的现代设计称之为 2.0 时代，全球知识网络时代、设计与材料创新将呈现新的特征，将进化为设计创新的 3.0 时代。

同济大学副校长娄永琪教授回应说，设计转化到 3.0 时代带来了三个巨大转变。一是主体改变，设计 3.0 支撑了从"给人们设计（design to people）""为人们设计（design for people）""和人们设计（design with people）"到"由人们设计（design by people）"的转变。在这个过程中，设计的主体由专业人士越来越多地向用户和普通人转变，让更多的人具有设计能力，参与设计过程，这成为 3.0 时代的重要特征。二是方式改变。信息网络时代的设计，从设计工具、设计方式、设计流程都发生了颠覆性的改变。三是产业改变。信息网络时代使得创新创业和产业转型有了新的途径。而 Autodesk 公司推出的 Fusion 360 对应设计 3.0 时代的所有特征，满足设计需求。

1.1.2 专业链融合的发展趋势

Fusion 是融合的意思。它的确融合了很多相关技术，比如说融合了 Windows 和 Mac，融合了直接建模和参数化建模，融合了 T-Splines 建模和 B-Rep 建模，融合了桌面软件和云端计算，而 360 指的就是云端计算技术。Fusion 360 很好地融合了参数化建模和直接建模，既保留了直接建模在工业设计上的灵活性，同时也兼顾了结构设计中对建模历史和参数化控制的需求。

在以往的产品研发中，专业链之间的衔接一直是一个痛点，例如工业设计和结构设计。工业设计和结构设计往往使用不同的软件，结构工程师既希望能最大限度地利用工业设计的结果，又担心由于工业设计的变更而带来的大面积结构设计返工。Fusion 360 最大的亮点是融合了工业设计和结构设计的需求，同时最大限度地保证工业设计的变更可以传递到后续的结构设计中，提高工程师的设计效率。设计师仅通过这个单独的云平台即可在 Mac 和 PC 上完成整个产品开发过程并可在两个系统之间进行数据交换。所有团队成员可以随时随地在任何设备上协同工作。这样不同专业在同一云端平台上并行设计，既解决了交流障碍问题又解决了文件格式相互导出导入带来的模型破损等问题，实现了专业链之间的高度融合。

1.1.3 关于工业设计专业课程建设的几点思考

（1）**工业设计是对商品或者品牌的设计，而不仅仅是产品设计或工程设计**。马克思在《资本论》中写道，从产品到商品是一次惊险的跳跃，因为它实现了产品的价值。而从商品到品牌则是又一次惊险的跳跃，因为它实现的是产品的附加值。工业设计至少是针对商品或品牌的设计，是一种以提升产品附加值为目的，打造品牌认知度和美誉度的工作。例如苹果手机，它的生产成本不到 200 元人民币，可新上市的苹果手机的售价却在 6000 元人民币，而客户对于苹果的品牌价值认可度和接受度是很高的。众所周知，苹果公司就是运用了工业设计中的"极简主义"来大幅度提升产品附加值和品牌认知度的。而目前我国大部分高校的工业设计专业往往把注意力放在了产品设计上，教学过程中仅仅关注学生设计方案的可使用性、材料、成本等问题，忽略了对于提升商品价值和附加值的研究、品牌打造、客户群体的拓展、市场潜力的挖掘与用户品牌忠实度等方向上的问题。

（2）**工业设计是面向客户的设计，而不仅仅是解决用户问题**。工业设计不仅仅要针对用户进行设计，更多的是要针对客户进行设计。这两者的关注点是不同的，用户关注产品的实用性与适用性，而客户更加关注的是商品的性价比，因此物超所值才是客户所关注的。在零售情况下用户与客户通常是一个个体，但在许多商业环境下客户不一定是用户，例如学校的桌椅，购买者是校方，使用者则是学生或教师。校方作为客户在采购桌椅和设备的时候考虑的是现有资金预算、购买数量以及是否能够提升教学环境等问题，而师生们作为用户在使用桌椅或设备的时候才会体验产品的实用性等问题。这种购买行为在前，用户体验在后的情况有很多。学校不会等师生深入体验产品的实用性后再去购买产品，决定购买动机的往往是品牌和商品的视觉价值和性价比。而这样的商业情况并非个例，学校、医院、政府机关、企业等单位在采购商品时都存在类似的情况，因此工业设计专业的关注点应该是提升商品的视觉价值和剩余价值，打造品牌的影响力，而不应该过多地把关注点放在产品实用性、工程性和用户满意度上。

（3）**工业设计专业要重视软件工具的使用与教学**。制作工具与使用工具是人类区别于其他动物的标志之一，工具伴随着人类文明，可以说人类社会是建立于工具之上的。工具大大扩展了人各个器官的功能。工具的进步拓展了设计思维、方法和途径，设计是在做中去思考的，而不是头脑中想好了再表达出来。软件工具既是设计师表达设计方案和评价设计方案的工具，又是设计思考的重要手段，更是不同专业之间的交流协作平台。因此在教学中应该重视软件工具的使用与教学。当前一些高校的工业设计专业把《计算机辅助设计》课程取消了，其原因是软件工具设计易懂通用，网上可以下载到学习视频，学生们课下自学就能满足设计与制作任务，不用通过教师在课程中详细讲授。这一方面忽略了学生的惰性，另一方面也忽略了自媒体时代网络视频的质量，这是不正确的。教师在课上的讲解、剖析、指导和练习对于学生学习掌握软件工具的使用是非常重要的。在一些高校的工业设计专业任教的过程中发现，取消《计算机辅助设计》课程的设计类学生，在理论教学的设计环节、设计实践、毕业设计、设计比赛等课程中不仅思维受到限制，而且设计制作和方案表达困难，时间久。4～5位同学一组设计一个完整的方案都达不到课程标准。

（4）**国内高校科技成果转化缺少工业设计环节**。国内大多数高校都成立了科技成果转化中心，但实际的科技成果转化工作开展起来是比较困难的，究其原因是缺少工业设计环节。高校中的专利技术不仅要转化为产品和样机，更要转化成商品和品牌，形成广阔的市场前景和商品附加值，这样才能在市场中融资融智。设计将技术转化为有价值的商品才能拥有客户群体，直接推动地方经济的发展。工业设计师在科技成果转化的过程中既可以横向打造产品类别与客户群体，又可以纵向进行产品的迭代与创新设计。而目前国内大多数高校的科技成果转化工作缺少工业设计专业的参与。无论是体制建设上的建岗建制，还是实际转化流程上的环节，都缺少了工业设计师的参与。这使得许多高校的科技成果转化工作只进行到实验阶段或者产品样机阶段就进行不下去了。而从研发流程来说，基本上都是到了样机阶段才意识到应该给这一堆零部件加上一个什么样的壳子，这也违背了设计引领市场的原则。科技成果转化工作一开始就应当考虑将来的商品面对什么样的客户人群，价值点在哪里，人机界面及虚拟样机与机电架构应是同步开展工作的。

1.2 Autodesk Fusion 360 教育教学支持方案

1.2.1 Autodesk Fusion 360 授权培训中心 ATC ▼

学习在线课程，请登录：http: //e.acaa.cn。

"建立 Fusion 360 产业链生态发展"是中国制造 / 工业设计行业创新发展的重要途径和必然趋势。如果您有计划开展 Fusion 360 企业培训或者职业教育项目，希望获得 Fusion 360-Autodesk 授权培训中心官方资格，采用 Autodesk 国际认证、标准教材和课程体系，请联系 Autodesk 中国教育管理中心，电话：010-51303091-2。

服务内容包括：国际化标准课程与行业实训实施方案、标准考试实施方案与国际认证、专业教师培养方案、教学与实训环境建设方案等，详情请索取中国职业教育学会《职业教育国际合作项目手册》，如表 1-1 所示。

表 1-1

行业分类	院校专业	国际化课程内容	职业方向和就业岗位	教育支持与服务
工业制造 机械机电	机电一体化 数控技术 模具设计 机械制造及自动化 机械设计与制造 工业与检验分析	Inventer Fusion 360 AutoCAD Mechanical 机械设计 AutoCAD Electrical 电气工程与三维设计	机械设计师 电气自动化工程师 结构构件设计师（工程师） 工业三维建模师……	核心课程植入 / 置换 教学大纲和课件支持 教学案例与素材支持 视频课程支持 项目实训支持 国际标准考试支持
工业设计 产品设计	工业设计 产品设计 数字化设计与制造 ……	Alias：工业（汽车）设计与产品设计 Showcase：外观设计与模拟 Fusion 360 产品设计与开发协作 Inventer：三维设计、制图与数字样机 AutoCAD：机械制图	工业设计师 概念设计师 产品外观设计师 产品造型师 汽车设计师 汽车配件设计师 \ 工程师	新课程培训证明 国际资格认证证书 职业资格认证证书 教师培训和考核 专业研讨与调研 实训实验室建设支持 设计类软件支持 教学设备采购支持

1.2.2 Autodesk Fusion 360 工程师认证 ▼

- **颁发机构**：Autodesk。
- **科目**：Autodesk Fusion 360。
- **证书**：Autodesk **认证工程师证书**。
- **资格**：Autodesk Fusion **产品专员**。
- **行业**：**工业 / 制造业、工业设计、产品设计、机械设计等**。
- **岗位**：**工业设计师、产品设计师、机械设计师、工程师……**
- **对象**：**在职工程师 / 设计师 / 技术人员、专业高校教师 / 学生**。

Autodesk Fusion 360 证书样本如图 1-1 所示。

图 1-1

第2章
Autodesk Fusion 360 安装及工作空间介绍

2.1 Autodesk Fusion 360 的安装与界面

2.1.1 Autodesk Fusion 360 的安装

1. 系统要求

基本系统要求如下。

- Apple Mac® OS® X Mavericks（10.9.5），OS® X Yosemite（10.10.5），OS® X El Capitan（10.11）。
- Microsoft® Windows® 7 SP1 **或** Microsoft® Windows® 8.1，Windows® 10。
- **处理器**（CPU）： 64 **位处理器不支持** 32 **位**。
- **内存**（Memory）： 3GB **内存** （**建议** 4GB **或更大**）。
- **网络**：ADSL internet connection or faster。
- **磁盘空间**（Disk space）： **大约** 2.5GB。
- **显卡**（Graphics Card）： 512MB GDDR RAM or more，except Intel GMA X3100 cards。
- **指针设备**（Pointing device）： Microsoft-compliant Mouse，Apple Mouse，Magic Mouse，MacBook Pro Trackpad。

2. 安装过程

Autodesk Fusion 360 的下载地址为 http: //Fusion 360.autodesk.com/pricing。下面介绍其安装过程。

步骤 1 输入网址，进入 Autodesk Fusion 360 的官方页面，如图 2-1 所示。

步骤 2 输入 E-mail 地址，单击 DOWNLOAD FREE TRIAL 按钮，如图 2-2 所示。

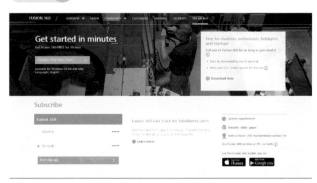
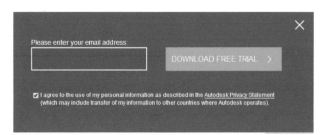

图 2-1 　　　　　　　　　　　　　　　　　　图 2-2

步骤3 进入 Autodesk Fusion 360 下载页面，单击 click here to retry 超链接，如图 2-3 所示。

步骤4 下载并安装 Autodesk Fusion 360 软件，如图 2-4 所示。

图 2-3

图 2-4

步骤5 启动 Autodesk Fusion 360，输入账号和密码。如果没有账号，单击"注册"按钮，输入注册信息，如图 2-5 所示。

图 2-5

2.1.2   Autodesk Fusion 360 的界面

Autodesk Fusion 360 的界面由 9 部分组成：工作空间、菜单栏、用户登录、工具条、浏览器、数据面板、视图观察器、时间轴和显示设置，如图 2-6 所示。

图 2-6

（1）**菜单栏**：可以访问云上的数据，可以完成新建数据存储。

（2）**用户登录**：账户信息以及帮助菜单。

（3）**工具条**：命令图标集合，可以选择作业的作业空间，如图 2-7 所示。

图 2-7

（4）**视图观察器**：可以切换视图方向，如图 2-8 所示。

图 2-8

（5）**工作空间**：完成模型的相关操作，如图 2-9 所示。

图 2-9

（6）**时间轴**：建模过程记录，可以进行编辑管理，如图 2-10 所示。

图 2-10

（7）**浏览器**：模型的管理与分层，如图 2-11 所示。

 包含子部件　　 不包含子部件

图 2-11

（8）**显示设置**：视图控制和设置。

Fusion 360 为新用户提供了帮助文件以供学习，就在界面的右上角，如图 2-12 所示。

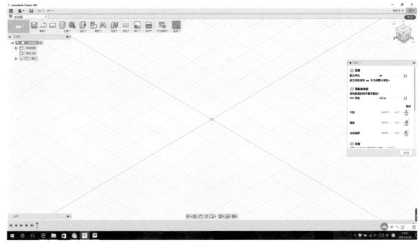

图 2-12

2.1.3 文件的打开与导入

Fusion 360 默认的保存路径是云端，因此，如果单击"保存"按钮，它会直接把文件上传到云端。同时，Fusion 360 也支持本地存储，那就是导出。单击"导出"按钮后，会显示导出路径，选择存储地址后才能够在本地存储。

Fusion 360 软件支持各种文件格式的导入，包括 STEP、 IGES、Inventor、SolidWorks 等，如图 2-13 所示。这是基于云计算的文件格式转换。你的文件首先被上传到 Autodesk 服务器，这些文件将自动转换成 Fusion 360 格式。因此理论上是支持任意类型的格式转换的，只要服务器支持。

Fusion 360 在 2013 年 还 联合 AutoCAD 360 发布了另一个针对 CAD 领域最大模型分享社区 GrabCAD 的版本。在有超过一百万设计者用户的 GrabCAD 上，已经有全世界各地的设计爱好者上传的大量的模型供你参考。

Fusion 360 自己也提供了一个模型库，里面有很多值得欣赏的酷炫模型，如图 2-14 所示。

图 2-13

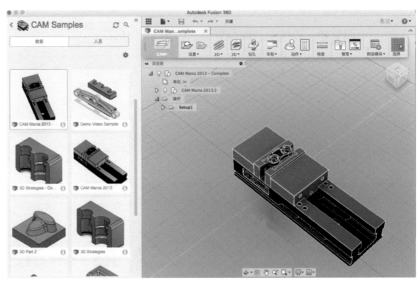

图 2-14

2.2　Autodesk Fusion 360 工作空间介绍

Fusion 360 包括了很多个工作空间：草图、设计、衍生式设计、造型、模型、曲面、钣金、工具、渲染、动画、仿真、CAM、工程图等，如图 2-15 所示。

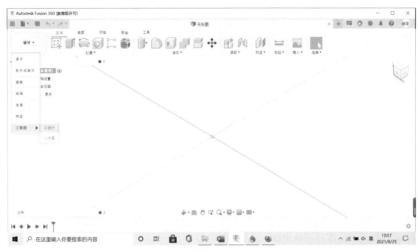

图 2-15

2.2.1　草图工作空间　▼

草图工作空间用于绘制草图。草图绘制对于工业设计和机械设计来说相当重要。草图是三维建模的基础，

很多复杂的模型需要基于草图来构建，像常用的建模特征拉伸、旋转、扫掠、放样等都是基于草图的。而且，很多工业产品设计都是曲面建模，设计中经常会不断地调整草图尺寸，在参数化建模环境下，更改草图后关联特征都会更新。所以，草图会影响到更新所需的时间以及关联特征更新时的成功率。一个好的草图应该是在满足使用（形状准确）的前提下，占用更少的计算机资源，更可靠地传递关联关系，如图 2-16 所示。

图 2-16

2.2.2　设计工作空间　▼

Fusion 360 为用户提供了 6 种模型工作空间：实体、造型、曲面、网格、钣金与工具。Fusion 360 还具备两种建模方式：自顶向下的设计与自下而上的设计。

自顶向下的设计：从主部件开始将其分解为子部件和零件，并确定各个子部件之间的关系和装配方式，能够体现出模型的整体设计意图，并且能够适应于产品的频繁修改，适用于产品的概念设计阶段。

自下而上的设计：从零件开始确定每一个零件的详细信息，逐步完成子部件后再完成主部件，并最终完成整个产品的设计。自下而上的设计不能完全体现设计的意图，加大了设计冲突和错误的风险，因此不够灵活，适用于不需要频繁修改的产品设计，比如在产品设计的中后期，这是使用较为广泛的设计方法。

（1）**实体模型工作空间**

实体模型工作空间支持用户创建和编辑实体三维几何图元。这个工作空间更像一个传统的三维 CAD 环境。

除了拉伸或旋转等标准建模功能外，还可以从"模型"工作空间中访问"造型"工作空间，如图 2-17 所示。

Fusion 360 融合了自顶向下和自下而上的参数化设计，支持包含骨架模型（在 Inventor 和 Pro/E 中被广泛使用）、零部件引用（在 SolidWorks 中被广泛使用），以及一种与众不同的建模方式零部件分割。这得益于 Fusion 360 中参数化建模的一种尝试：零部件的生命周期也有了历史信息，包括零部件的创建、删除、拷贝、层次的改变和位置的改变。同时，该软件使用各大社交网站流行的时间轴方式来管理历史信息。

（2）**造型工作空间**

造型工作空间是模型工作空间的子环境。通过造型工具，可以从顶点和边将几何图元推拉为所需的形状。可以在造型工作空间中创建和修改二维或三维曲面几何图元和三维实体对象。

T 样条建模（T-Splines modeling）技术结合了 NURBS 和细分表面建模技术的特点，是一种全新的建模技术。该技术及相关专利在 2011 年被 Autodesk 公司收购后，就被运用在了 Fusion 360 这款软件中。很多 T-Splines 的新技术都率先在 Fusion 360 中实践。在 Fusion 360 中，T-Splines 技术已经和实体建模技术融合，T 样条的曲面可以转换成 B-Rep 的曲面；同样 B-Rep 的曲面也可以转换成 T 样条的曲面，如图 2-18 所示。

（3）**曲面模型工作空间**

曲面模型工作空间支持创建和编辑二维或三维曲面几何图元。处理曲面几何图元与处理传统的三维实体略有不同，因此将其划分在一个单独的工作空间中。许多设计师使用曲面建模技术以及三维建模。曲面建模又称为面片建模，是将二维图形结合起来形成三维几何体的方法。其实面片是根据样条线边界形成的 Bezier 表面。面片建模有很多优点，它不但直观，而且可以参数化地调整网格的密度。Autodesk Fusion 360 中的曲面模型工作空间中非常强大的建模环境又增加了额外的灵活性，如图 2-19 所示。

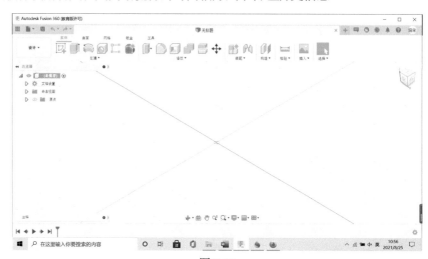

图 2-17

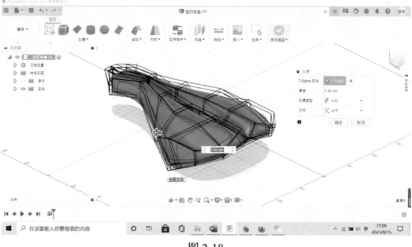

图 2-18

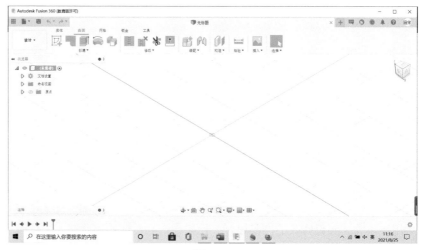

图 2-19

（4）**网格模型工作空间**

使用网格工作空间可以修复并重新划分网格实体。网格实体是实体体积的表达，它使用许多按三角形或四边形排列的短线段来形成面。使用网格可以进行三维打印。也可以在造型工作空间中操纵已划分网格的实体，如图 2-20 所示。

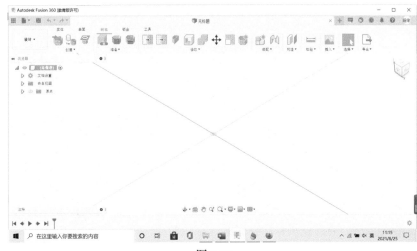

图 2-20

> **提示**
>
> 一定不要把网格实体与在"仿真"工作空间中生成的有限元分析（FEA）网格相混淆。FEA 网格线表示各实体元素的边，并且这些元素延伸穿过实体零件的体积，而不仅仅在面上延伸。FEA 网格线的端点是计算仿真结果的节点（或栅格）。

（5）**钣金模型工作空间**

钣金是针对金属薄板的一种综合冷加工工艺，包括剪、冲、切、复合、折、铆接、拼接、成型等。钣金具有重量轻、强度高、导电、成本低、大规模量产性能好等特点。随着钣金的应用越来越广泛，钣金件的设计变成了产品开发过程中很重要的一环。Autodesk Fusion 360 的钣金设计工作空间成熟全面，拥有很好的逻辑性与可视化，能够快速生成钣金件，如图 2-21 所示。

图 2-21

（6）**工具工作空间**

工具工作空间包含了生成 3D 打印、脚本与附加模块、实用程序和检验等工具，是设计流程后期非常重要的工作空间，如图 2-22 所示。

图 2-22

2.2.3　衍生式设计工作空间

衍生式设计又称为进化式设计，是一种在设计过程中，计算机模拟大自然的进化方式所进行的设计。Autodesk Fusion 360 衍生式设计工作空间，可以通过计算机和云计算得出多种设计方案，突破传统制造方法的限制，得到设计最优的解决方案；它的使用方式被设计为线性操作，用户只需要从左至右将衍生式设计命令工具按顺序设置相关条件即可。设计师和创新工程师将设计目标及材料设定、制造方法、运动干涉和载荷约束等设计条件，通过参数输入到 Autodesk Fusion 360 衍生式设计工作空间中，软件使用云计算探索对所有可能的解决方案进行排列组合，快速生成大量设计备选方案，然后进行测试，通过不断迭代能获取上千种优质设计方案，如图 2-23 所示。

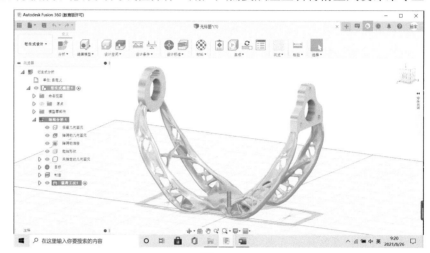

图 2-23

2.2.4　渲染工作空间

渲染工作空间用于生成设计的真实照片。通过光源和添加贴图等功能，用户可以展示自己的设计，就好像它是一个生动的原型一样。

Fusion 360 可借助云计算的强大力量可视化产品模型，可实时创建光线追踪，通过渲染引擎或强大的云渲染，使你的作品呈现照片级效果。

Fusion 360 具有庞大的渲染材料数据库，如塑料、油漆、木材、金属、玻璃、复合材料等，而这些材料库中的有些材料又可以选择半透明、透明和不透明的样式。可以对现有材料进行编辑和定制，以适合您的需求。Fusion 360 同时还可以设置光源和阴影，并能在场景中进行各种相机设置，如焦距、景深、光源和环境。

为了更全面地渲染和表现设计作品，Fusion 360 还在渲染作品库中内置了渲染转台命令，可以生成转台动画并下载到本地文件中，如图 2-24 所示。

图 2-24

2.2.5　动画工作空间

动画工作空间提供了用于创建视频的工具，可以轻松共享视频来传达大家的设计特性和功能，而且视频提供了有关设计的所需洞察，有助于其他人了解和评估设计。Fusion 360 是一个很全面、很强大的设计平台，功能模块很多。在动画工作环境中为用户提供了熟知的故事板和关键帧动画，能够更多自由角度、更加多样化地表现设计作品。如果结合装配命令集，Fusion 360 还能生成强大的装配动画，能清楚地表现出零部件之间的关系和装配顺序，而且画面细腻清晰，视觉感染力很强，如图 2-25 所示。

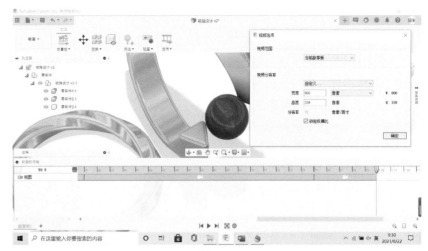

图 2-25

2.2.6　仿真工作空间

仿真工作空间支持大家使用有限元分析来模拟设计在不同载荷和条件作用下的表现。了解设计（关于应力和温度）的物理限制是非常有用的。了解设计是处于失效风险之中还是有可能过度设计，有助于大家做出有关设计评估的正确决定。

在交付生产之前如果全面理解或了解设计案例，这可以大大节省时间和资源。运用 Fusion 的仿真模拟和动画来进行检测，可以发现模型中最可能失败的或最薄弱的地方。还可以与团队对作品研究的结果进行分享、查看和标记。

用户可以选择各种仿真类型：静态应力、模态频率、 热量、热应力、结构屈曲、运动仿真、形状优化等，如图 2-26 所示。

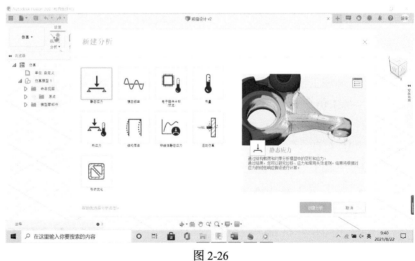

图 2-26

Fusion 360 的仿真分析模拟设备在某种动力或驱动下的工作情况，已验证您的机构设计是否合理。Fusion 360 可以根据关节和运动顺序的设定生成运动动画，并进行顺序或逆序播放，如图 2-27 所示。

图 2-27

2.2.7 制造工作空间

当设计从数字形式进入制造阶段时，就需要利用制造工作空间中的计算机辅助制造功能生成刀具路径策略以用于制作设计。将刀具路径导出到 CNC（计算机数控）机床，可将虚拟显示的设计案例变为现实。

Fusion 360 将参数化设计、变量化设计及特征造型技术与传统的实体和曲面造型功能完美地结合在一起，实现计算机辅助制造（CAM），并使加工方式更为完备，计算更为准确。Fusion 360 可以对数控加工过程进行自动控制和优化，同时提供了二次开发工具允许用户扩展，如图 2-28 所示。

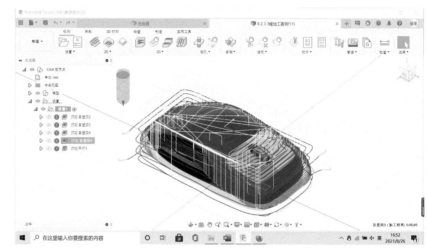

图 2-28

（1）**2 轴加工 /2.5 轴加工 / 多轴加工**

Fusion 360 中的 CAM 包括加工模拟、CNC 编程。

Fusion 360 的 CAM 可共享相同的公认 CAM 内核 HSMWorks 和 Inventor HSM ™，使您能够快速完成设计，缩短开发周期，并计算出最佳刀具路径，降低机器和刀具磨损，产生最高质量的成品零件。2D 加工方案包括钻孔、外轮廓加工、内腔加工、表面加工等。

（2）**3 轴加工**

具备 3 轴加工技术，可生成 3 轴加工路径和策略，包括粗加工、半精加工和精加工。

（3）**加工仿真**

拥有很好的加工仿真系统，能生成加工动画，用于观察加工过程。

（4）**3D 打印**

直接在 Fusion 360 中配置 3D 打印策略，并连接 3D 打印机输出模型进行打印。Fusion 360 支持 Spark 平台的 3D 打印实用工具和 Autodesk Meshmixer，同时还将直接集成 Arcam A2（Tall）打印机。除此之外，Fusion 360 还能完全集成其他一些主流 3D 打印机品牌，包括 TypeAMachines、Dremel、Makerbot 和 Ultimaker 等。

Autodesk Meshmixer 也能帮助用户定位和调整即将打印的数字模型，以适应特定的 3D 打印机打印床，而无须回到源模型那里进行调整或测试。一旦系统设置好用户想要的修改之后，即可直接将 OBJ 文件发送到目标 3D 打印机上，如图 2-29 所示。

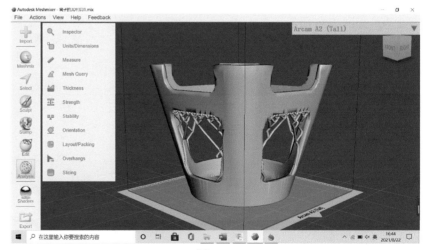

图 2-29

2.2.8 工程图工作空间

进入工程图工作空间，可以从三维几何图元创建标准的二维工程图。工程图工作空间生成与 3D 模型关联的 2D 图纸，当 3D 模型有任何更新时，可以将工程图纸自动更新。

Fusion 可 以 直 接 打 开
AutoCAD 文件。AutoCAD 中的二
维图纸会直接转换成 Fusion 360
中的草图。同时用户还可以直接
在 Fusion 360 中将三维模型生成
AutoCAD 二维图纸。鉴于这两款
软件都是 Autodesk 产品，能相互
转换也是理所当然的，如图 2-30
所示。

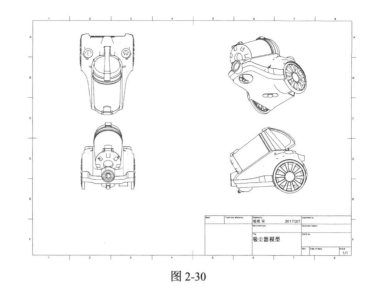

图 2-30

2.2.9　管理与协同

（1）**追踪、批注和共享**

依据项目进程追踪和批注设计，并与其他团队成员在 Web 上共享数据，如图 2-31 所示。

（2）**版本管理**

在同一个位置上存储和管理所有的设计数据，自动保存或手动地进行版本管理，如图 2-32 所示。

图 2-31　　　　　　　　　　　　　　　　图 2-32

（3）**移动预览和管理**

通过免费的 A360 App 或者直接应用移动设备的 Web 浏览器便可轻松地访问数据，如图 2-33 所示。

（4）**分享和云端数据管理**

在更大的社区分享您的设计，或者安全地分享链接。打开 Fusion 360 软件，你首先看到的就是云面板。"上传"
可以把你电脑里已经有的文件上传到 Autodesk 云中。"创建"可以创建新的工程和设计文件等。在创建工程时，
需要注意你的工程隐私设置。这是一个注重协作和分享的年代，如果不想你的模型被别人使用和修改的话可以
设置为"Secret"。同时云面板还支持另一项比较流行的技术"云渲染"，如图 2-34 所示。

图 2-33　　　　　　　　　　　　　　　　图 2-34

2.3　草图绘制

2.3.1　草图基础

草图中的功能大致可以分为几类,一是基本形状,比如线、圆、椭圆、样条线、文字等; 二是确定大小和位置关系,比如尺寸、约束等; 三是编辑和修改,比如修剪、缩放等; 还有一类是基于已有对象生成新的草图对象,比如镜像、阵列、投影、偏移等。

另外,草图中很重要的一个底层功能是草图求解器,虽然在软件界面中我们看不到,但是求解器是保证草图对象能按期望工作的基础。

选择"创建草图"命令,选择草图绘制的平面:XY 平面、XZ 平面、YZ 平面,如图 2-35 所示。

进入草图环境。在视图右侧有草图选项板,如图 2-36 所示。

图 2-35

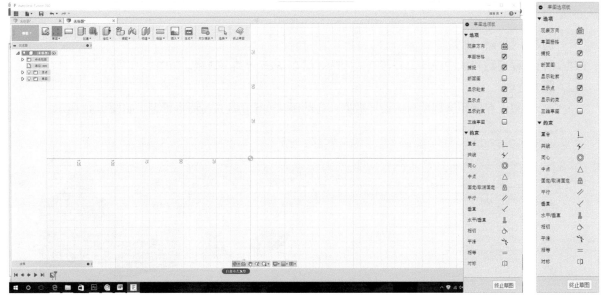

图 2-36

Fusion 360 中的草图命令包括自由线与几何线,其中自由线包括直线、样条曲线、圆锥曲线等;几何线包括矩形、圆、圆弧、多边形、椭圆和槽等。除此之外,"草图"菜单下还包括了一些修改草图的命令,如圆角、修剪、延伸、断开、草图缩放、偏移、镜像、阵列和投影等。其中阵列又包括环形阵列、矩形阵列,还可以测量草图尺寸,如图 2-37 所示。

（1）**创建草图**:在选定的平面或平整面上创建草图。

（2）**直线**:创建直线和圆弧,选择起点和终点以定义一条线段,单击并拖动线段的端点以定义圆弧,如图 2-38 所示。

图 2-37

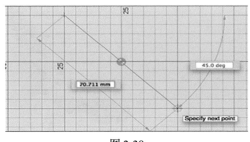

图 2-38

（3）**矩形**：包括两点矩形、三点矩形和中心矩形。

- **两点矩形**：使用对角线的两个点创建矩形。选择第一个点作为矩形的起点，然后选择第二个点。或者指定矩形的宽度和高度值。
- **三点矩形**：使用三个点创建矩形以定义宽度、方向和高度。选择第一个点作为矩形的起点，然后选择第二个点或者指定距离值并拾取一个点，再选择第三个点或指定距离值。
- **中心矩形**：使用两个点定义中心和一个拐角以创建矩形。选择第一个点作为矩形的中心，选择拐角或者指定宽度和高度值。

（4）**圆**：包括中心直径圆、两点圆、三点圆、两切线圆和三切线圆。

- **中心直径圆**：使用圆心和直径创建一个圆。选择以定义圆心，然后指定直径。
- **两点圆**：创建由两个点定义的圆。在圆的直径上指定两个点。
- **三点圆**：通过三个点创建圆。在圆的圆周上指定三个点。这些点用于定义圆的大小和位置。
- **两切线圆**：创建与两条草图线相切的圆。选择两条直线，然后指定圆的半径。
- **三切线圆**：创建与三条草图线相切的圆。选择与圆相切的三条直线。

（5）**圆弧**：包括三点圆弧、圆心圆弧和相切圆弧。

- **三点圆弧**：使用三个点创建圆弧。选择起点、终点，然后在圆弧上选择一个点。
- **圆心圆弧**：使用三个点创建圆弧。选择起点、中心点，然后选择终点或指定角度值。
- **相切圆弧**：创建相切的圆弧。选择两个相切点。

（6）**多边形**：包括外切多边形、内接多边形和边多边形。

- **外切多边形**：使用中心点和一条边的中心点创建多边形。选择多边形的中心点，指定侧面的数值，选择一条边的中点，或者指定距离，然后选择点。
- **内接多边形**：使用中心点和顶点创建多边形。选择多边形的中心点，指定边数值。选择顶点，或者指定距离，然后选择点。
- **边多边形**：通过定义多边形的一条边和位置创建多边形。选择一条边的起点和终点，或者选择起点，然后指定距离和角度。指定多边形的边数，选择定义多边形的方向。

（7）**椭圆**：创建由中心点、长轴和椭圆上的一个点定义的椭圆。选择椭圆的中心点，选择第二个点以定义第一条轴，选择第三个点以在椭圆上定义点。

（8）**槽**：包括中心到中心槽、整体槽和中心点槽。

- **中心到中心槽**：创建由槽弧圆心位置以及槽宽度定义的线性槽。指定两个槽弧的圆心，单击以指定槽宽度或者输入槽弧的直径。
- **整体槽**：创建由方向、长度、宽度定义的线性槽。指定槽中心线的起点和终点。单击以指定槽宽度，或者输入槽弧直径。
- **中心点槽**：创建由中心点、槽弧圆心位置、槽宽度定义的线性槽。指定槽中心并放置槽弧圆心。单击以指定槽宽度，或者输入槽弧直径。

（9）**样条曲线**：创建穿过选定点的样条曲线。选择第一个点以开始创建样条曲线，选择其他点作为拟合点。

（10）**圆锥曲线**：创建由端点和 Rho 值驱动的曲线。根据 Rho 值，该曲线可以是椭圆、抛物线或双曲线。选择起点、终点，然后选择顶点的顶部。使用引导线创建相切约束，指定 Rho 值以获得所需形状的圆锥曲线。

（11）**点**：创建草图点。

（12）**文本**：将文本插入到激活草图中。使用文本作为轮廓创建三维几何图元。选择插入点并输入文本。在"文本"对话框中修改文本格式。

（13）**圆角**：在两条直线或圆弧的交点处放置指定半径的圆弧。选择顶点或两线或圆弧，指定圆角半径。

（14）**修剪**：将草图曲线修剪到最近的相交曲线或边界几何图元。将光标悬停在曲线上以预览要修剪的部分，选择要修剪的曲线。

（15）**延伸**：将曲线延伸到最近的相交曲线或边界几何图元。将光标悬停在曲线上以预览要延伸的部分，选择曲线以进行延伸。

（16）**断开**：将曲线实体打断为两个或更多部分。将光标悬停在要从整条曲线打断的段落上方将显示预览，然后选择要打断的曲线。

（17）**草图缩放**：缩放草图几何图元。选择要缩放的草图几何图元，然后指定比例系数。

（18）**偏移**：在距原始曲线的指定距离处复制选定的草图曲线。选择要偏移的曲线，然后指定偏移距离。

（19）**镜像**：以选定的草图线为对称线，镜像选定的草图曲线。选择要镜像的曲线，然后选择镜像用的对称线。

（20）**阵列**：将指定的草图曲线复制到圆弧或环形阵列中。选择要阵列化的曲线，并选择绕其旋转的点并设置数量。

（21）**投影**：将实体轮廓、边、工作几何图元和草图曲线投影在激活的草图平面上。使用选择过滤器投影特定类型的几何图元或实体轮廓。

（22）**草图尺寸**：创建草图几何图元的草图尺寸。使用尺寸可控制草图对象的大小或位置。选择要标注尺寸的草图曲线，然后选择一个区域以放置尺寸。

2.3.2 草图绘制基本原则

在实际操作中，如果草图没有呈现出期望的结果，很有可能是求解器在处理时给出了不符合期望的结果。

从软件研发的角度来考虑，当然是能处理越多的情况越好。但是，软件是人编写的，所以软件像人脑一样，在处理复杂问题的情况下，就可能由于考虑不周而出错。所以，从用户的角度来看，草图中的基本原则就是"逻辑越简单，处理起来越可靠"。

逻辑简单表现在两个方面：单看一张草图时，草图是不是清楚易读，是不是容易厘清图中线条的关系；草图和外界元素有关联时（比如投影关系），关联传递是不是简单可靠。

清楚易读可以理解为一张草图中不要包含太多的内容。尽量按照特征功能划分为几张草图，避免一张图中出现几百甚至上千个对象。

当模型复杂时，按照自顶向下的思路层层分解，布局草图中只包含关键的图线，然后在细节草图中投影布局草图的图线，添加细节。

草图中的圆角、阵列一般可以放到实体上做。

草图中需要和外部建立关联时，尽量优先考虑坐标系，因为坐标系是不会变的，这样的关联关系是最稳定的；其次考虑尺寸传递；最后考虑投影几何元素。另外，一张图中，如果投影一次就可以满足要求，就尽量避免投影很多不必要的线条。

必要的时候，自动投影的线条可以删掉，手动投影自己需要的线条。

2.3.3 实例探讨

【例1】使用水平竖直约束和平行垂直约束画一个矩形时，我们可以用矩形命令一次画出（见图2-39左），也可以用直线命令依次画出4条边（见图2-39右）。这两种方式有什么区别呢？

左侧的线条是添加了水平和竖直的约束，任何一条线上只要有了这样的约束，该线的方向就能确定下来；而右侧的线条用的是垂直约束，垂直是描述两条线之间的位置关系。当需要判断有垂直约束的线条的方向时，就需要考虑和它有垂直关系的线条。比如，在判断右侧线条1的方向时，需要先判断与其

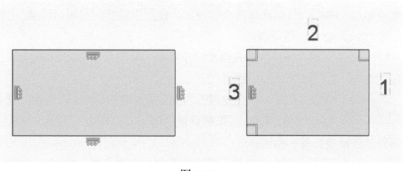

图 2-39

垂直的线条 2 的方向是不是能确定下来；而在判断线条 2 的方向时，需要先判断线条 3 的方向是不是能确定下来。这样一个关系链显然要比左图复杂一些，约束多的时候可能会给读图带来一点困难，特别是两条线相距较远时。

但是，平行和垂直约束的优势是可以保持两条线之间的关系，当其中一条线的方向改变时，另外一条线会跟随变化。所以，这两种方式没有优劣的区别，到底用哪个约束要具体情况具体分析，大部分情况下两者差别不大。另外，有时候自动感应出来的约束未必是适合的，需要手动调整。

【例 2】使用相等约束画轴线对称的图形，如图 2-40 所示。左侧是先画矩形，再添加中线；右侧是先画两个小矩形，再用相等约束保证虚线是对称轴。

首先从线条数量来看，左侧 5 条，右侧 7 条，左侧简单一些。同时，左侧的约束数量也少于右侧，而且相等约束是属于两个对象之间的约束，在计算时要同时考虑两个对象。所以左侧的图在计算时占用的计算机资源更少，运行速度更快。在满足要求的前提下，应该尽量用左侧这种方式。

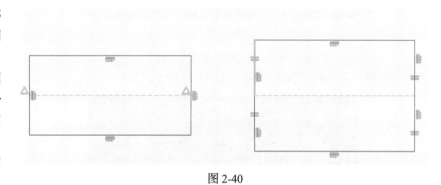

图 2-40

【例 3】使用约束与尺寸绘制几个相等的圆，如图 2-41 所示。左侧的两个圆用相等约束来保证等直径，右侧用尺寸来保证。

首先，相等约束在计算时会考虑两个对象，占用资源相对更多；其次，图形复杂时，相等约束不太直观，只有鼠标悬停在约束图标上时才会高亮显示两个对象。而右侧的两个圆在标注尺寸时使用了表达式，等于第一个圆的参数。尺寸的传递是参数化建模的基础，这样的

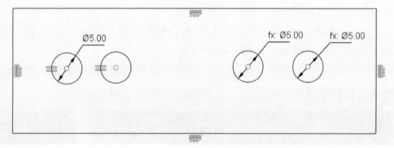

图 2-41

关联传递是非常可靠的，而且可以直观地看出这几个圆是等直径的。建议用尺寸来传递这样的相等关系。

2.4 建模基础

参数化建模命令包括创建、修改、装配、构造、检验、插入、生成等命令集，如图 2-42 所示。其中装配命令集我们结合工程图模块一起介绍，生成命令集我们在 3D 打印中介绍。

图 2-42

2.4.1 ► 创建命令集 ▼

创建命令集包括拉伸、旋转、扫掠、放样、加强筋、网状加强筋、孔、螺纹、长方体、圆柱体、球体、圆环体、螺旋、管道、阵列、镜像、加厚、边界填充、创建造型、创建基础特征、创建网格，如图 2-43 所示。

（1）**拉伸**：为闭合的草图轮廓或平整面增加深度。选择轮廓或平整面，然后指定要拉伸的距离，如图 2-44 所示。

图 2-44

（2）**旋转**：绕选定轴旋转草图轮廓或平整面。选择草图轮廓或平整面，然后选择要围绕其旋转的轴，如图 2-45 所示。

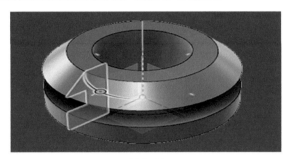

图 2-45

图 2-43

（3）**扫掠**：沿选定的路径扫掠草图轮廓或平整面。选择一系列草图轮廓或平整面以定义形状，选择轨道或中心线以引导形状，如图 2-46 所示。

（4）**放样**：在两个或更多草图轮廓或平整面之间创建过渡形状。选择一系列草图轮廓或平整面以定义形状，选择轨道或中心线以引导形状，如图 2-47 所示。

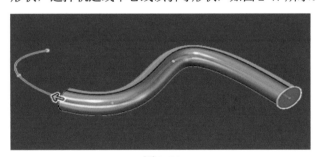

图 2-46

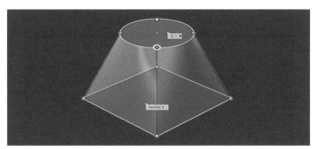

图 2-47

（5）**加强筋**：使用开放的草图曲线创建薄壁特征。将平行于平面创建加强筋。选择曲线，然后指定厚度，如图 2-48 所示。

（6）**网状加强筋**：使用开放的草图曲线创建薄壁特征。将垂直于平面创建网状加强筋。选择曲线，然后指定厚度，如图 2-49 所示。

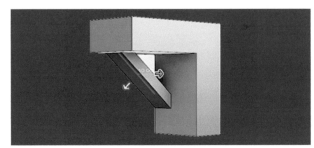

图 2-48

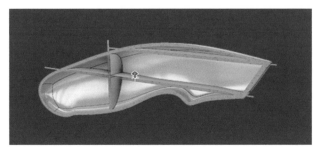

图 2-49

（7）**孔**：根据用户指定的值和选择创建孔。选择面以放置孔，然后选择边以在面上定位孔，指定孔类型和尺寸值，如图 2-50 所示。

（8）**螺纹**：为圆柱几何图元添加内螺纹和外螺纹。螺纹在几何图元上可以起示意作用或者塑造在几何图元上，如图 2-51 所示。

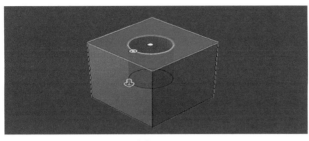
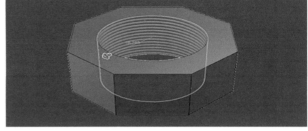

图 2-50   图 2-51

（9）**长方体**：创建实心长方体。选择平面，绘制矩形，然后指定长方体的高度，如图 2-52 所示。

（10）**圆柱体**：创建实心圆柱体。选择平面，绘制圆形，然后指定圆柱体的高度，如图 2-53 所示。

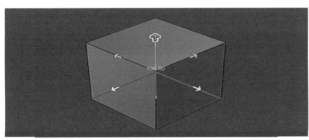

图 2-52   图 2-53

（11）**球体**：创建实心球体。选择平面，然后指定球体的中心点和直径，如图 2-54 所示。

（12）**圆环体**：创建实心圆环体。选择平面，然后指定圆环体的轴的圆心和直径，如图 2-55 所示。

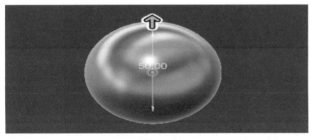

图 2-54   图 2-55

（13）**螺旋**：创建实心螺旋实体。选择平面，然后绘制圆以指定螺旋的大径，使用操纵器或对话框完成螺旋定义，如图 2-56 所示。

（14）**管道**：创建走向沿选定路径的实心管道。选择路径，然后指定截面和大小，如图 2-57 所示。

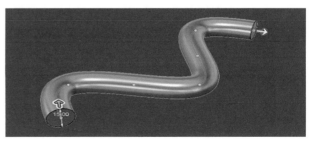

图 2-56   图 2-57

（15）**阵列**：包括矩形阵列、环形阵列和路径阵列。

● **矩形阵列**：创建重复的面、实体、特征和零部件，并按行和列排列它们。选择要阵列化的对象，然后指定方向、数量和距离，如图 2-58 所示。

- **环形阵列**：创建重复的面、实体、特征和零部件，并按环形和圆弧阵列排列它们。选择要阵列化的对象，然后选择要绕其旋转的轴以及数量，如图 2-59 所示。

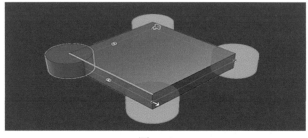

图 2-58

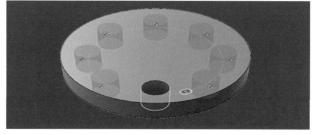

图 2-59

- **路径阵列**：创建重复的面、实体、特征和零部件，并沿路径列排列它们。选择要阵列化的对象以及阵列路径，并指定距离和数量，如图 2-60 所示。

（16）**镜像**：跨平面以相等的距离创建选定面、实体、特征和零部件的镜像副本。选择要镜像的对象，然后选择镜像用的对称平面，如图 2-61 所示。

图 2-60

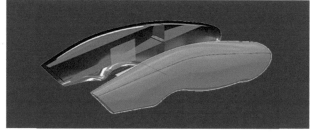

图 2-61

（17）**加厚**：为曲面表面添加厚度以使其成为实体。选择要加厚的面，然后指定厚度值，如图 2-62 所示。

（18）**边界填充**：使用通过选择的刀具形成的包围体积创建、连接或移除体积。选择实体、曲面或工作平面作为刀具以形成体积（或单元）。这些单元可用于切割现有实体，并合并到现有实体中，或者创建新实体，如图 2-63 所示。

图 2-62

图 2-63

（19）**创建造型**：插入造型操作到时间轴中并进入"造型"工作空间，当形状比精确更重要时，应使用"造型"命令。单击"完成造型"按钮返回到"模型"工作空间，如图 2-64 所示。

> 🔊 **注意**
>
> 使用"创建造型"命令进入的"造型"工作空间，就是我们接下来要介绍的"T 样条建模（T-Splines modeling）技术"。

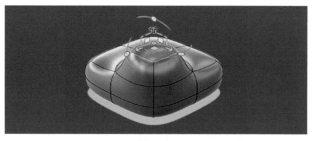

图 2-64

（20）**创建基础特征**：将基础特征操作插入到时间轴中。与基础特征操作同时执行的任何操作都不会被记录到时间轴中。单击"完成基础特征"按钮返回到"模型"工作空间。

（21）**创建网格**：将网格特征操作插入到时间轴中并进入"网格"工作空间，使用"网格"工作空间可修改和修复网格几何图元。单击"完成网格"按钮返回到"模型"工作空间。

2.4.2 修改命令集 ▼

"修改"命令集包括推拉、圆角、规则圆角、倒角、抽壳、拔模、缩放、合并、替换面、分割面、分割实体、轮廓分割、移动 / 复制、对齐。其中修改命令集中还包括一些外观命令：物理材料、外观、管理材料、删除、全部计算、更改参数，如图 2-65 所示。这里我们只介绍用于模型修改的命令。

（1）**推拉**：使用偏移、拉伸或圆角命令修改选定的几何图元。该操作取决于选定的几何图元，如图 2-66 所示。

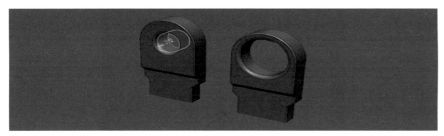

图 2-66

图 2-65

（2）**圆角**：为一个或多个边添加圆角。选择目标边，然后指定半径值，如图 2-67 所示。

（3）**规则圆角**：基于指定的规则而不是基于指定的边来添加圆角或圆边。选择面或特征，然后指定半径，将对面或特征的所有边应用圆角，如图 2-68 所示。

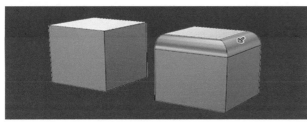

图 2-67

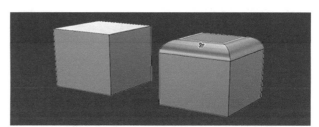

图 2-68

（4）**倒角**：为一个或多个边添加倒角。选择目标边，然后指定距离。注意：这里的倒角倒的是切角，如图 2-69 所示。

（5）**抽壳**：从零件内部移除材料，从而创建一个具有指定厚度的空腔。选择面，然后指定厚度，选定的面将被删除，并且实体将变成空心，如图 2-70 所示。

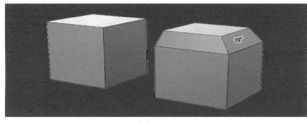

图 2-69

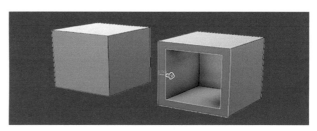

图 2-70

（6）**拔模**：对平整面应用固定拔模斜度或分模线拔模斜度。选择拉伸方向、分模工具和要拔模得面，然后指定拔模斜度，如图 2-71 所示。

（7）**缩放**：缩放草图、对象或零部件。选择要缩放的对象，然后指定比例系数，如图 2-72 所示。

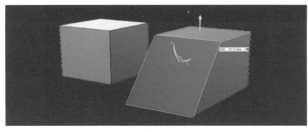

图 2-71

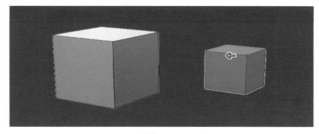

图 2-72

（8）**合并**：在实体之间执行布尔运算。选择目标实体，然后选择一个或多个工具实体以在目标上执行并集、差集和交集运算，如图 2-73 所示。

（9）**替换面**：使用其他面替换一个或多个零件面。新面必须与零件面相交。选择要移除的面，然后选择新面，如图 2-74 所示。

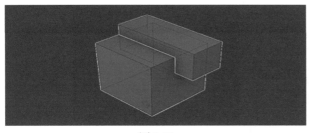

图 2-73

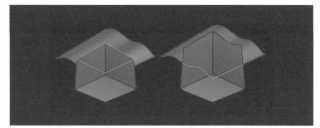

图 2-74

（10）**分割面**：使用选定的面、轮廓或平面作为切割工具来分割面。选择要修改的面，然后选择分割源面的轮廓、面或平面，如图 2-75 所示。

（11）**分割实体**：通过使用面、轮廓或平面分割选定的实体以创建新实体。选择要修改的实体，然后选择分割实体的轮廓、面或平面，如图 2-76 所示。

图 2-75

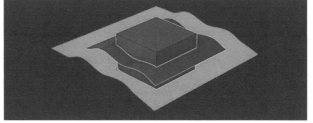

图 2-76

（12）**轮廓分割**：使用从实体的分模线生成的曲面来分割该实体。通过选择平面或轴设置视图方向，然后选择实体，再选择分割操作，如图 2-77 所示。

（13）**移动 / 复制**：将选定的面、实体、草图或构造几何图元移动指定的距离或角度。选择要修改的对象，然后指定距离或角度。使用"设置轴心"操作以重新定位操作器，如图 2-78 所示。

图 2-77

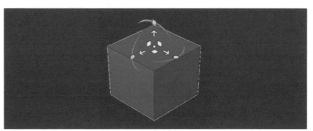

图 2-78

（14）**对齐**：通过将从对象选择的几何图元与在其他位置选择的几何图元对齐来移动对象（零部件、草图、实体、工作几何图元）。几何图元可以是点、线、平面、圆或坐标系。在要移动的对象上选择点，然后在要对齐的面上选择点，单击"反转"和"角度"按钮以旋转对象，如图 2-79 所示。

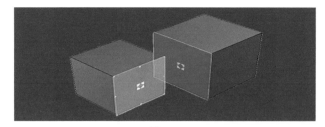

图 2-79

2.4.3　装配命令集

无论是参数化建模、T 样条建模还是曲面建模，所设计的模型实体都将转换生成为零件，组装成部件，才能形成一个完整的产品。Fusion 360 的装配命令能够很清晰地表达零部件之间的关系，并可以结合动画模块制作装配动画。

Fusion 360 支持基于联结的装配技术。这种装配方式非常简单易用。传统的装配会添加过多的元约束，影响用户体验。而基于联结的装配却从相反的方向来考虑装配：零件的自由度。自由度越高约束越少；自由度越低则约束越多。对一个大模型来说，使用这种基于自由度的联结装配方式，能够大量减少元约束的数量，提高设计的效率。

在同一设计环境中组装零部件，可以基于同一坐标点进行零部件组装，也可以设置各种不同的关节类型，如回转、滑块、圆柱形、销槽平板以及球形等。用户还可以对关节的运动限制进行设置，做精确的移动数值设置，并可实时预览运动，如图 2-80 所示。

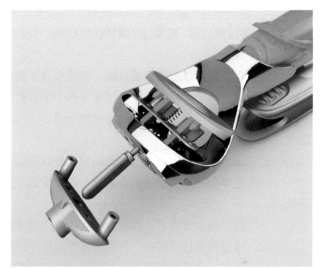

图 2-80

2.4.4　构造命令集

构造命令集包括偏移平面、夹角平面、相切平面、中间平面、通过两条边创建平面、通过三点创建平面、在曲面某点上创建相切平面、沿路径的平面、通过圆柱体/圆锥体/圆环体创建轴、在平面某点上创建垂直轴、通过两个平面创建轴、通过两点创建轴、通过边创建轴、在平面某点上创建面垂直轴、位于顶点处的点、通过两条边创建点、通过三个平面创建点、位于圆/球体/圆环体中心的点、边和平面上的点 19 种命令，如图 2-81 所示。

图 2-81

（1）**偏移平面**：创建从选定面或平面偏移得到的构造平面。选择面、平面或草图轮廓，然后指定偏移距离，如图 2-82 所示。

（2）**夹角平面**：通过边、轴或线以指定角度创建构造平面。选择线性边、轴或草图以定位平面，然后指定旋转角度。

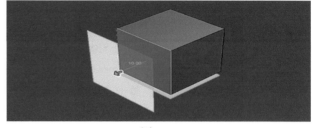

图 2-82

（3）**相切平面**：创建与圆柱体或圆锥体面相切的构造平面。选择将与平面相切的圆柱体或圆锥体，通过输入角度或者先选择参考平面再添加角度来指定位置。

（4）**中间平面**：在两个面或者工作平面的中点处创建构造平面。选择两个面或平面。

（5）**通过两条边创建平面**：创建穿过两条线性边或轴的构造平面。选择两条边或轴，边或轴必须共面。

（6）**通过三点创建平面**：通过三个选定的构造点、草图点或顶点创建构造平面。选择三个点。

（7）**在曲面某点上创建相切平面**：创建与面相切或点对齐的构造平面。选择面，然后选择点或顶点。

（8）**沿路径的平面**：创建与边或草图轮廓垂直的构造平面。选择路径，然后沿路径指定平面的位置。

（9）**通过圆柱体 / 圆锥体 / 圆环体创建轴**：创建与圆柱面或圆锥面的中心轴重合的构造轴。选择圆柱体或圆锥体。

（10）**在平面某点上创建垂直轴**：创建垂直于选定区域中选定面的构造线。在所需的区域处选择面。

（11）**通过两个平面创建轴**：创建与两个平面或平整面的相交线重合的构造线。选择两个平面或平整面。

（12）**通过两点创建轴**：创建穿过两个选定工作点、草图点或顶点的构造线。选择两个工作点、草图点或顶点。

（13）**通过边创建轴**：从选定的线性边或草图线创建构造线。选择边或草图曲线。

（14）**在平面某点上创建面垂直轴**：创建垂直于选定面并穿过选定点的构造线。选择面或草图轮廓，然后选择点。

（15）**位于顶点处的点**：在选定的点或顶点处创建构造点。选择点或顶点。

（16）**通过两条边创建点**：在两条线性边或草图线的交点处创建构造点。

（17）**通过三个平面创建点**：在三个平面或平整面的交点处创建构造点。选择三个平面或平整面。

（18）**位于圆 / 球体 / 圆环体中心的点**：在球体或环形边的中心上创建构造点。选择环形边或球面。

（19）**边和平面上的点**：在构造平面、平整面或草图轮廓和轴或草图线的交点处创建构造点。选择平面、平整面或草图轮廓和轴或草图线。

2.4.5 检验命令集

检验命令集包括测量、干涉、曲率梳分析、斑纹分析、拔模分析、曲率映射分析、截面分析、质心、零部件颜色循环切换命令，如图 2-83 所示。

（1）**测量**：报告选定对象的距离、角度、面积或位置数据。选择顶点、边、面、实体或零部件，如图 2-84 所示。

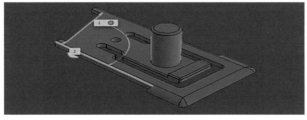

图 2-84

（2）**干涉**：报告选定实体或零部件之间的干涉。选择零部件，然后单击"计算"按钮，选择"从干涉创建零部件"命令。

图 2-83

（3）**曲率梳分析**：沿选定边显示样例点处的曲率值。选择要评估的边，然后设置疏密度和比例。

（4）**斑纹分析**：在选定的实体上显示条纹图案。使用"斑纹分析"来确定连续性。选择曲面，然后设置分析选项。

（5）**拔模分析**：在选定实体的面上显示颜色渐变，以帮助评估设计的可制造性。

（6）**曲率映射分析**：显示选定实体的面上的颜色渐变，以帮助评估高曲面曲率和低曲面曲率的面积。选择要评估的实体，使用选项以优化颜色渐变显示。

（7）**截面分析**：在一个剖切平面上生成模型的剖面视图。选择要用作剖切平面的面或平面，指定偏移和角度值以定位剖切平面。

（8）**质心**：在选定对象的质心位置处显示图示符。用户可以测量从 COM 到设计中的其他对象之间的距离。选择要在质心计算中包含的零部件和实体。

（9）**零部件颜色循环切换**：对每个零部件应用不同的颜色以帮助区分零部件。选择该命令可启用或禁用此设置。

2.4.6 ▶ 插入命令集 ▼

插入命令集包括贴图、附着贴图、插入网格、插入 SVG、插入 DXF、插入 McMaster-Carr 零部件等命令，如图 2-85 所示。

图 2-85

（1）**贴图**：在选定面上放置图像。选择一个面，然后选择要导入的图像，如图 2-86 所示。

（2）**附着贴图**：在平整面或草图平面上放置图像。选择一个面，然后选择要导入的图像。

（3）**插入网格**：将选定的 OBJ 或 STL 网格文件插入到活动设计中。选择要插入的 OBJ 或 STL 网格文件，然后使用选项和操纵器确定网格的方向和位置，如图 2-87 所示。

图 2-86

图 2-87

（4）**插入 SVG**：将 SVG 文件导入到激活草图中。使用 SVG 文件可获得详细的草图，如包含徽标或文字。

（5）**插入 DXF**：将 DXF 文件导入到激活草图中。选择面或平面，然后选择要插入的 DXF 文件，在选定平面上设置几何图元的位置。

（6）**插入 McMaster-Carr 零部件**：将 McMaster-Carr 零部件插入到活动文档中。浏览到所需的零部件，单击"产品详细信息"CAD 图标，选择文件类型，然后单击"保存"按钮。

2.4.7 ▶ T 样条建模 ▼

Fusion 360 的内核是 ACIS（Autodesk 分支），不过 Autodesk 在此内核中融入了 TSplines 内核。如果你想探讨有没有一种比 NURBS 建模还好的曲面建模技术，那就是 TSplines。TSplines 跟 NURBS 相比，极大地减少了模型表面控制点的数目，可以很方便地进行局部细分，提高了建模操作的速度，是真正意义上可以替代 NURBS 建模的技术。因此对于爱好学习新技术的用户，可以直接用 Fusion 360，因为它从内核就直接集成了 TSplines 插件。

单击工具栏中的"创建造型"按钮，进入"造型"工作空间（见图 2-88）。这就是"T 样条建模（T-Splines modeling）技术"工作空间，如图 2-89 所示。

图 2-88

"T 样条建模"工具栏也包括了创建命令集、修改命令集、对称命令集、实用程序命令集以及草图工具命令集等。由于草图工具命令集在前面已经介绍过，在这里就不重复讲解了。

1. 创建命令集

创建命令集包括长方体、平面、圆柱体、球体、圆环体、四分球、管道、面、拉伸、旋转、扫掠、放样等命令，如图 2-90 所示。

（1）**长方体**：创建 T 样条框。选择平面，然后绘制矩形，使用操纵器或输入数值指定高度和面数，如图 2-91 所示。

（2）**平面**：创建 T 样条平面。选择平面，然后绘制矩形，使用操纵器或输入数值指定高度和面数，如图 2-92 所示。

图 2-89　　　　　　　　　　　　图 2-90

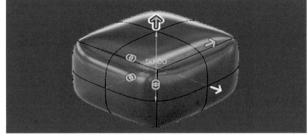

图 2-91

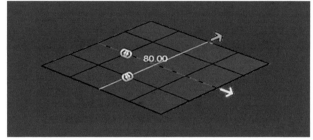

图 2-92

（3）**圆柱体**：创建 T 样条圆柱体。选择平面，然后绘制圆，使用操纵器或输入数值指定高度和面数，如图 2-93 所示。

（4）**球体**：创建 T 样条球体。选择平面，然后选择球体的中心点，使用操纵器或输入数值指定直径和面数，如图 2-94 所示。

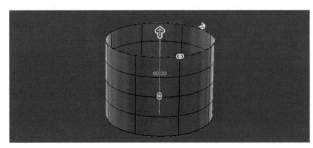

图 2-93

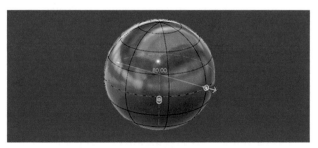

图 2-94

（5）**圆环体**：创建 T 样条圆环体。选择平面，然后绘制圆，使用操纵器或输入数值指定大径、小径和面数，如图 2-95 所示。

（6）**四分球**：创建 T 样条四分球体。选择平面，然后选择球体的中心点，使用操纵器或输入数值指定直径和面数，如图 2-96 所示。

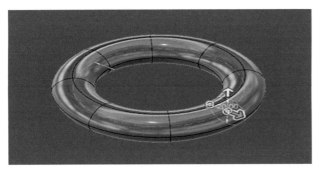
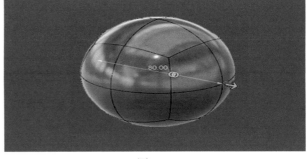

图 2-95　　　　　　　　　　　　　　　　图 2-96

（7）**管道**：基于选定曲线管理复杂拓扑的创建。路径可以是草图几何图元，也可以是实体的边。选择输入路径，指定全局直径，然后修改截面、路径和面数，如图 2-97 所示。

（8）**面**：创建单个 T 样条面。选择平面开始定义顶点，或者从 T 样条实体中选择顶点，如图 2-98 所示。

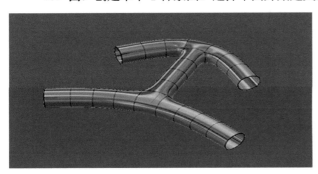
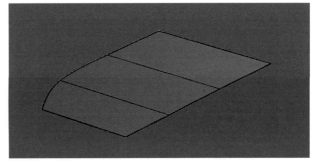

图 2-97　　　　　　　　　　　　　　　　图 2-98

（9）**拉伸**：通过沿矢量添加面，创建或修改 T 样条实体。选择草图曲线、轮廓或面，使用操纵器或输入数值指定距离和面数，如图 2-99 所示。

（10）**旋转**：通过围绕选定轴旋转边、草图或几何图元，创建 T 样条实体。选择草图曲线、轮廓或面，然后选择要围绕其旋转的轴，使用操纵器或输入数值指定距离和面数，如图 2-100 所示。

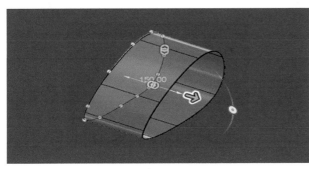
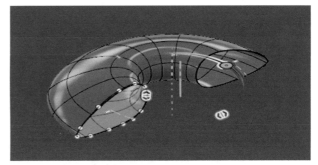

图 2-99　　　　　　　　　　　　　　　　图 2-100

（11）**扫掠**：通过沿着选定路径扫掠边、草图、曲线或几何图元，创建 T 样条实体。选择草图曲线或轮廓，然后选择要沿着扫掠的路径，使用操纵器或输入数值指定百分比长度和面数，如图 2-101 所示。

（12）**放样**：在两个或更多草图轮廓或平整面之间创建过渡形状。至少选择两个轮廓以定义放样。通过使用轨道中心线导向曲线或点映射优化形状，如图 2-102 所示。

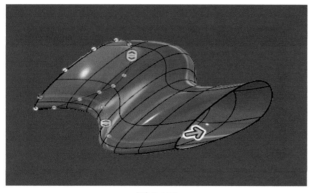

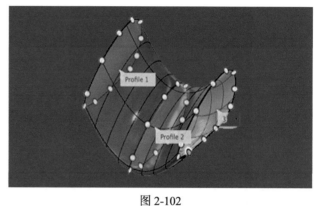

图 2-101　　　　　　　　　　　　　　　　图 2-102

2. 修改命令集

修改命令集包括编辑形状、插入边、细分、插入点、合并边、桥接、补孔、焊接顶点、取消焊接边、锐化、取消锐化、倒角边、滑动边、拉伸、展平、匹配、插值、加厚、矩形等命令。和参数化建模一样，修改命令集中也包括一些外观命令：物理材料、外观、管理材料、删除。这里我们只介绍用于模型修改的命令，如图 2-103 所示。

（1）**编辑形状**：使用变换、旋转和缩放编辑来操纵面、边和顶点。选择面、边和顶点以启用操纵器，双击面或边选择回路。

（2）**插入边**：在原始边的指定位置处插入边（见图 2-104）。选择边或双击选择回路。

图 2-103

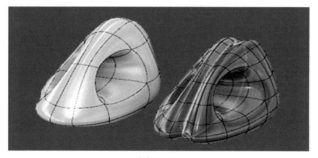

图 2-104

（3）**细分**：将一个或多个面划分为面的子集（见图 2-105）。选择要分割的面，按住 Ctrl 键（Windows）或 Command 键（Mac）以选择多个面。

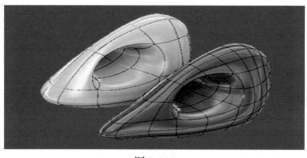

图 2-105

（4）**插入点**：通过选择两个点来插入边。在边上选择一点以开始，继续在边上选择点以分割多个面，如图 2-106 所示。

（5）**合并边**：将选定的第一组边与选定的另一组边对齐，如图 2-107 所示。

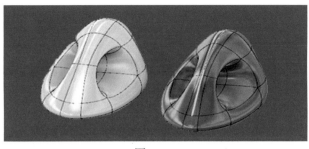

图 2-106

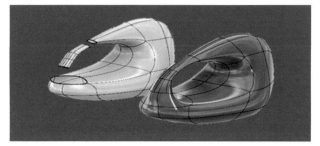

图 2-107

（6）**桥接**：创建过渡段以连接某个实体内或两个实体之间的两个相对面。选择第一组边，然后选择第二组边，如图 2-108 所示。

（7）**补孔**：填充 T 样条实体中的内部孔。选择孔的边并设置填充的类型，如图 2-109 所示。

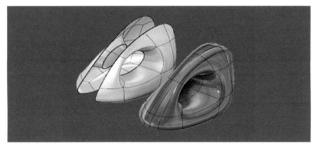

图 2-108

图 2-109

（8）**焊接顶点**：合并两个或更多的顶点。选择要合并的两个顶点，通过窗口选择方式，在指定的公差内选择要焊接的顶点，如图 2-110 所示。

（9）**取消焊接边**：断开边或回路连接（见图 2-111）。选择边或双击选择回路，按住 Ctrl 键（Windows）或 Command 键（Mac）选择多条边。

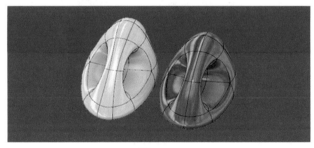

图 2-110

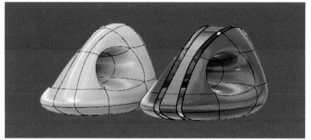

图 2-111

（10）**锐化**：在面之间创建一条锐边（见图 2-112）。选择要锐化的边。

（11）**取消锐化**：将之前锐化的边恢复到其原始状态。选择要取消锐化的边。

（12）**倒角边**：使用指定数量的相邻边替换一条边（见图 2-113）。选择边，然后指定倒角的位置。

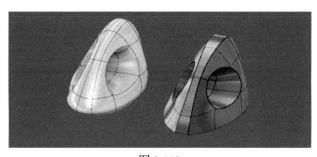

图 2-112

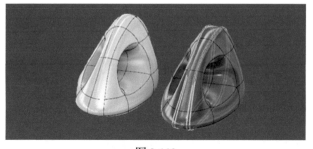

图 2-113

（13）**滑动边**：沿控制多边形移动选定的边。选择边，然后指定新位置，如图 2-114 所示。

（14）**拉伸**：将选定的 T 样条顶点捕捉到面或曲面。顶点可以为控制点或曲面点。选择要移动的顶点，这些顶点将自动移动至最近的实体，如图 2-115 所示。

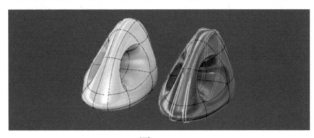 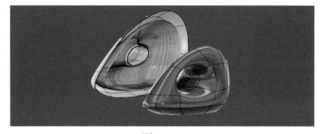

图 2-114 　　　　　　　　　　　　　　　　　图 2-115

（15）**展平**：将顶点投影到最近拟合平面或用户定义的平面（见图 2-116）。选择要重新定位的顶点。

（16）**匹配**：将 T 样条实体的边与曲面或实体的边或者与草图曲线对齐。选择要修改的边，然后选择目标边或草图曲线，如图 2-117 所示。

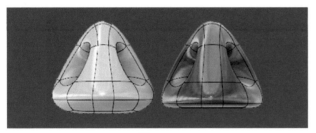 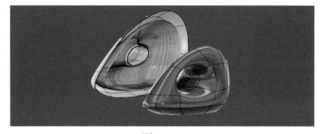

图 2-116 　　　　　　　　　　　　　　　　　图 2-117

（17）**插值**：切换曲面和控制点的位置以改进拟合。选择是将控制点移动到曲面，还是将曲面移动到控制点。选择实体，然后选择是要移动控制点还是移动曲面点。

（18）**加厚**：创建实体偏移。选择实体，然后设置厚度和末端处理方式，如图 2-118 所示。

（19）**冻结**：分为冻结和解冻两个命令。冻结是指冻结模型上面和边以防止意外修改。解冻是指解冻先前冻结的面和边。

图 2-118

3. 对称命令集

对称命令集包括镜像 - 内部、环形 - 内部、镜像 - 复制、环形 - 复制、清除对称和隔离对称 6 个命令，如图 2-119 所示。

（1）**镜像 - 内部**：使用 T 样条实体的元素创建镜像对称。在实体的每一侧选择一个面，如果需要在每侧上选择边，然后选择顶点，如图 2-120 所示。

图 2-119

（2）**环形 - 内部**：使用 T 样条实体的元素创建环形对称。在实体上选择一个面，然后选择对称线的数量，如图 2-121 所示。

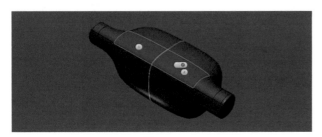 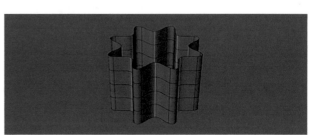

图 2-120 　　　　　　　　　　　　　　　　　图 2-121

（3）**镜像 - 复制**：创建跨指定平面镜像的副本实体。选择要复制的实体，然后选择镜像平面，如图 2-122 所示。

（4）**环形 - 复制**：围绕选定的轴创建指定数目的实体。选择要复制的实体，然后选择要围绕其旋转的轴，如图 2-123 所示。

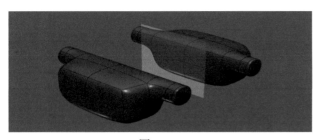

图 2-122

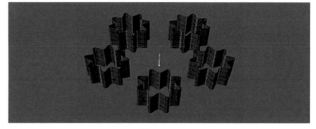

图 2-123

（5）**清除对称**：从单个实体或一系列实体中移除对称约束。选择对称实体。

（6）**隔离对称**：防止对选定的顶点、边或面应用对称变换。选择要从其删除对称的面、边或顶点。

4. 实用程序命令集

实用程序命令集包括显示模式、修复实体、均匀分布、转换、启用性能优先 5 个命令，如图 2-124 所示。

图 2-124

（1）**显示模式**：将实体显示设定为平滑、方体或控制框。平滑用于显示实际模型，方体仅仅用于显示控制框架。控制框用于显示框架和实际模型。选择所需的显示模式，如果有多个 T 样条实体，用户需要选择实体以更改显示，如图 2-125 所示。

（2）**修复实体**：分析 T 样条实体，并显示有关网格的信息，更正错误 T 样条和错误星形条件。选择要分析的实体。

（3）**均匀分布**：删除星形点附近的收缩，将非均匀面更改为均匀面，如图 2-126 所示。选择要常规化的实体。

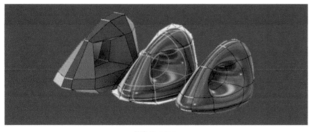

图 2-125

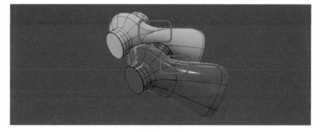

图 2-126

（4）**转换**：更改选定对象的实体类型，将 BRep（实体或曲面）面转换为 T 样条面，将 T 样条实体转换为 BRep 实体，将四边形网格转换为 T 样条实体。选择要转换的对象。

（5）**启用性能优先**：在"性能优先"或"显示优先"之间切换。"显示优先"以最高质量（在星形点处应用 G1 连续条件）显示实体；"性能优先"通过在星形点处应用 G0 连续条件计算修改。

2.4.8 ▶ 面片建模

面片建模一直是 Autodesk 用户津津乐道的建模技术之一，在 3ds Max 中常运用面片建模，使用面片可以直接创建复杂的角色模型，但是这种方法受到的限制较多，制作过程也较为繁杂，对于面片不太了解的用户很难使用该方法创建不规则的模型。相对于面片直接建模，使用"曲面"修改器基于样条线网格的轮廓生成面片曲面，会在三面体或四面体的交织样条线分段的任何地方创建面片。这样，我们只需创建出对象的拓扑线就可以生成面片，使模型的创建更简单高效，如图 2-127 所示。

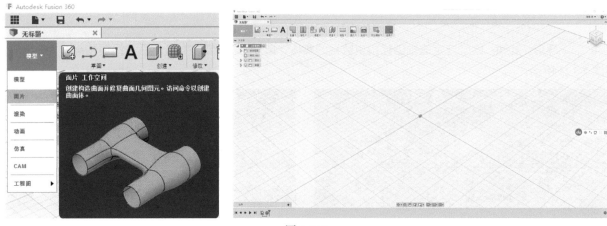

图 2-127

同样，面片建模工作环境中也有草图绘制命令集、创建命令集和修改命令集等，使用方法和前面的参数化建模、T 样条建模是一样的，这里就不再赘述了。

第 3 章
Autodesk Fusion 360 工业设计建模实例

直接建模的显著特点是"所见即所得"。直接建模技术不管模型是否有特征（比如从其他 CAD 系统读入的非参数化模型），用户都可以直接进行后续模型的创建，不管是修改还是增加几何都无须关注模型的建立过程。这样用户可以用最直观的方式对模型直接进行编辑，自然流畅地进行随心所欲的模型操作，无须关注模型的创建过程。这样就使得用户可以在一个自由的 3D 设计环境下工作，用比以往任何时候更快的速度进行模型的创建和编辑。

Fusion 360 的直接建模技术非常适用于概念设计阶段，设计师有很多思维碰撞的火花，直接建模能够帮助设计师抓住每一次思维的跳跃。

3.1 实体模型案例

3.1.1 戒指的设计

概述：在戒指的设计案例中，我们将在同一个场景中设计两枚戒指，根据戒指尺码对照表（见表 3-1）设计一枚 #23 螺旋戒指，一枚 #14 麻花戒指。通过扫掠等命令的操作和命令面板参数的设置来最终完成戒指设计的建模工作。同时赋予模型不同的材质组合，设置渲染参数，并且通过渲染得到一个比较直观的可视化结果，如图 3-1 所示。

表 3-1

号码	周长（mm）	直径（mm）	号码	周长（mm）	直径（mm）
#4	44	14	#16	56	17.8
#5	45	14.3	#17	57	18.2
#6	46	14.6	#18	58	18.5
#7	47	15	#19	59	18.8
#8	48	15.3	#20	60	19.1
#9	49	15.6	#21	61	19.4
#10	50	15.9	#22	62	19.7
#11	51	16.2	#23	63	20.1
#12	52	16.6	#24	64	20.4
#13	53	16.9	#25	65	20.4
#14	54	17.2	#26	66	20.7
#15	55	17.5			

图 3-1

学习要点

■■ **草图的绘制：** 在不同的平面上创建草图，并采用尺寸和形位驱动来约束草图。

■■ **实体模型的创建：** 通过螺旋等命令的参数设置来构建模型。

■■ **扫掠命令：** 通过扭曲角度参数的设置来控制模型形态。

■■ **渲染：** 通过详细渲染参数的设定，得到更为逼真的模型。

（1）#23 螺旋戒指的建模过程

步骤 1 ♂ 选择"创建"→"螺旋"命令，以 XZ 平面为建造平面，创建一个直径为 20.1mm 的螺旋实体，如图 3-2 所示。

> 🔊 **注意**
>
> 这一步先不要结束螺旋命令，接下来我们要通过参数的修改来控制模型的形态。

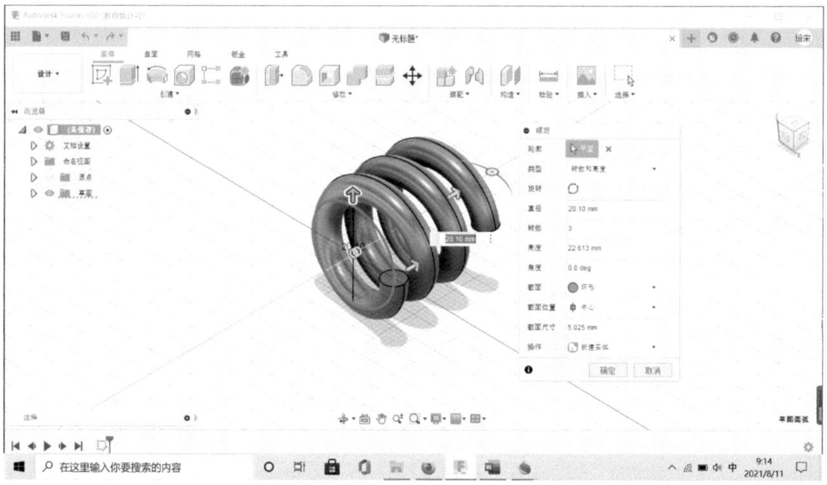

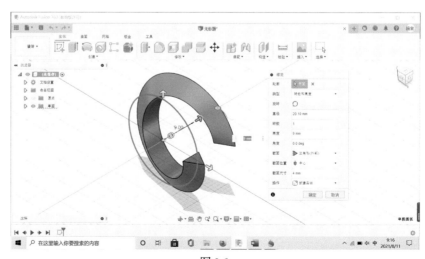

图 3-2

步骤 2 ♂ 修改"螺旋"对话框中的参数，设置"转数"为 1，"高度"为 9mm，"截面"为"三角形（外部）"，"截面尺寸"为 4mm，单击【确定】按钮，结束螺旋命令，如图 3-3 所示。

图 3-3

步骤 3 选择"修改"→"圆角"命令，选择指环所有的边，共 9 条，设置圆角半径 0.5mm，如图 3-4 所示。

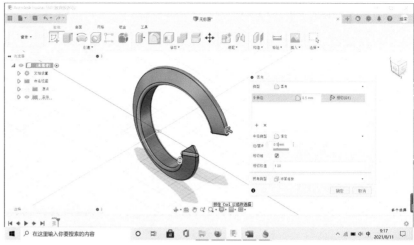

图 3-4

步骤 4 切换为右视图，选择"创建"→"球体"命令，创建直径为 5.2mm 的球体，如图 3-5 所示。

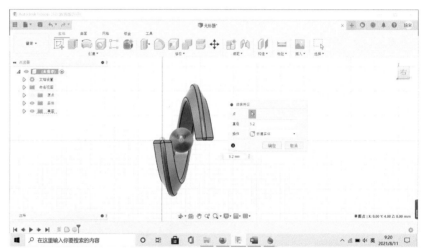

图 3-5

步骤 5 切换为前视图，选择"修改"→"移动"命令，将直径为 5.2mm 的球体向蓝色箭头方向移动 10mm，如图 3-6 所示。

◁）注意

移动的目的是让球体与指环相切，这里的参数只作为参考。

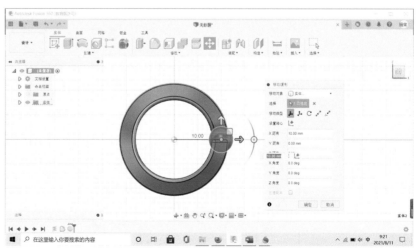

图 3-6

步骤 6 ⚙ 切换为上视图，将直径为 5.2mm 的球体向蓝色箭头反方向移动 0.5mm，如图 3-7 所示。

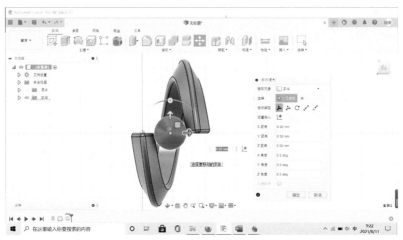

图 3-7

步骤 7 ⚙ 切换为右视图，将直径为 5.2mm 的球体向蓝色箭头反方向移动 -0.2mm，如图 3-8 所示。

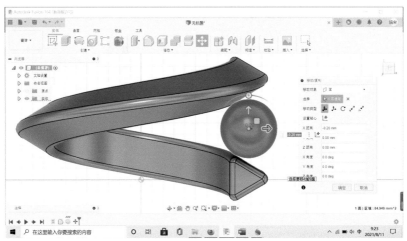

图 3-8

步骤 8 ⚙ 选择"创建"→"球体"命令，在指环三角截面的圆角处创建一个直径为 0.5mm 的小球体。为了便于观察，我们可以单击屏幕下方的"显示设置"按钮，在弹出的下拉菜单中选择"视觉样式"→"线框"命令，将视图切换为线框显示模式，如图 3-9 所示。

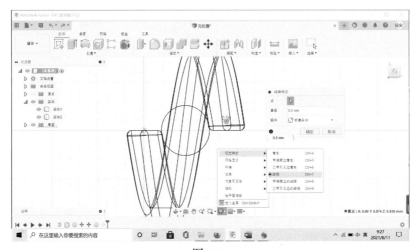

图 3-9

步骤9 切换为前视图，选择"修改"→"移动"命令，将直径为 0.5mm 的球体向蓝色箭头方向移动至指环三角截面的圆角处，使其与指环实体相交，如图 3-10 所示。

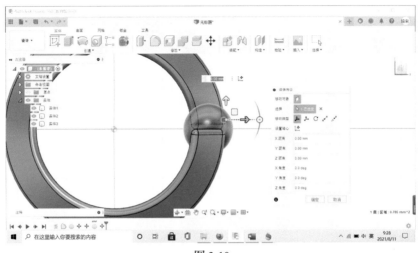

图 3-10

步骤10 切换为 Home 视图，观察直径为 0.5mm 的小球体与指环圆角相交的程度，如图 3-11 所示。

图 3-11

步骤11 选择"创建"→"阵列"→"路径阵列"命令，对象选择直径为 0.5mm 的小球体，路径选择图中蓝色的线，设置阵列"数量"为 80，"距离"为 69mm，"方向"为"路径方向"，如图 3-12 所示。

> **提示**
>
> 除了参数设置外，可以使用鼠标拖动操控器（蓝色箭头）来控制阵列的距离和分布，这里参数只作为参考。

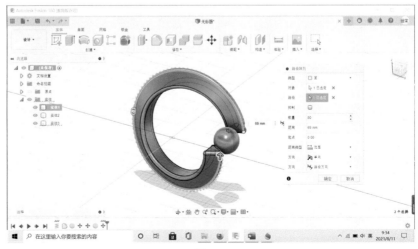

图 3-12

步骤 12 ♂ 选择"修改"→"合并"命令,"目标实体"选择指环(实体 1),"刀具实体"选择直径为 0.5mm 的小球体,设置"操作"为"剪切",如图 3-13 所示。

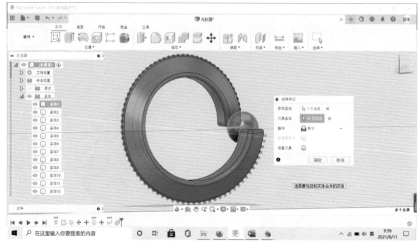

图 3-13

步骤 13 ♂ 执行"修改"→"合并"命令后指环三角截面圆角处会有均匀分布的圆形曲面,如图 3-14 所示。

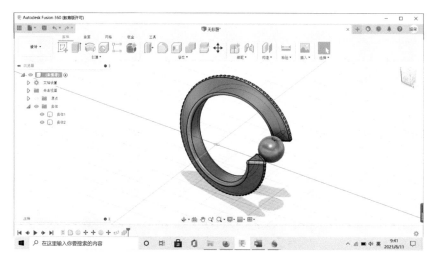

图 3-14

步骤 14 ♂ 切换到渲染工作环境,选择"外观"命令,选择"金属 - 白金"材料,将其拖曳至指环,选择"其他"→"宝石 - 红宝石"材料,将其拖曳至球体,单击"画布内渲染"按钮观察效果,如图 3-15 所示。

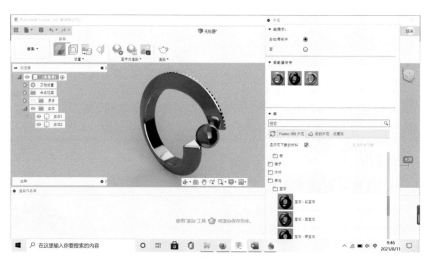

图 3-15

步骤 15 ♂ 将外观命令面板中的"应用于"由"实体/零部件"切换为"面"，选择"金属-黄金"材料，将其拖曳至指环三角形截面剪切后的小圆形曲面上，单击"画布内渲染"按钮观察效果，如图3-16所示。

图 3-16

（2）#14 麻花戒指的建模过程

步骤 16 ♂ 切换为设计工作环境，选择"创建草图"命令，在 XY 平面上绘制直径为17.2mm的圆形，单击"完成草图"按钮，如图3-17所示。

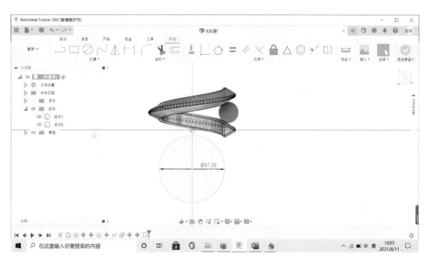

图 3-17

步骤 17 ♂ 再次选择"创建草图"命令，选择 YZ 平面为草图平面，选择"创建"→"矩形"→"中心角点矩形"命令，以上一步绘制的直径为 17.2mm 的圆形的四分点为中心绘制一个长、宽都为 2mm 的矩形，如图3-18所示。

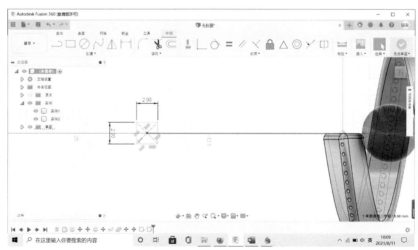

图 3-18

步骤 18 由于前两步的草图是在不同的平面绘制的，因此，两步草图之间的位置关系如图 3-19 所示。

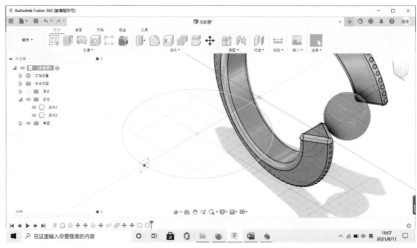

图 3-19

步骤 19 选择"创建"→"扫掠"命令，轮廓选择长、宽都为 2mm 的矩形，路径选择直径为 17.2mm 的圆形，如图 3-20 所示。

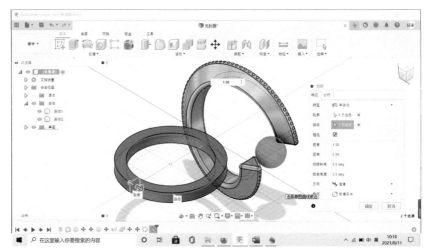

图 3-20

步骤 20 通过修改"扫掠"对话框中的参数控制模型形态，将"扭曲角度"设置为 720deg，如图 3-21 所示。

🔊 **注意**

在这个设计案例中，扭曲角度的数值只能是 360deg 及其倍数。

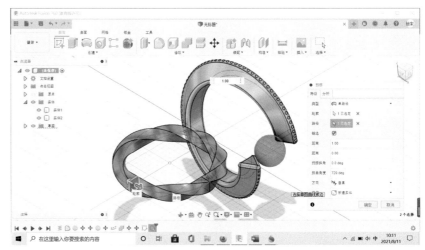

图 3-21

步骤 21 选择"修改"→"圆角"命令,将麻花戒指的 4 条边进行圆角,圆角半径为 0.5mm,如图 3-22 所示。

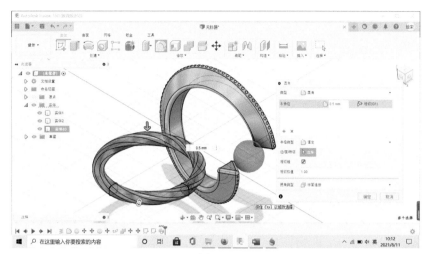

图 3-22

步骤 22 选择"修改"→"移动"命令,将麻花戒指向下移动,和另一枚戒指底部对齐,如图 3-23 所示。

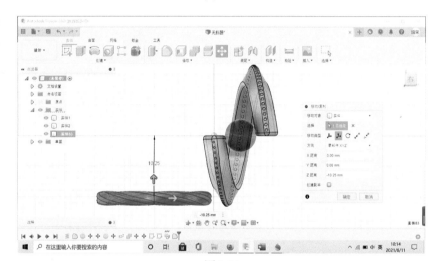

图 3-23

步骤 23 切换为渲染工作环境,选择"外观"命令,选择"金属 - 黄金"材料,将材料拖曳至麻花戒指上,如图 3-24 所示。

图 3-24

至此，两枚戒指设计完成。戒指设计案例的关键在于细节，细节突出才能彰显商品的艺术感染力，如图3-25所示。

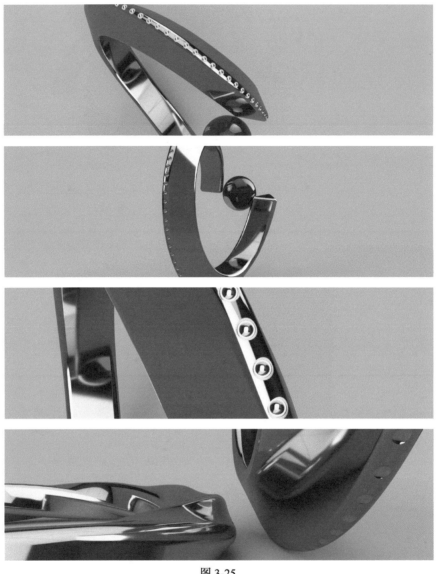

图 3-25

3.1.2 编织鸟笼灯罩的设计

概述： 先用草图绘制灯罩的整体形态，然后用旋转命令旋转截面草图生成实体，通过偏移平面移动平面位置并分割实体。在投影中绘制斜线，通过双侧拉伸与灯罩实体形成相交，并保留交集。最后环形阵列形成编织形态，如图3-26所示。

图 3-26

学习要点

- ▣ 草图绘制：熟悉草图绘制环境。
- ▣ 旋转：通过草图的旋转生成实体。
- ▣ 投影 / 包含：通过投影绘制草图。
- ▣ 拉伸：对草图进行双侧拉伸处理。
- ▣ 环形阵列：对实体进行均匀的环形复制。

（1）编织灯罩的建模过程

步骤1 在 XZ 平面上绘制草图，起点是坐标原点，向上绘制 135mm 的线段（灯泡的高度为 100mm，直径为 60mm），如图 3-27 所示。

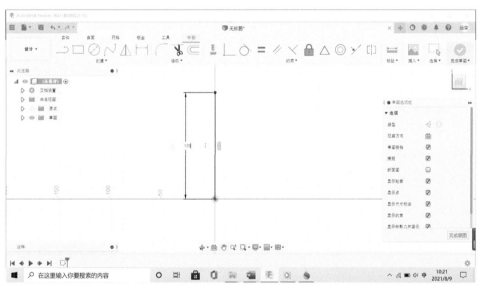

图 3-27

步骤2 在线段的两端分别绘制两条垂直的小线段，尺寸分别为 23.4mm 和 45mm，如图 3-28 所示。

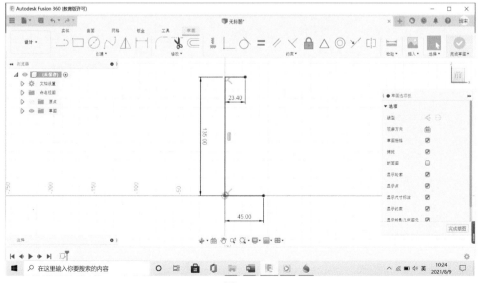

图 3-28

步骤 3 ♂ 选择"创建"→"样条曲线"→"拟合点样条曲线"命令，如图 3-29 所示。在两条横线段端点上绘制一条曲线，注意曲线形态。

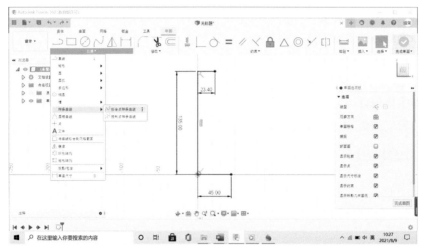

图 3-29

步骤 4 ♂ 通过两边的手柄和锚点（绿色点）调整曲线形态，如图 3-30 所示。

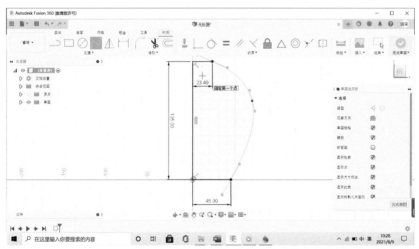

图 3-30

步骤 5 ♂ 单击"完成草图"按钮，进入多实体模型工作环境，如图 3-31 所示。

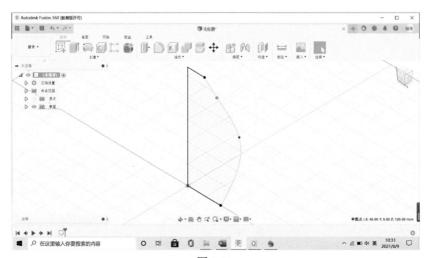

图 3-31

步骤 6 ♂ 选择"创建"→"旋转"命令，"轮廓"选择刚完成的草图，"轴"选择 Z 轴，设置"角度"为 360deg，生成实体，如图 3-32 所示。

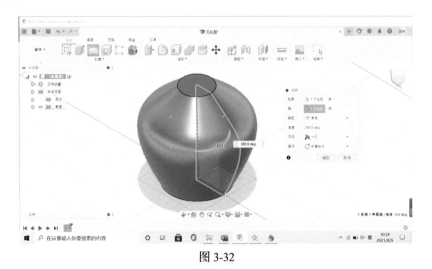

图 3-32

步骤 7 ♂ 选择"构造"→"偏移平面"命令，选择平行于 XY 平面的顶部平面，将其向下偏移 -10mm，使平面与实体相交，如图 3-33 所示。

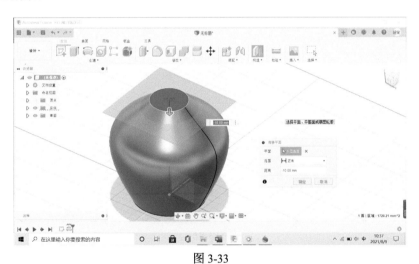

图 3-33

步骤 8 ♂ 选择"修改"→"分割实体"命令，"要分割的实体"选择灯罩（蓝色），"分割工具"选择刚才向下偏移 -10mm 的平面（红色），如图 3-34 所示。

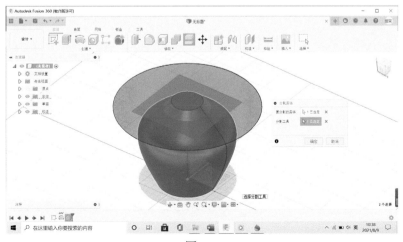

图 3-34

步骤 9 选择 "草图" 命令，在灯罩的顶端平面上绘制直径为 40mm 的圆形，如图 3-35 所示。

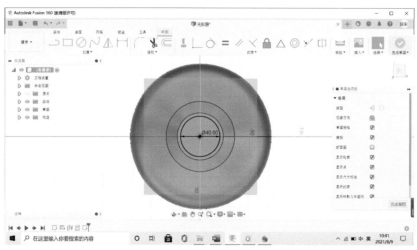

图 3-35

步骤 10 单击 "完成草图" 按钮，进入多实体模型工作环境，如图 3-36 所示。

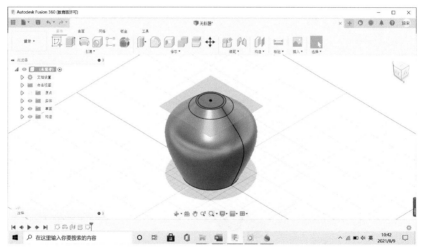

图 3-36

步骤 11 选择 "创建" → "拉伸" 命令，"轮廓" 选择直径为 40mm 的圆形，"范围类型" 选择 "目标对象"，"对象" 选择向下偏移的平面，如图 3-37 所示。

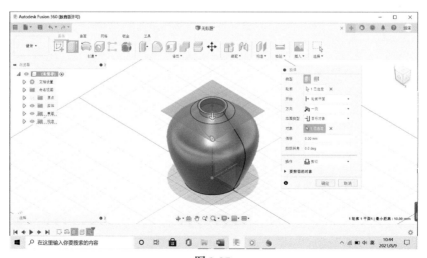

图 3-37

步骤 12 ⚙️ 灯罩顶部的形态如图 3-38 所示。

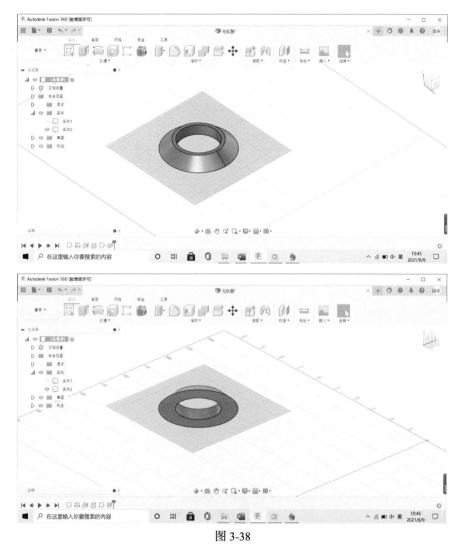

图 3-38

步骤 13 ⚙️ 在浏览器中隐藏顶部形态（实体 2），选择"修改"→"抽壳"命令，"面 / 实体"选择灯罩顶端与底部的平面，设置"内侧厚度"为 1.6mm，如图 3-39 所示。

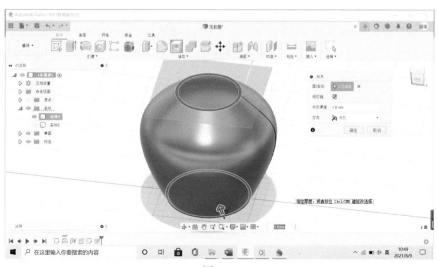

图 3-39

步骤 14 ⚙ 选择"构造"→"偏移平面"命令，选择平行于 XY 平面的底部平面，将其向上偏移 -6mm，使平面与实体相交，如图 3-40 所示。

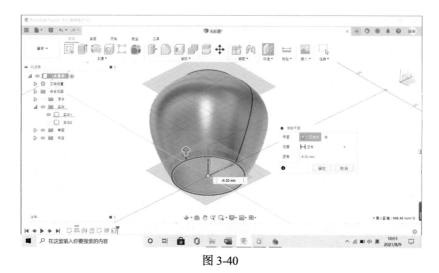

图 3-40

步骤 15 ⚙ 选择"修改"→"分割实体"命令，"要分割的实体"选择灯罩（蓝色），"分割工具"选择刚才向上偏移 -6mm的平面（红色），如图 3-41 所示。

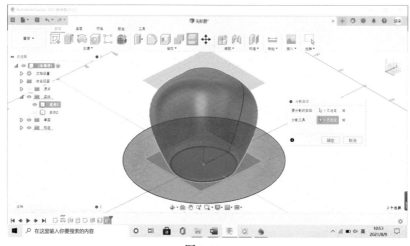

图 3-41

步骤 16 ⚙ 这样灯罩就被两个偏移平面分割成三段，接下来我们就要制作编织效果了，如图 3-42 所示。

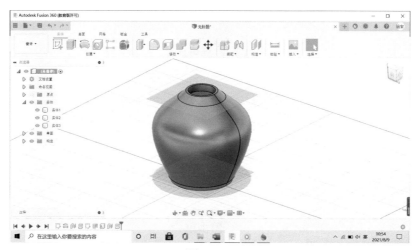

图 3-42

步骤 17 　在浏览器中隐藏顶部形态与底部形态（实体 2 和实体 3），选择"草图"命令，选择 ZX 平面作为绘制平面，如图 3-43 所示。

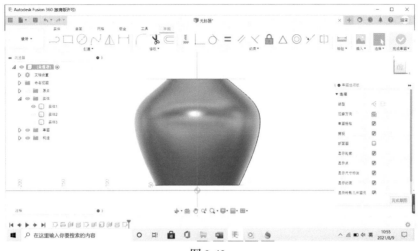

图 3-43

步骤 18 　选择"创建"→"投影 / 包含"→"项目"命令，如图 3-44 所示。

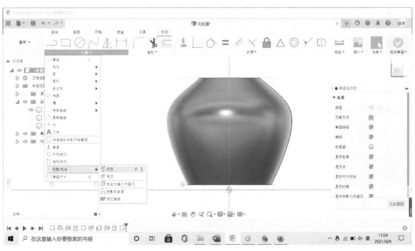

图 3-44

步骤 19 　在"项目"对话框中，设置"几何图元"为灯罩实体（蓝色），设置"选择过滤器"为实体，如图 3-45 所示。

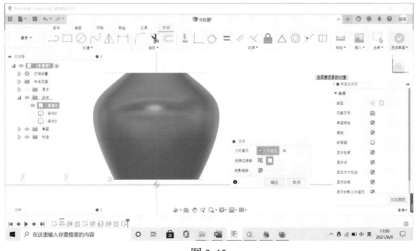

图 3-45

步骤 20 ♂ 在浏览器中隐藏灯罩（实体 1），选择"修改"→"抽壳"命令，用直线命令绘制两条斜线，并为两条斜线添加平行约束，如图 3-46 所示。

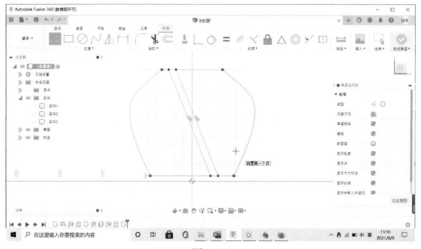

图 3-46

步骤 21 ♂ 选择"创建"→"草图尺寸"命令，标注两条斜线之间的距离，设置"尺寸"为 6mm，如图 3-47 所示。

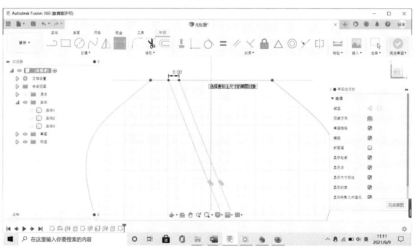

图 3-47

步骤 22 ♂ 在浏览器中显示灯罩（实体 1），观察斜线草图与灯罩实体之间的关系，如图 3-48 所示。

图 3-48

步骤 23 选择"创建"→"拉伸"命令，在打开的"编辑特征"对话框中，设置"轮廓"为斜线草图，设置"方向"为"两侧"，设置"操作"为"相交"，如图 3-49 所示。

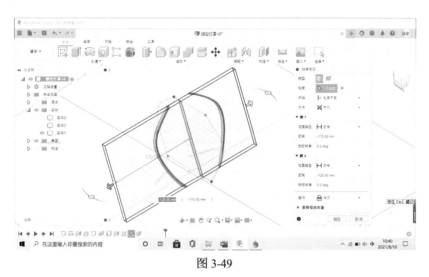

图 3-49

步骤 24 选择"创建"→"阵列"→"环形阵列"命令，在打开的"环形阵列"对话框中，"对象"选择其中的一条实体（蓝色），"轴"选择 Z 轴，设置"角度间距"为"完全"，设置"数量"为 22，如图 3-50 所示。

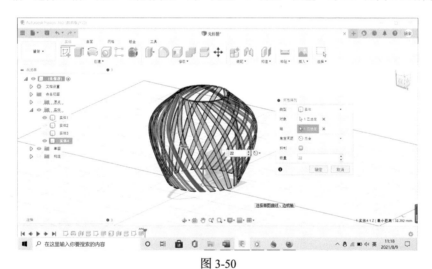

图 3-50

步骤 25 再次执行"环形阵列"命令，选择另一条实体（蓝色），其他参数同上，如图 3-51 所示。

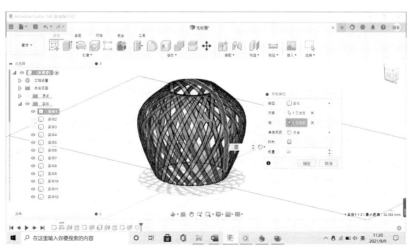

图 3-51

步骤 26 使用鼠标框选全部的编织条，选择"修改"→"合并"命令将编织条合并在一起，在浏览器中显示顶部形态与底部形态（实体 2 和实体 3），如图 3-52 所示。

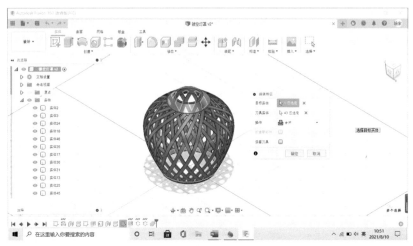

图 3-52

步骤 27 至此编织的鸟笼灯罩建模完成，如图 3-53 所示。

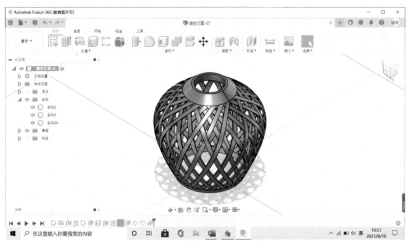

图 3-53

步骤 28 切换至渲染工作环境，选择"外观"命令，打开"外观"面板，选择"木材"→"浅色竹木 - 半光泽"材料，将该材料拖曳至编织鸟笼灯罩上，单击"画布内渲染"按钮，观察设计效果，如图 3-54 所示。

图 3-54

步骤 29 ☞ 单击"捕获图像"按钮，保存渲染图片，这样我们就运用 Fusion 360 设计了一款钢木结构的编织鸟笼灯罩，如图 3-55 所示。

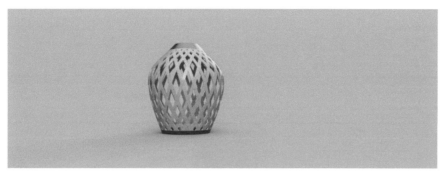

图 3-55

（2）灯泡的建模过程

步骤 30 ☞ 接下来给灯罩里安装个灯泡。返回设计工作环境，在 ZX 平面上绘制草图，如图 3-56 所示。

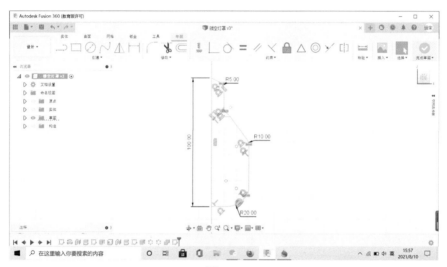

图 3-56

步骤 31 ☞ 选择"创建"→"旋转"命令，以 Z 轴为轴，旋转，生成两个实体灯泡与连接，如图 3-57 所示。

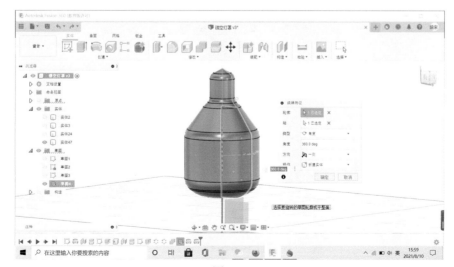

图 3-57

步骤 32 🔧 选择连接的圆柱部分，选择"创建"→"螺纹"命令，生成螺纹。需要注意的是，要选中对话框中的"实体化"复选框，如图 3-58 所示。

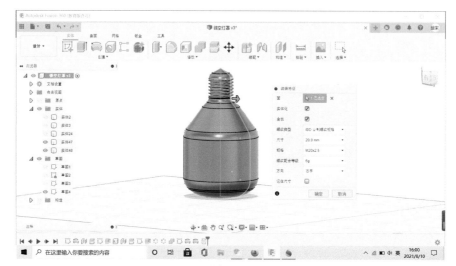

图 3-58

步骤 33 🔧 切换到渲染工作环境，选择"外观"命令，选择"其他"→"发射"→"A 型灯泡 - 磨砂 -1500lm"材料，将其拖曳至灯泡模型上，单击"画布内渲染"按钮，观察编织鸟笼灯罩的设计效果，如图 3-59 所示。

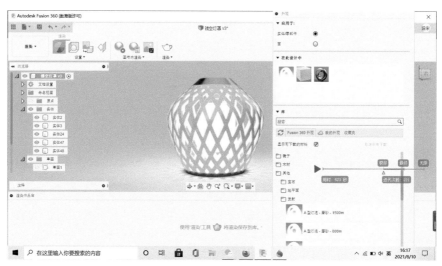

图 3-59

步骤 34 🔧 单击"捕获图像"按钮，保存渲染图片，这样编织鸟笼灯罩就完成了，如图 3-60 所示。

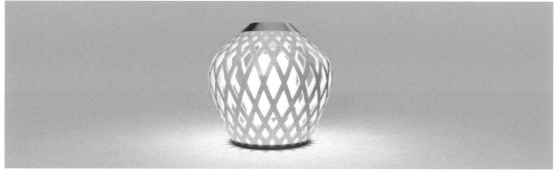

图 3-60

3.1.3 吧台椅的设计

概述： 草图绘制椅子架并拉伸成实体，通过移动／复制命令生成交叉椅子架，扫掠命令生成环形支架，合并命令制作榫卯结构，偏移平面命令与中间平面命令生成偏移草图的平面，三点圆弧绘制椅子背，打孔并绘制内六角螺钉固定结构。然后赋予实体橡木材质和风化皮革材质，最终进行画布内渲染并捕获图像，如图3-61所示。

图 3-61

学习要点

- **草图绘制：** 熟悉草图绘制的工作环境。
- **拉伸：** 熟悉草图的两侧拉伸切除的不同方式。
- **扫掠：** 通过轮廓与路径生成实体。
- **合并：** 熟悉合并、剪切新建实体等操作。
- **材质：** 赋予实体材质和表面颜色。
- **渲染：** 熟悉画布内渲染与捕获图像。

（1）**椅子架的建模过程**

步骤1 选择"草图"命令，在 ZX 平面，采用草图尺寸驱动绘制草图，如图3-62所示。

◄)) 注意

椅子架中间有一条垂直的辅助线。

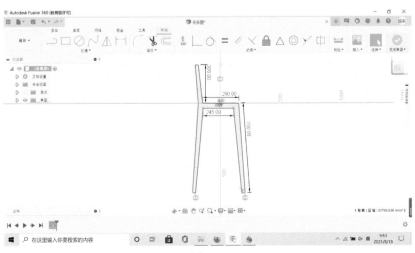

图 3-62

步骤 2 ⚙ 选择"拉伸"命令,打开"拉伸"对话框,设置"方向"为"两侧",每一侧的"距离"为 20mm。这样确保坐标原点在模型中心,便于后续旋转复制实体,如图 3-63 所示。

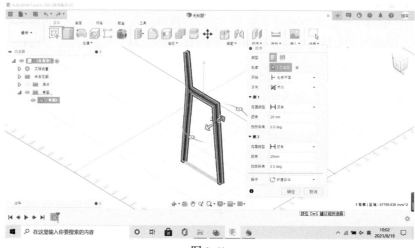

图 3-63

步骤 3 ⚙ 选择"修改"→"圆角"命令,打开"圆角"对话框,设置"圆角"为 50mm,如图 3-64 所示。

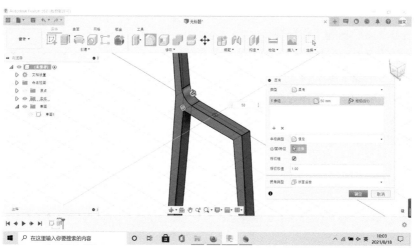

图 3-64

步骤 4 ⚙ 选择"修改"→"倒角"命令,打开"倒角"对话框,选择模型所有边,设置"倒角"为 4mm,如图 3-65 所示。

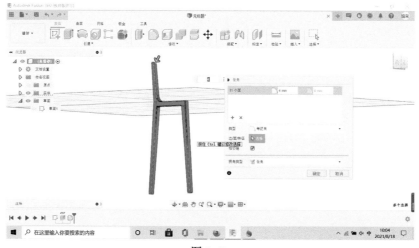

图 3-65

步骤5 ⚙ 选择"修改"→"移动"命令，打开"移动/复制"对话框，选择刚生成的实体，设置"移动对象"为"实体"，"移动类型"为旋转，"角度"为 -90deg，选中"创建副本"复选框，如图 3-66 所示。

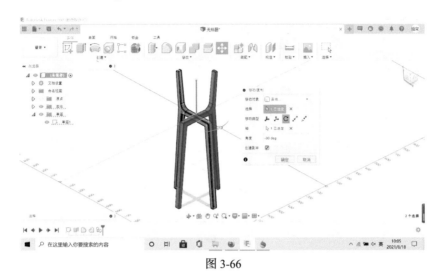

图 3-66

步骤6 ⚙ 选择"构造"→"偏移平面"命令，打开"偏移平面"对话框，将 XY 平面向下偏移 -700mm，如图 3-67 所示。

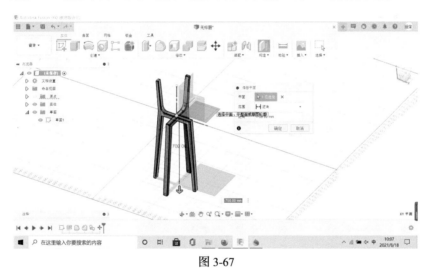

图 3-67

步骤7 ⚙ 选择"草图"命令，选择刚才偏移 -700mm 的平面，选择"创建"→"圆"→"两点圆"命令，沿 X 轴以椅子腿对角线为直径绘制圆形，如图 3-68 所示。

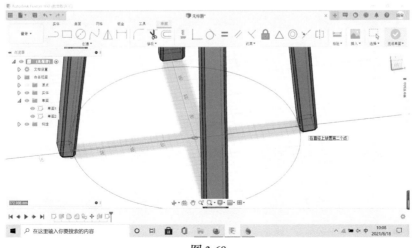

图 3-68

步骤 8 选择"修改"→"移动"命令，选择刚绘制的两点圆，向上移动 250mm，如图 3-69 所示。

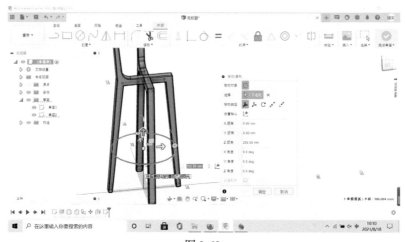

图 3-69

步骤 9 选择"创建"→"草图尺寸"命令，单击圆形，绘制直径为 320mm 的圆，单击"完成草图"按钮，如图 3-70 所示。

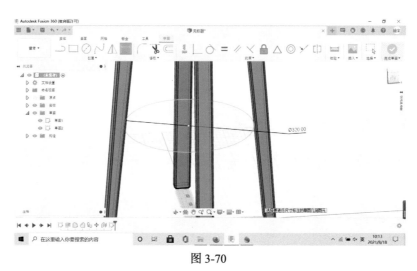

图 3-70

步骤 10 选择"草图"命令，选择 ZX 平面为草图平面，注意：上一步草图是在 XY 平面绘制的。选择"创建"→"矩形"→"中心角点"命令，以直径 320mm 圆的端点为中心，绘制一个 20mm×20mm 的矩形，单击"完成草图"按钮，如图 3-71 所示。

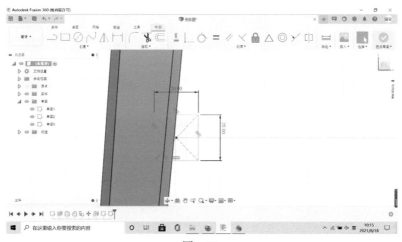

图 3-71

步骤 11 选择"创建"→"扫掠"命令，"轮廓"选择矩形，"路径"选择直径为 320mm 的圆形，如图 3-72 所示。

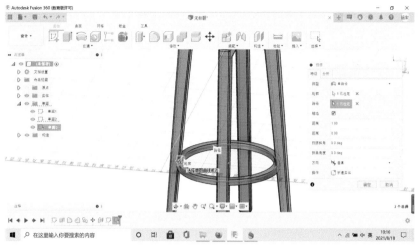

图 3-72

步骤 12 选择"修改"→"合并"命令，单击 X 交叉的椅子架，设置"操作"为"合并"，如图 3-73 所示。

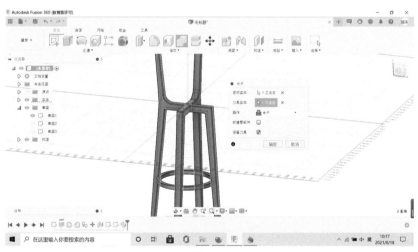

图 3-73

步骤 13 再次选择"修改"→"合并"命令，"目标实体"选择 X 交叉的椅子架，"刀具实体"选择第 11 步生成的实体，设置"操作"为"剪切"，选中"保留刀具"复选框，如图 3-74 所示。

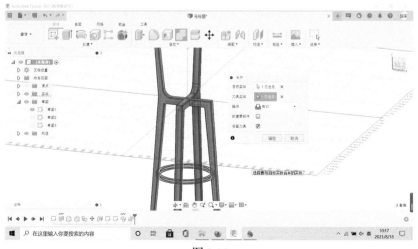

图 3-74

（2）**椅子座垫的建模过程**

步骤 14 选择"草图"命令，以 XY 平面为草图平面绘制草图。选择 "创建"→"直线"命令，绘制两条 直线，使其呈 T 形，如图 3-75 所示。

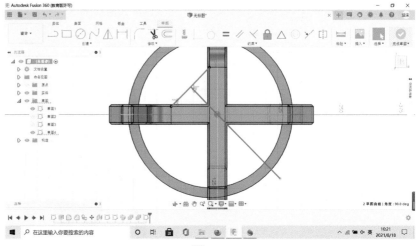

图 3-75

步骤 15 在 T 形横线两端分别 绘制两条直线，长度为 216mm，如 图 3-76 所示。

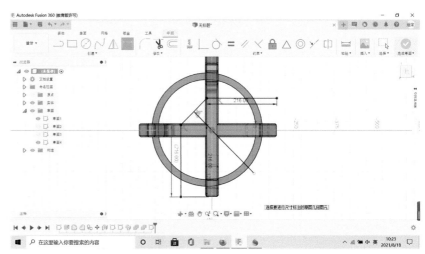

图 3-76

步骤 16 选择"创建"→"圆 弧"→"三点圆弧"命令，注意：前 2 点先单击长度为 216mm 的线段端 点，第 3 点（圆弧中点）再单击 T 形 竖线的端点，这样就在 XY 平面绘制 了一个扇形的图形，如图 3-77 所示。

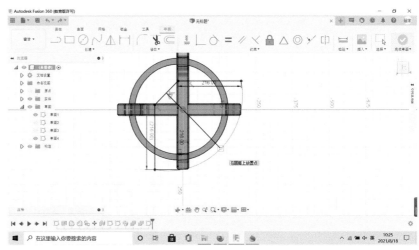

图 3-77

步骤17 选择"修改"→"圆角"命令，选择扇形前端的两个锐角，设置圆角半径为85mm，如图3-78所示。

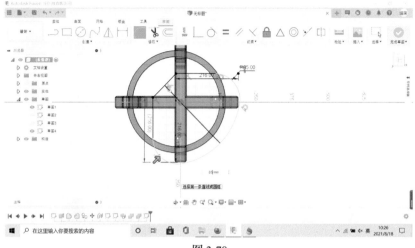

图 3-78

步骤18 再次选择"修改"→"圆角"命令，选择扇形后端的两个锐角，设置圆角半径为30mm。单击"完成草图"按钮，如图3-79所示。

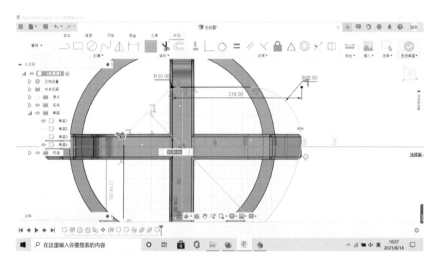

图 3-79

步骤19 选择"创建"→"拉伸"命令，选择刚绘制的扇形，将其向上拉伸10mm，如图3-80所示。

图 3-80

步骤 20 选择"创建"→"拉伸"命令，选择扇形实体顶部平面，将其向上拉伸 50mm，如图 3-81 所示。

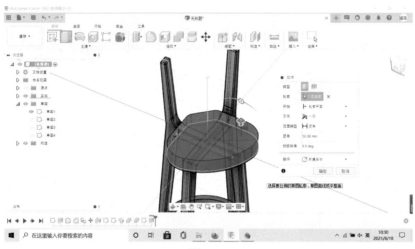

图 3-81

步骤 21 再次选择"修改"→"圆角"命令，选择扇形后端的两个锐角，设置圆角半径为 30mm，如图 3-82 所示。

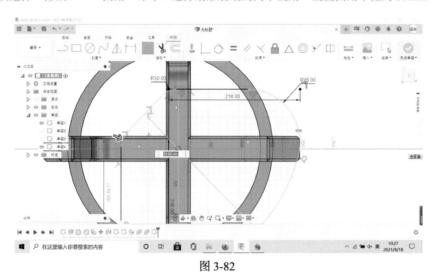

图 3-82

步骤 22 选择"修改"→"圆角"命令，选择扇形实体上部边，设置圆角半径为 37.5mm，如图 3-83 所示。

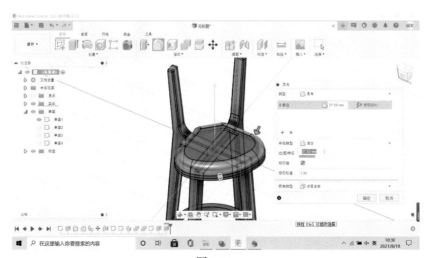

图 3-83

步骤 23 再次选择"修改"→"圆角"命令，选择扇形实体下部边，设置圆角半径为 5mm，如图 3-84 所示。

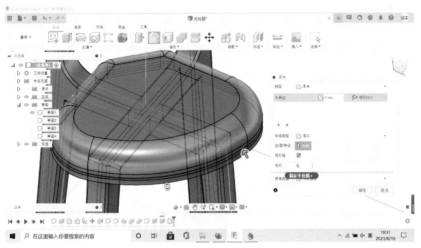

图 3-84

步骤 24 选择"修改"→"倒角"命令，选择高度为 10mm 扇形实体上下边，设置倒角为 2mm，如图 3-85 所示。

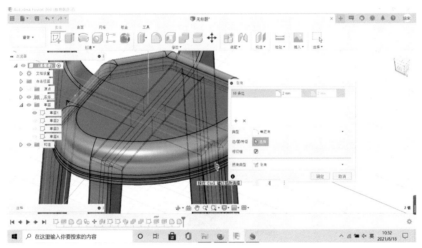

图 3-85

（3）椅子靠背的建模过程

步骤 25 选择"构造"→"偏移平面"命令，选择 XY 平面，将其向上偏移 300mm，如图 3-86 所示。

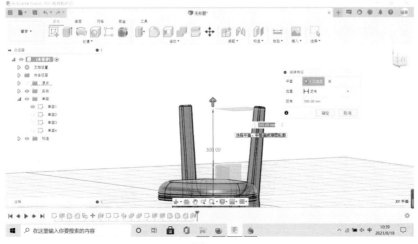

图 3-86

步骤 26 选择"草图"命令，选择上一步偏移平面为草图平面，选择"创建"→"圆弧"→"三点圆弧"命令，在椅子架顶部绘制一条弧线，如图 3-87 所示。

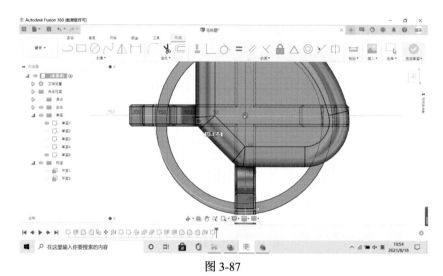

图 3-87

步骤 27 选择"修改"→"偏移"命令，选择刚绘制的圆弧，设置"偏移位置"为 -20mm，如图 3-88 所示。

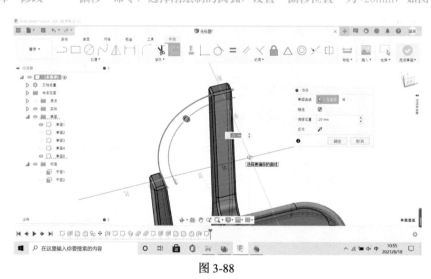

图 3-88

步骤 28 选择"创建"→"直线"命令，线段连接偏移弧线的两端，使其成为一个闭合曲线，如图 3-89 所示。

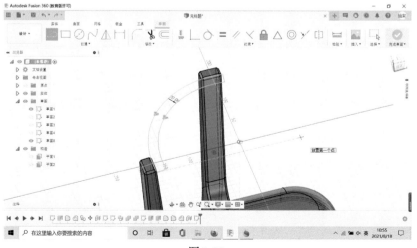

图 3-89

步骤 29 选择"创建"→"拉伸"命令，选择刚才绘制的闭合曲线，将其向下拉伸 -100mm，如图 3-90 所示。

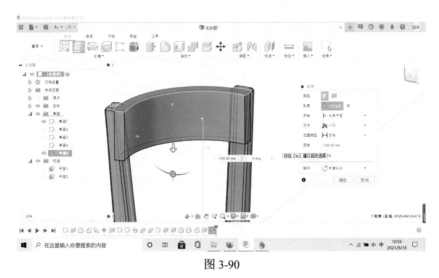

图 3-90

步骤 30 选择"修改"→"移动"命令，打开"移动 / 复制"对话框，单击"设置轴心"按钮，选择扇形中点，设置"Z 角度"为 -45deg，再次单击"设置轴心"（绿色对号）按钮，完成轴心设置，如图 3-91 所示。

> **◁》 注意**
>
> 这一步不要结束"修改"→"移动"命令。

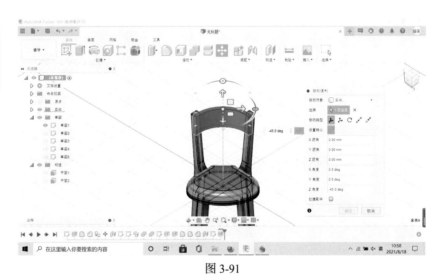

图 3-91

步骤 31 设置操控器 Y 角度旋转为 -10deg。单击"确定"按钮，如图 3-92 所示。

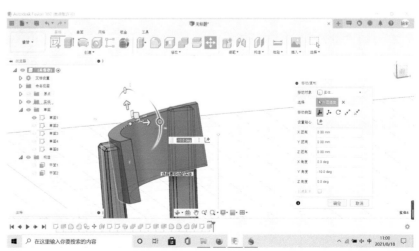

图 3-92

步骤 32 选择"修改"→"圆角"命令，选择扇形实体上下的 4 条横向边，设置圆角半径为 45mm，如图 3-93 所示。

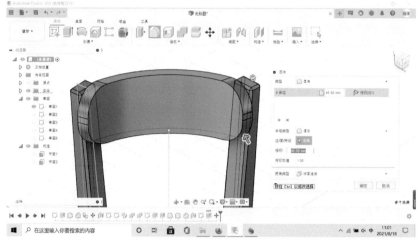

图 3-93

步骤 33 再次选择"修改"→"圆角"命令，选择扇形实体两条闭合回路边，设置圆角半径为 5mm，如图 3-94 所示。

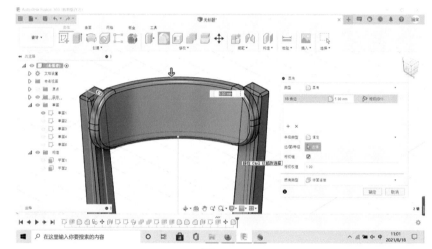

图 3-94

（4）孔与螺钉的建模过程

步骤 34 选择"创建"→"孔"命令，选择椅子架后面的平面，设置"孔类型"为沉头孔，"螺纹类型"为"ISO 公制螺纹规格"，孔总长度为 30mm，要穿过椅子架和椅子靠背，注意图中其他尺寸参数的设置，如图 3-95 所示。

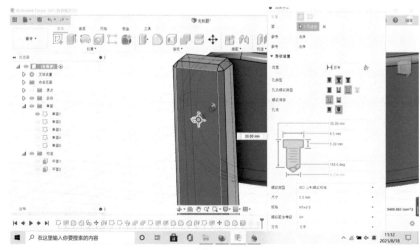

图 3-95

步骤 35 选择"构造"→"中间平面"命令，选择椅子架相对的平面，建造一个中间平面，用于镜像孔和螺钉，如图 3-96 所示。

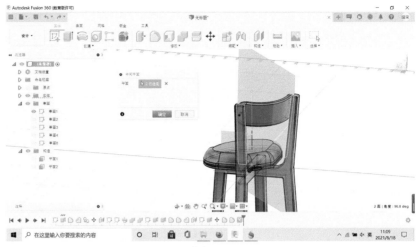

图 3-96

步骤 36 选择"创建"→"镜像"命令，设置镜像类型为"特征"，选择沉头孔，"镜像平面"选择刚生成的中间平面，这样孔就被镜像到另一侧的椅子架上，如图 3-97 所示。

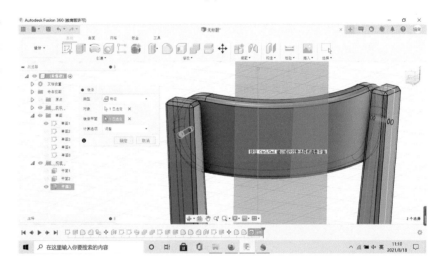

图 3-97

步骤 37 再次选择"创建"→"孔"命令，选择椅子架底部平面打孔，孔总长度为 42mm，要穿过椅子架和 10mm 椅子坐垫底部板材，注意图中其他尺寸参数的设置，如图 3-98 所示。

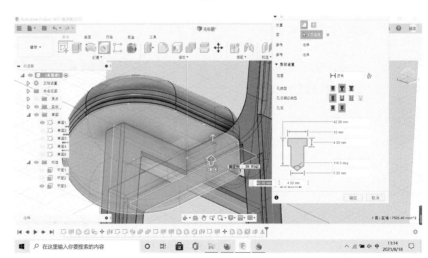

图 3-98

步骤 38 ♂ 选择"创建"→"阵列"→"环形阵列"命令，设置"类型"为"特征"，选择椅子架底部的孔，"轴"选择 Z 轴，"数量"设置为 4，如图 3-99 所示。

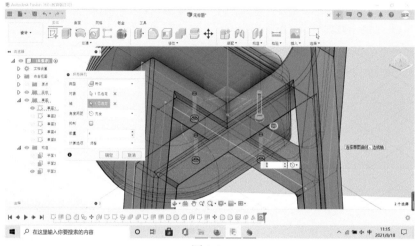

图 3-99

步骤 39 ♂ 再次选择"创建"→"孔"命令，选择椅子架底部平面打孔，设置孔总长度为 42mm，要穿过椅子架和 10mm 椅子坐垫底部板材，注意图中其他尺寸参数的设置，如图 3-100 所示。

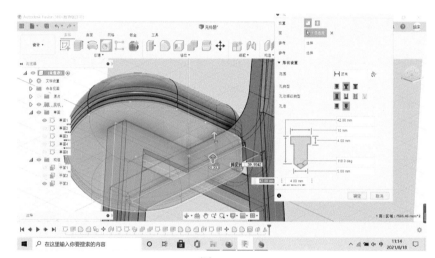

图 3-100

步骤 40 ♂ 选择"创建"→"阵列"→"环形阵列"命令，设置"类型"为"特征"，选择椅子架底部的孔，"轴"选择 Z 轴，"数量"设置为 4，如图 3-101 所示。

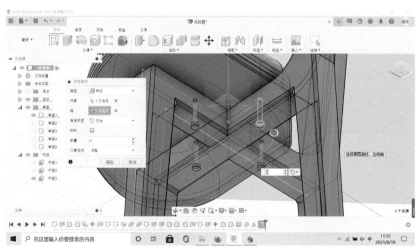

图 3-101

步骤 41 ♂ 选择"草图"命令，选择沉头孔内部平面作为草图平面绘制同心圆。注意由于是在孔内绘制圆，圆心为孔的圆心，直径为孔的直径，如图 3-102 所示。

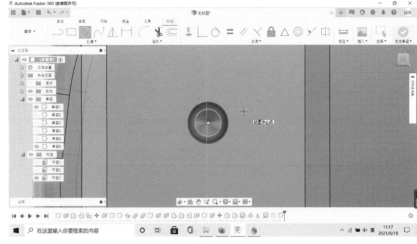

图 3-102

步骤 42 ♂ 选择"创建"→"拉伸"命令，选择小圆向内拉伸 -25mm，制作螺钉钉身，如图 3-103 所示。

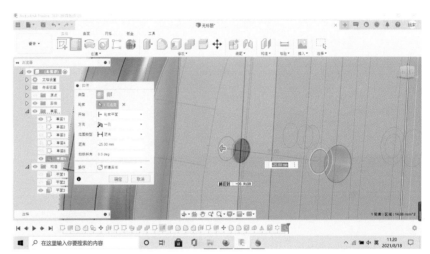

图 3-103

步骤 43 ♂ 选择"创建"→"拉伸"命令，选择大圆向外拉伸 3mm，制作螺钉钉帽，如图 3-104 所示。

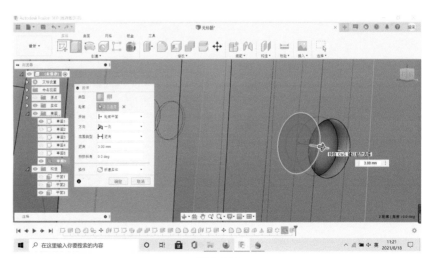

图 3-104

步骤 44 ⚙ 在浏览器中隐藏实体 1 和实体 2，选择"创建"→"螺纹"命令，选择螺钉钉身，在对话框中选中"实体化"复选框。注意：这里的螺纹参数要和沉头孔的螺纹参数相匹配，如图 3-105 所示。

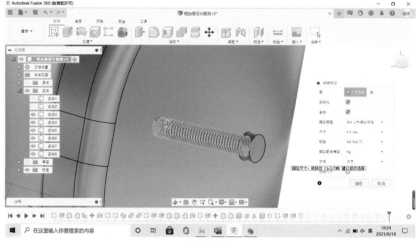

图 3-105

步骤 45 ⚙ 选择"修改"→"圆角"命令，选择螺钉钉帽顶部的边，设置圆角半径为 1.5mm，如图 3-106 所示。

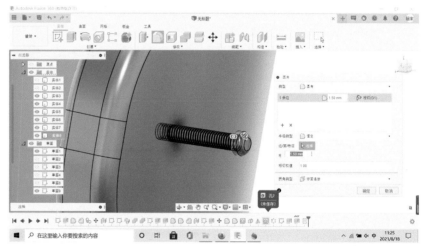

图 3-106

步骤 46 ⚙ 选择"草图"命令，选择螺钉钉帽平面为草图平面，选择"创建"→"多边形"→"外切多边形"命令，绘制直径为 1mm 的六边形，如图 3-107 所示。

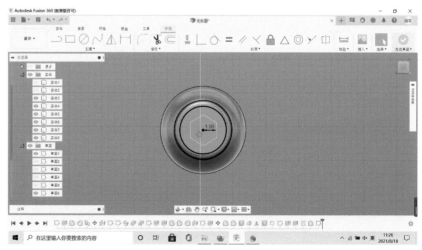

图 3-107

步骤 47 选择"创建"→"拉伸"命令，选择六边形并向内拉伸 -1.5mm，如图 3-108 所示。

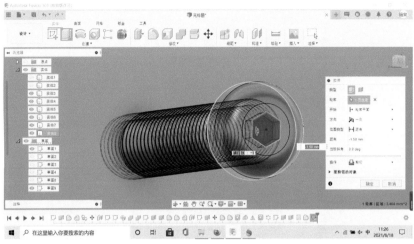

图 3-108

步骤 48 选择"创建"→"镜像"命令，设置"类型"为"实体"，选择刚生成的螺钉（实体 7 和实体 8），镜像平面选择中间平面，将螺钉镜像到另一侧的沉头孔内，如图 3-109 所示。

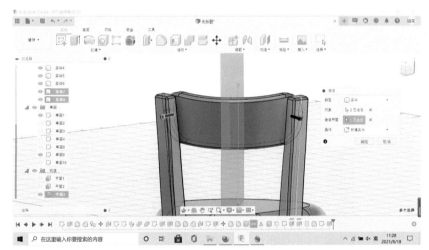

图 3-109

步骤 49 使用同样的方法在椅子底部的沉头孔内绘制同心圆。选择"创建"→"拉伸"命令，选择小圆并向内拉伸 -40mm，穿过椅子架和座面底部板材；选择大圆并向外拉伸 3mm，设置圆角半径为 1.5mm，六边形直径为 1mm，拉伸为 -1.5mm，螺钉螺纹要和孔螺纹匹配。制作的螺钉如图 3-110所示。

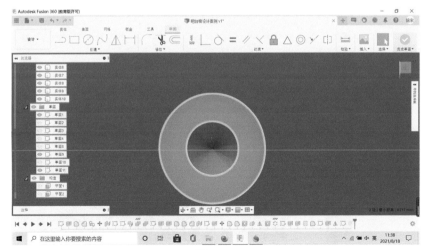

图 3-110

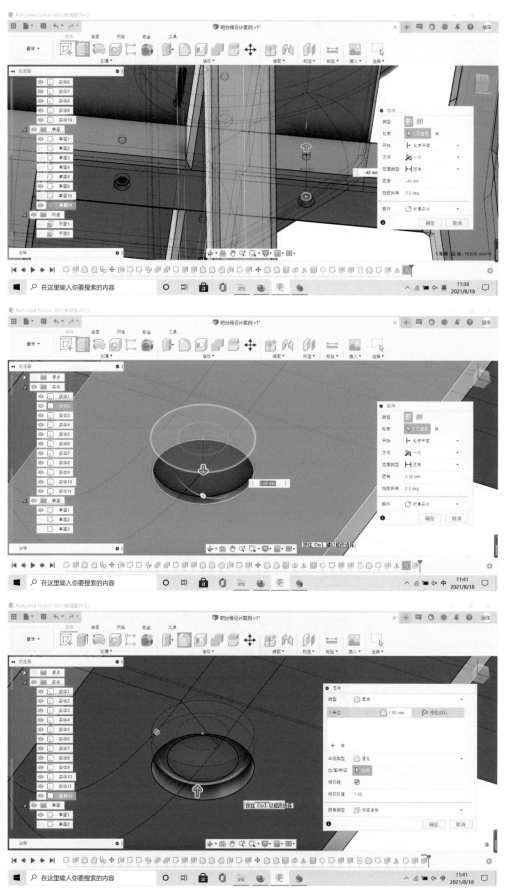

图 3-110（续）

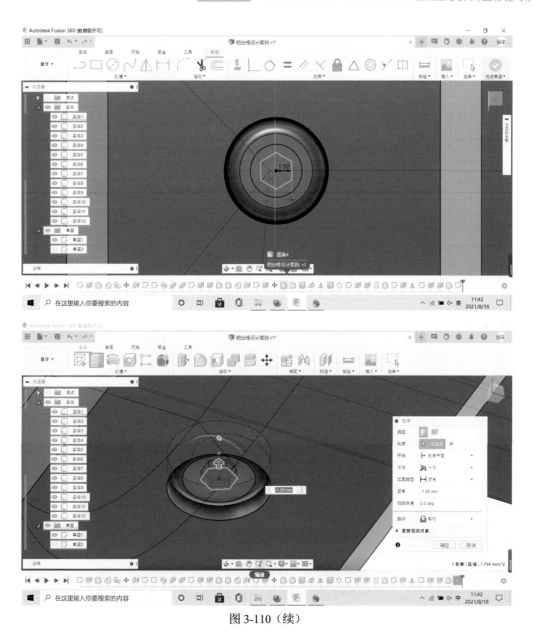

图 3-110（续）

步骤 50 选择"创建"→"阵列"→"环形阵列"命令,选择螺钉,设置"类型"为"实体","轴"为"Z轴","数量"为 4,如图 3-111 所示。

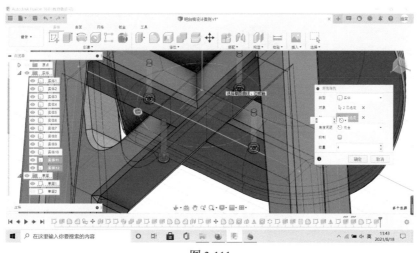

图 3-111

步骤 51 切换到渲染工作环境，选择"外观"命令，选择"木材"→"橡木"材料，将其拖曳至椅子架子和座面底部板材，选择"织物"→"皮革"→"皮革（风化）"材料，将其拖曳至椅子座面，螺钉则保持默认的"钢"材料，选择"画布内渲染"命令，观察设计方案，如图 3-112 所示。

图 3-112

步骤 52 选择"捕获图像"命令，并保存图片，至此吧台椅的设计案例完成，如图 3-113 所示。

图 3-113

3.2 造型模型案例

谈起 T 样条建模的强大就不得不提及操控器的使用，Fusion 360 的操控器在建模的过程中使用频率很高，想要建造理想的模型就离不开操控器的熟练应用，如图 3-114 所示。

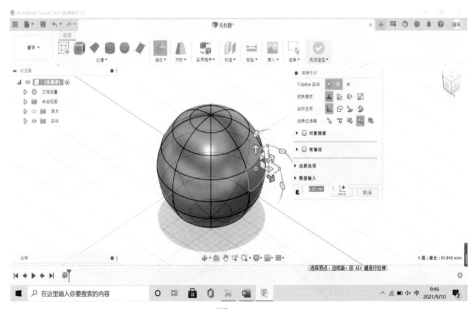

图 3-114

操控器分为 5 种操作模式：移动、平移、旋转、缩放和拉伸，在使用过程中操控器需要结合世界坐标和快捷键。如表 3-2 所示为操控器常用模式。

表 3-2

移动	平移	旋转	缩放	拉伸

常用快捷键如下所示。

- Shift 键：加选。
- Alt 键：生成新的曲面。
- Ctrl 键：锐化。

3.2.1　马克杯的设计

概述： 通过一个简单的马克杯的例子让大家感受一下 Fusion 360 的 T-Spline 模型魅力。使用 T 样条创建圆柱完成杯子基本形态，用补孔（Fill Hole）命令来为杯子添加杯底，用加厚命令生成杯子壁厚，通过对曲面进行细分制作指头缝隙的形态，最后通过调整 ABS 塑料材料的参数生成仿瓷渲染效果，如图 3-115 所示。

图 3-115

学 习 要 点

- T样条建模：熟悉 T 样条的工作环境。
- 补孔命令的使用。
- 加厚命令的使用。
- 桥接命令的使用。
- 材质：赋予实体材质和表面颜色。
- 渲染：熟悉的云端渲染。

（1）杯体的建模过程

步骤1 首先进入 T 样条建模环境，选择"创建"→"圆柱体"命令，在 XY 平面绘制一个"直径"为 90mm，"高度"为 120mm 的圆柱，设置"直径面"为 26，"高度方向上的面数"为 10，如图 3-116 所示。

注意

T 样条建模的特点就是由简入繁，从基本形体开始。

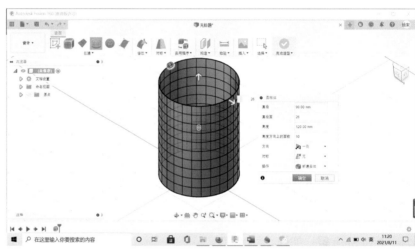

图 3-116

步骤2 选择"修改"→"补孔"命令，选择圆柱体下面的边（蓝色），在对话框中选中"保持锐化边"复选框，如图 3-117 所示。

注意

先不要结束补孔命令。

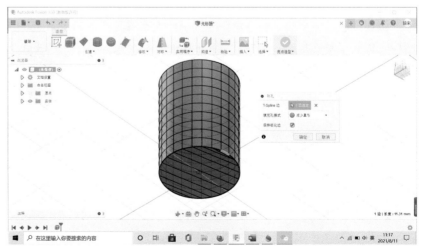

图 3-117

步骤 3 调整"补孔"对话框中的选项，将"填充孔模式"由"减少星形"切换为"填充星形"，如图 3-118 所示。

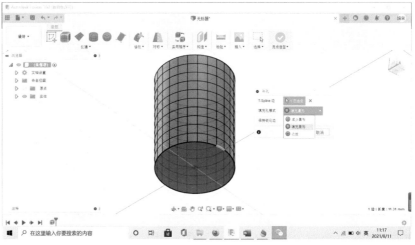

图 3-118

步骤 4 选择"修改"→"加厚"命令，选择圆柱体，在"加厚"对话框中，设置"厚度"为 5mm，"加厚类型"为"柔和"，如图 3-119 所示。

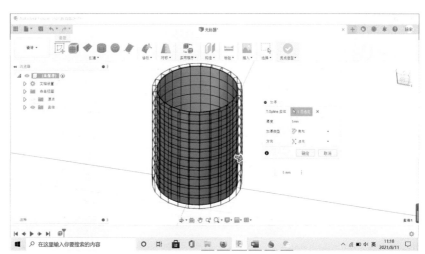

图 3-119

（2）杯把的建模过程

步骤 5 接下来制作杯子把，切换为前视图。选择圆柱体中间上下方的两个方形曲面（蓝色），右击，在弹出的快捷菜单中选择"编辑形状"命令，打开"编辑形状"对话框，如图 3-120 所示。

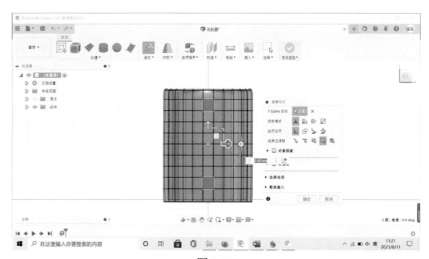

图 3-120

步骤6 切换为左视图，将已选择的圆柱体中间上下方的两个方形曲面（蓝色）向屏幕右方移动-10mm（按住 Alt 键），生成新的曲面，如图 3-121 所示。

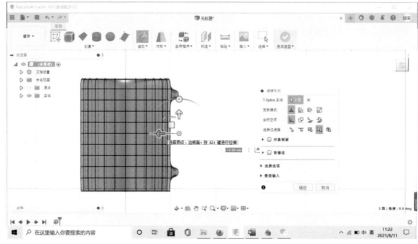

图 3-121

步骤7 继续将已选择的两个方形曲面（蓝色）向屏幕右方移动-40mm（按住 Alt 键），生成新的曲面，如图 3-122 所示。

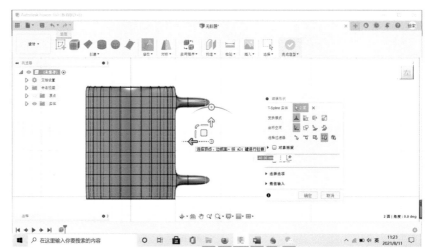

图 3-122

步骤8 选择上端的杯子把曲面（蓝色），运用操控器顺时针旋转（按住 Alt 键），生成新的曲面，如图 3-123 所示。

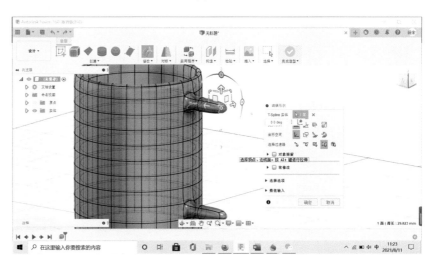

图 3-123

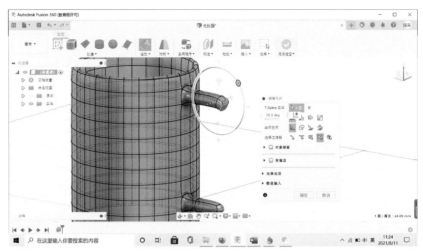

图 3-123（续）

步骤 9 选择下端的杯子把曲面（蓝色），运用操控器逆时针旋转（按住 Alt 键），生成新的曲面，如图 3-124 所示。

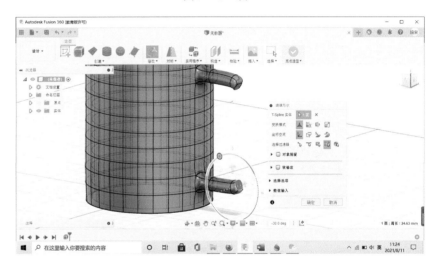

图 3-124

步骤 10 选择"修改"→"桥接"命令，在"桥接"对话框中"侧面 1"选择杯子把上端曲面，"侧面 2"选择杯子把下端曲面，面数值默认为 3，选中"预览"复选框，如图 3-125 所示。

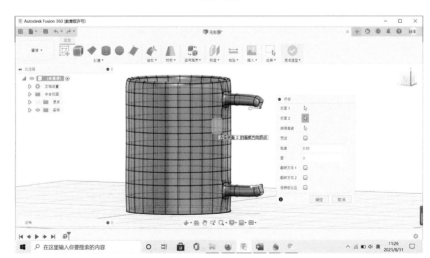

图 3-125

步骤 11 选择杯子把外侧的三个曲面，右击，在弹出的快捷菜单中选择"编辑形状"命令，打开"编辑形状"对话框，运用操控器向屏幕右方移动 -5mm，调整杯子把的粗细，如图 3-126 所示。

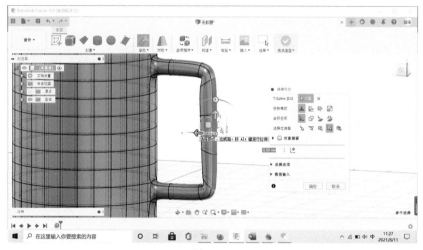

图 3-126

步骤 12 选择杯子把下方转折处曲面（蓝色），运用操控器顺时针旋转 105deg，调整转折处曲面的弧度，如图 3-127 所示。

🔊 注意

　　由于旋转是为了调整曲面，可根据实际模型曲面控制角度，这里的角度参数只作为参考。

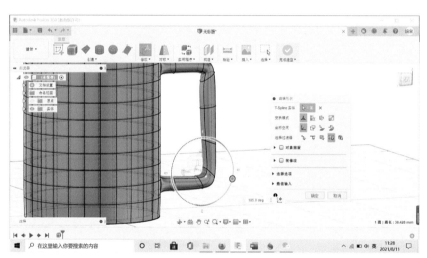

图 3-127

步骤 13 选择杯子把上方转折处曲面（蓝色），运用操控器逆时针旋转 -75 deg，调整转折处曲面的弧度，如图 3-128 所示。

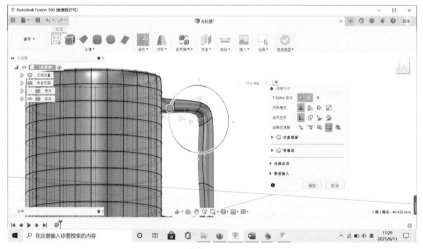

图 3-128

步骤 14 选择杯子把下方转折处的 4 个曲面（蓝色），运用操控器向屏幕左上方平移，调整转折处曲面的弧度，如图 3-129 所示。

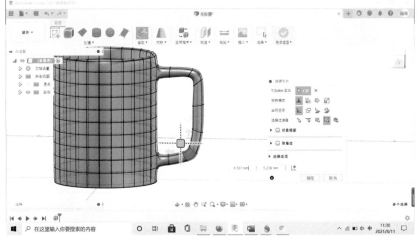

图 3-129

步骤 15 选择杯子把与杯子体相交的曲线（黄色），运用操控器缩放放大曲线，增加连接处的面积，如图 3-130 所示。

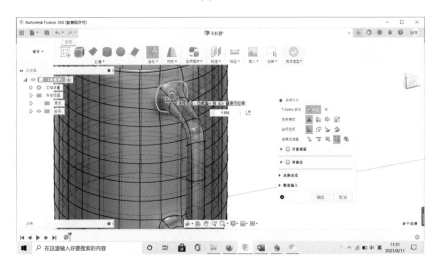

图 3-130

步骤 16 选择杯子把与杯子体相交的第 2 条曲线（黄色），运用操控器缩放放大曲线，增加连接处的面积，如图 3-131 所示。

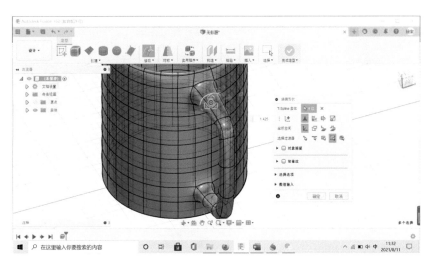

图 3-131

步骤 17 制作指头缝隙。选择"修改"→"细分"命令，选择杯子内侧的 3 段曲面（黄色），在"细分"对话框中设置"插入模式"为"精确"，如图 3-132 所示。

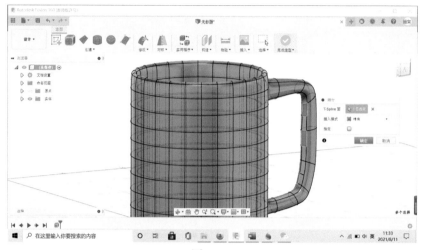

图 3-132

步骤 18 选择杯子内侧细分后的 3 段横向线段（蓝色），右击，在弹出的快捷菜单中选择"编辑形状"命令，打开"编辑形状"对话框，如图 3-133 所示。

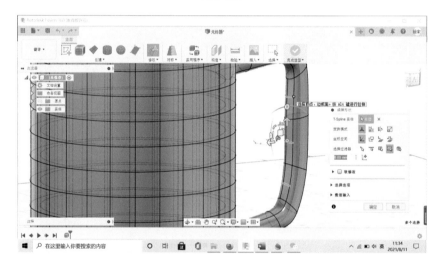

图 3-133

步骤 19 运用操控器将 3 段横向线段（蓝色）向蓝色箭头方向移动 5mm，如图 3-134 所示。

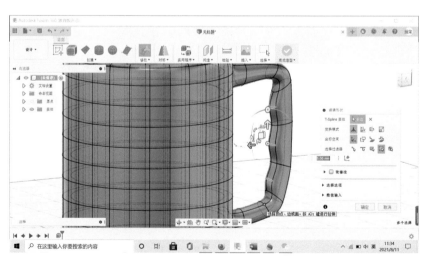

图 3-134

步骤 20 ☞ 运用操控器将 3 段横向线段（蓝色）上下拉伸，如图 3-135 所示。

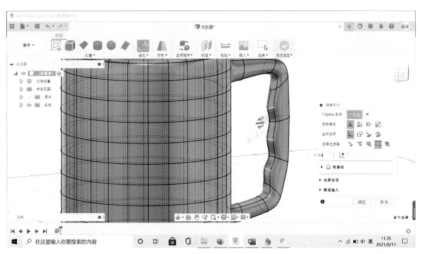

图 3-135

步骤 21 ☞ 运用操控器将杯子把上端内侧曲面（蓝色）平移，调整形态，如图 3-136 所示。

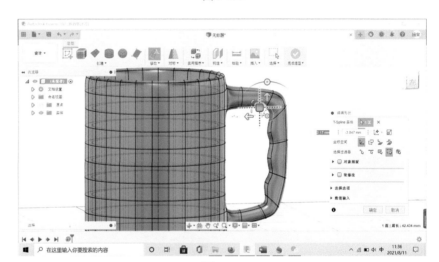

图 3-136

步骤 22 ☞ 选中杯子把所有曲面（蓝色），运用操控器左右拉伸，增加杯子把的宽度，如图 3-137 所示。

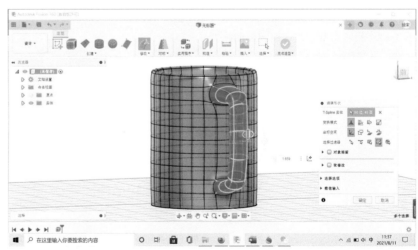

图 3-137

（3）**杯底的建模过程**

步骤 23 设计杯底。选中杯子底所有曲面（蓝色），运用操控器向圆心缩放（按住 Alt 键），形成杯体与杯底的连接曲面，如图 3-138 所示。

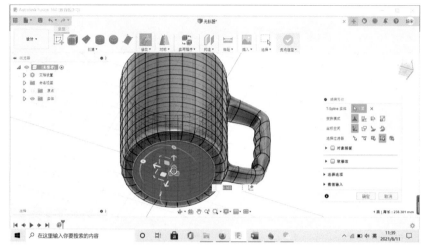

图 3-138

步骤 24 运用操控器将杯子底所有曲面（蓝色）向上移动 3mm，如图 3-139 所示。

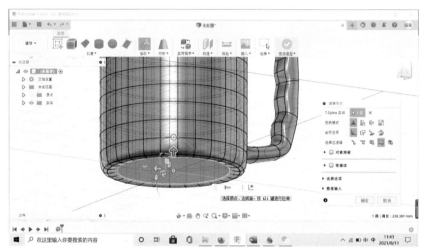

图 3-139

步骤 25 这时候发现表示杯底厚度的内外曲面相交了，选择内部曲线回路，运用操控器向上移动 4mm，如图 3-140 所示。

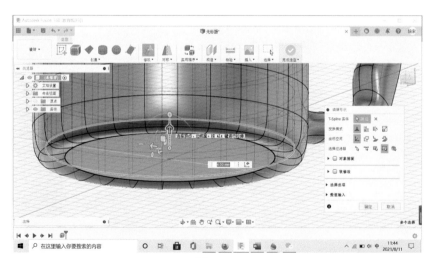

图 3-140

步骤 26 马克杯的形态基本设计完毕，单击"完成造型"按钮，切换到多实体建模环境下，如图 3-141 所示。

> **注意**
>
> 这一步主要是检验一下T样条建模的时候有没有模型自相交的情况。假如有模型自相交，Fusion 360 的浏览器以及弹窗就会提示模型错误，模型表面也会出现红色错误信息，这时候就需要返回到造型环境下修改模型，直至无误后才可以转换为多实体模型。

图 3-141

步骤 27 切换到渲染环境下，选择"外观"命令，在"外观"对话框中选择"塑料"→"ABS（白色）"材料，将该材料拖曳至模型表面。选择"画布内渲染"命令，观察设计案例的视觉效果，如图 3-142 所示。

图 3-142

步骤 28 由于马克杯大多是陶瓷的材料，陶瓷相比塑料反射要强烈一些，这里我们就通过材质参数的调整，使其拥有陶瓷的视觉特征。在此设计中，鼠标双击"ABS（白色）"，弹出属性对话框。将"粗糙度"滑块拖动至最左侧，将"反射"滑块拖动至最右侧，如图 3-143 所示。

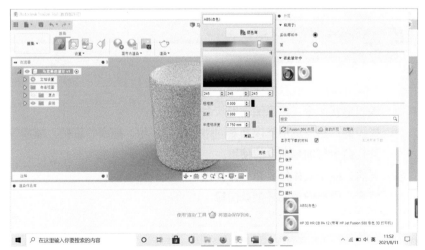

图 3-143

步骤 29 ♂ 选择 "画布内渲染" 命令，等渲染进度达到极好的时候，选择 "捕获图像" 命令并保存图片，至此马克杯的设计案例完成，如图 3-144 所示。

图 3-144

3.2.2 ▶ 筋纹器玻璃花瓶的设计 ▽

概述： 在造型工作环境下绘制草图，通过编辑形状命令控制模型形态。运用操控器对回路边进行移动，配合快捷键在移动过程中生成新的曲面。通过操控器缩放和旋转回路边设计形态变化。运用补孔命令填充底部，通过加厚命令生成厚度。最后在渲染环境下通过外观命令赋予花瓶玻璃材质，并进行画布内渲染，如图 3-145 所示。

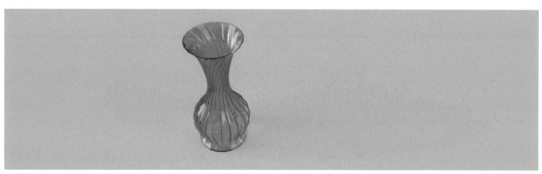

图 3-145

学 习 要 点

▪▪ **T 样条建模：** 熟悉 T 样条的工作环境。
▪▪ **编辑形状命令：** 熟悉编辑形状命令的使用。
▪▪ **操控器：** 熟悉运用操控器对回路边进行移动、拖曳、旋转、缩放等不同方式的操作。
▪▪ **补孔命令与加厚命令的使用。**
▪▪ **材质：** 赋予实体材质和表面颜色。
▪▪ **渲染：** 画布内渲染并捕获图像。

建模过程

步骤 1 ♂ 进入 T 样条建模环境。

步骤 2 选择"草图"命令，选择 XY 平面为草图平面，如图 3-146 所示。

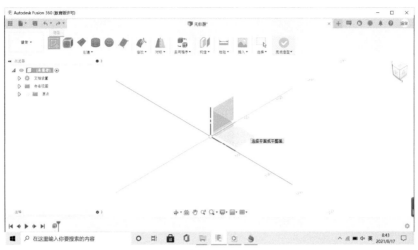

图 3-146

步骤 3 选择"创建"→"中心直径圆"命令，以坐标原点为中心绘制一个直径为 40mm 的圆形，如图 3-147 所示。

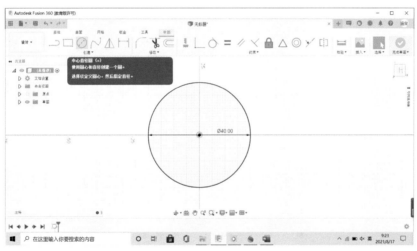

图 3-147

步骤 4 选择"创建"→"样条曲线"→"拟合点样条曲线"命令，以圆形正上方的正切点为起点，4 点绘制一条曲线，如图 3-148 所示。

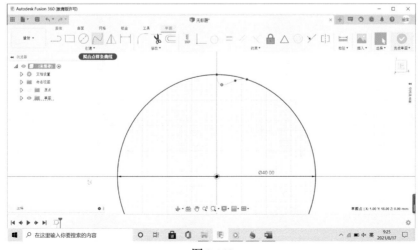

图 3-148

步骤 5 ♂ 选择"创建"→"阵列"→"环形阵列"命令，"对象"选择拟合点样条曲线绘制的曲线，"中心点"选择坐标原点，设置"数量"为 20，如图 3-149 所示。

◀》 注意

这一步的数量是根据拟合点样条曲线绘制曲线的长度决定的，参数只作为参考，用户可以单击"数量"参数后的上下箭头增加或减少数量，以使阵列均匀。

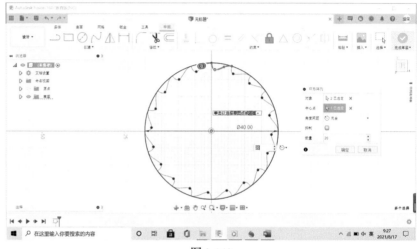

图 3-149

步骤 6 ♂ 将 2 个开放点移动为 1 个重合点，如图 3-150 所示。

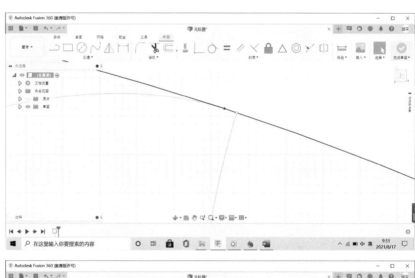

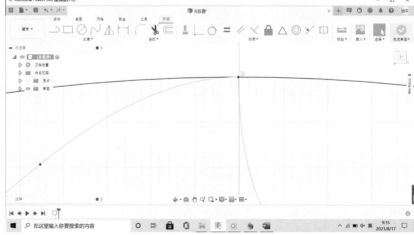

图 3-150

步骤7 单击"完成草图"按钮，如图 3-151 所示。

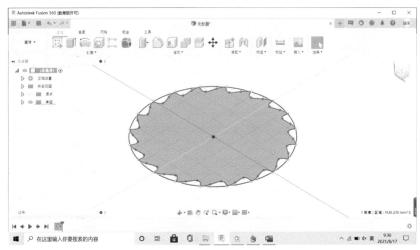

图 3-151

步骤8 选择"创建"→"拉伸"命令，"轮廓"选择刚绘制的图形，向上拉伸 6mm，如图 3-152 所示。

注意

这一步的"拉伸"命令是在造型环境下执行的。

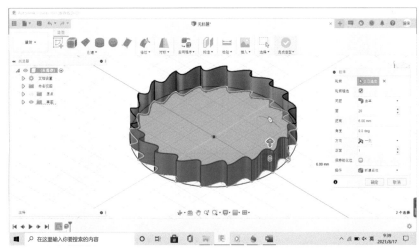

图 3-152

步骤9 双击选择顶部的曲线回路边，右击，在弹出的快捷菜单中选择"编辑形状"命令，打开"编辑形状"对话框，如图 3-153 所示。

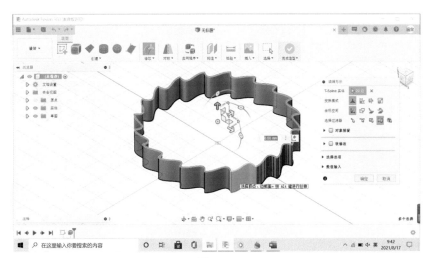

图 3-153

步骤 10 ⚙ 运用操控器向上移动 12mm（按住 Alt 键），生成新的曲面，如图 3-154 所示。

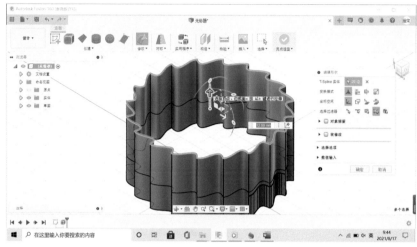

图 3-154

步骤 11 ⚙ 单击操控器中间的缩放值，在数值框中输入 1.5，把顶部的回路边放大，如图 3-155 所示。

> 📢 **注意**
>
> 操控器的缩放，数值为 1 是正常值，大于 1 是放大，小于 1 是缩小。

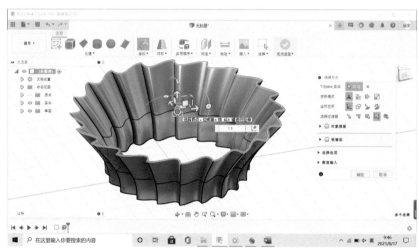

图 3-155

步骤 12 ⚙ 继续运用操控器向上移动 18mm（按住 Alt 键），生成新的曲面，如图 3-156 所示。

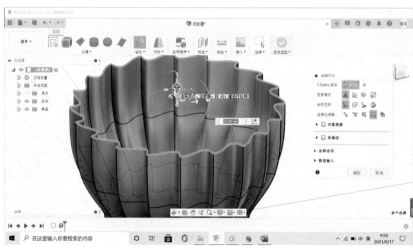

图 3-156

步骤 13 单击操控器中间的缩放值，在数值框中输入 0.7，把顶部的回路边缩小，如图 3-157 所示。

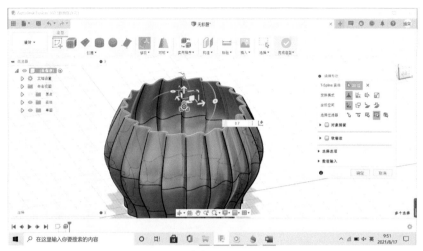

图 3-157

步骤 14 继续运用操控器向上移动 15mm（按住 Alt 键），生成新的曲面，如图 3-158 所示。

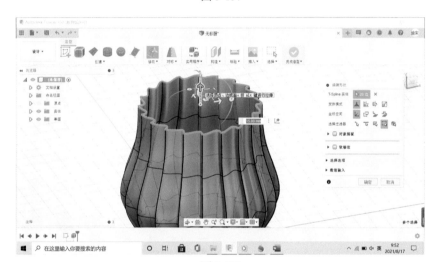

图 3-158

步骤 15 单击操控器中间的缩放值，在数值框中输入 0.7，把顶部的回路边缩小，如图 3-159 所示。

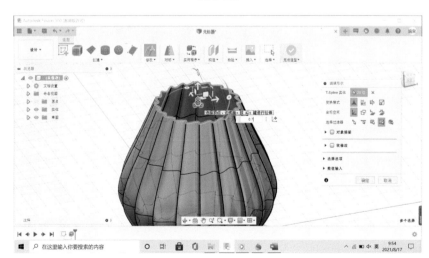

图 3-159

步骤16 运用操控器向上移动 20mm（按住 Alt 键），生成新的曲面，如图 3-160 所示。

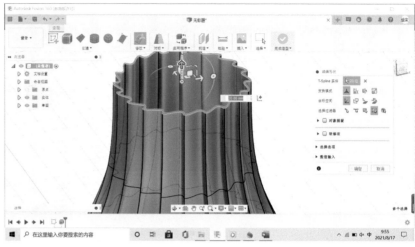

图 3-160

步骤17 继续运用操控器向上移动 2 次，数值分别是 30mm 和 45mm（按住 Alt 键），生成 2 个新的曲面，如图 3-161 所示。

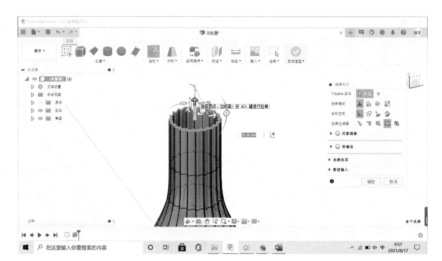

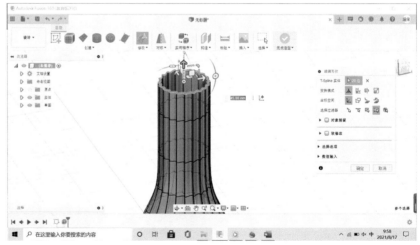

图 3-161

步骤 18 单击操控器中间的缩放值，在数值框中输入 1.3，把顶部的回路边放大，如图 3-162 所示。

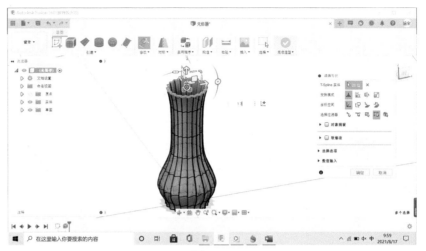

图 3-162

步骤 19 运用操控器向上移动 10mm（按住 Alt 键），生成新的曲面，如图 3-163 所示。

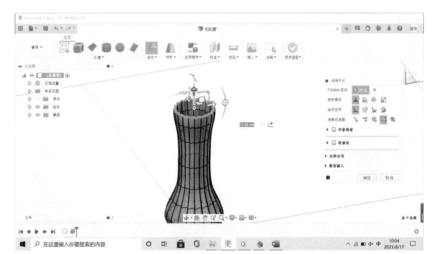

图 3-163

步骤 20 单击操控器中间的缩放值，在数值框中输入 1.5，把顶部的回路边放大，如图 3-164 所示。

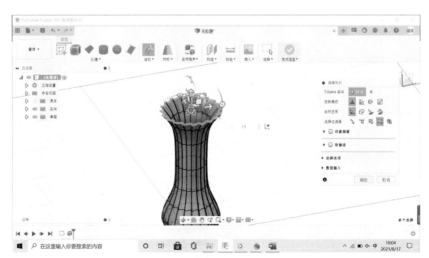

图 3-164

步骤 21 双击选择从上向下数第 4 条回路边，单击操控器中间的缩放值，在数值框中输入 0.6，把顶部的回路边缩小，如图 3-165 所示。

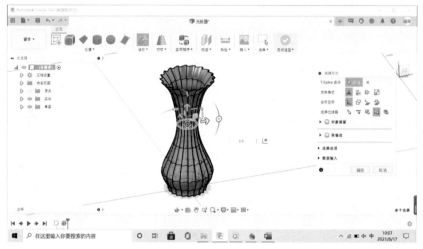

图 3-165

步骤 22 选择瓶身上部的 3 条回路边（按住 Shift 键），运用操控器将 XY 平面逆时针旋转 45deg，如图 3-166 所示。

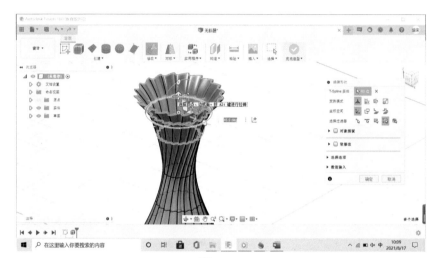

图 3-166

步骤 23 选择瓶身上部的 2 条回路边（按住 Shift 键），运用操控器将 XY 平面逆时针旋转 20deg，如图 3-167 所示。

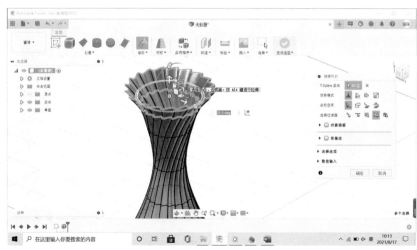

图 3-167

步骤 24 选择瓶身上部的 1 条回路边，运用操控器将 XY 平面逆时针旋转 10deg，如图 3-168 所示。

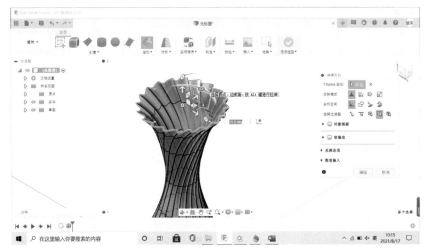

图 3-168

步骤 25 切换为右视图，双击选择底部回路边，单击操控器中间的缩放值，在数值框中输入 1.3，放大底部回路边，如图 3-169 所示。

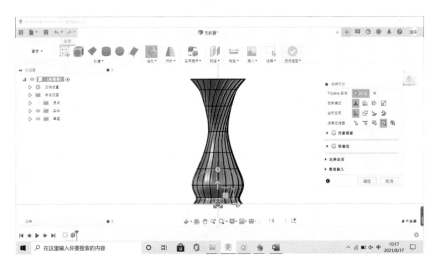

图 3-169

步骤 26 双击选择从下向上数第 4 条回路边，单击操控器中间的缩放值，在数值框中输入 1.5，把顶部的回路边放大，单击"确定"按钮，结束编辑形状命令，如图 3-170 所示。

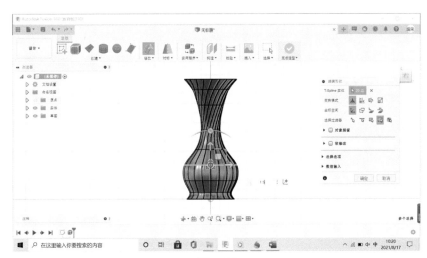

图 3-170

步骤 27 选择"修改"→"补孔"命令，选择底部边，设置"填充孔模式"为"收拢"，选中"保持锐化边"复选框，如图 3-171 所示。

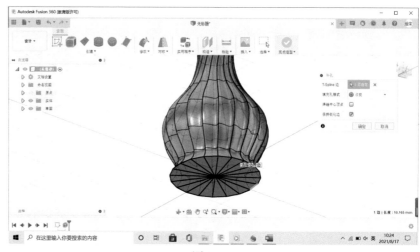

图 3-171

步骤 28 选择"修改"→"加厚"命令，选择瓶身曲面，设置"厚度"为 1.2mm，"加厚类型"为"柔和"，如图 3-172 所示。

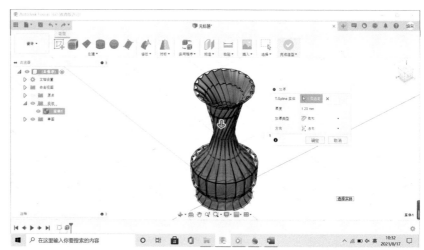

图 3-172

步骤 29 单击"完成造型"按钮，切换为实体模型环境，这一步用来检查是否有模型自相交的情况，如图 3-173 所示。

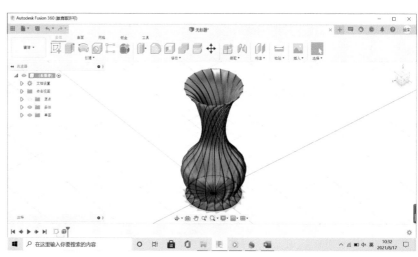

图 3-173

步骤30 切换到渲染工作环境，选择"外观"命令，选择"玻璃"→"平滑"→"玻璃（青铜色）"材料，把该材料拖曳至瓶身，选择"画布内渲染"命令，观察设计效果，如图 3-174 所示。

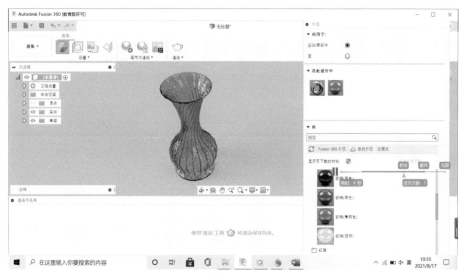

图 3-174

步骤31 选择"捕获图像"命令，保存设计图片。至此筋纹花瓶的设计案例完成，如图 3-175 所示。

图 3-175

3.2.3 自行车座的设计

概述：运用 T 样条建模完成自行车座的基本造型并设置镜像对称，通过对面进行移动、拖曳、旋转、缩放得到想要的形态。曲面形态确认后，完成曲面造型。在实体建模环境下设计支撑，建造支撑与车座连接，如图 3-176 所示。

图 3-176

（1）**车座形态的建模过程**

步骤 1 进入 T 样条建模环境。

步骤 2 选择"创建"→"平面"命令，选择 XZ 坐标面，创建一个长 260mm、宽 -160mm 的平面，设置"长度方向上的面数"为 5，"宽度方向上的面数"为 5，"对称"为"镜像"，选中"宽度对称"复选框，如图 3-177 所示。

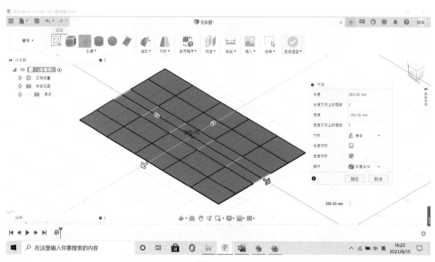

图 3-177

步骤 3 选择平面中间的两个面，按 Delete 键删除，如图 3-178 所示。

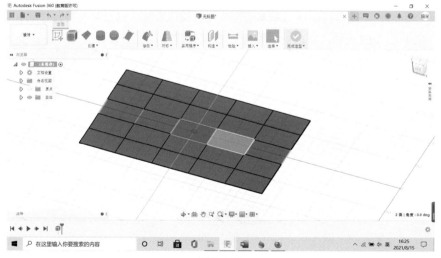

图 3-178

步骤 4 选择左侧第 1 排的 5 个面，右击，在弹出的快捷菜单中选择"编辑形状"命令，打开"编辑形状"对话框，沿 Y 轴方向往中间拉伸，如图 3-179 所示。

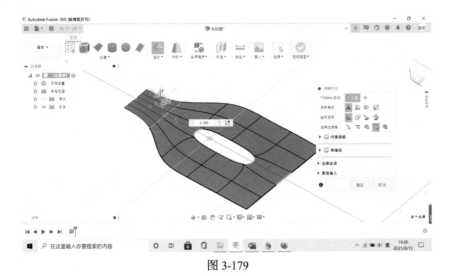

图 3-179

步骤 5 选择左侧第 2 排的 5 个面，沿 Y 轴方向往中间拉伸，如图 3-180 所示。

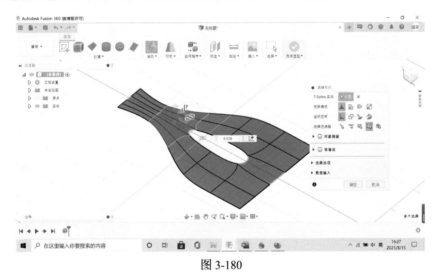

图 3-180

步骤 6 选择左侧中间的线段，向蓝色箭头反方向移动 -10mm，如图 3-181 所示。

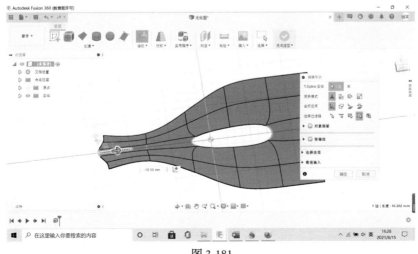

图 3-181

步骤 7 选择左侧中间的线段同时加选两边的点，再次向蓝色箭头反方向移动 -10mm，如图 3-182 所示。

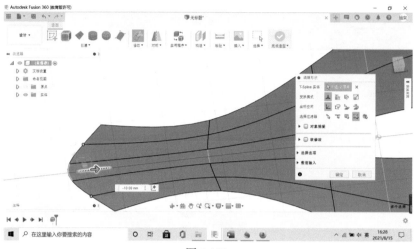

图 3-182

步骤 8 选择"修改"→"取消锐化"命令，选择前后 4 个锐角点，如图 3-183 所示。

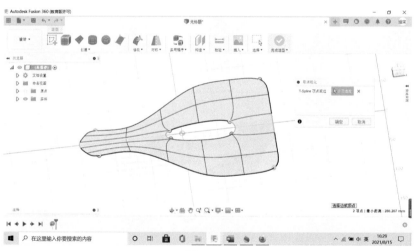

图 3-183

步骤 9 选择车座后端的两条线段，右击，在弹出的快捷菜单中选择"编辑形状"命令，打开"编辑形状"对话框，用操控器向蓝色箭头反方向移动 -30mm，如图 3-184 所示。

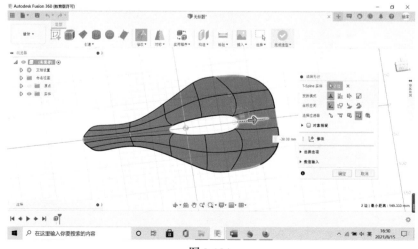

图 3-184

步骤 10 选择车座一侧的曲面（由于创建时设置了镜像对称，因此另一侧也会随之操作），操控器向上移动 20mm（按住 Alt 键），生成新的曲面，如图 3-185 所示。

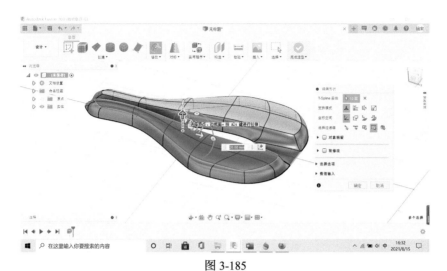

图 3-185

步骤 11 选择底部回路边，向下移动 -5mm（按住 Alt 键），生成新的曲面，如图 3-186 所示。

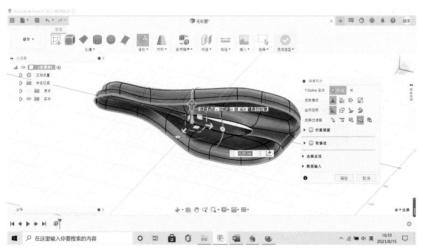

图 3-186

步骤 12 选择车座后部侧面的 8 个曲面，用操控器向下移动 -20mm，如图 3-187 所示。

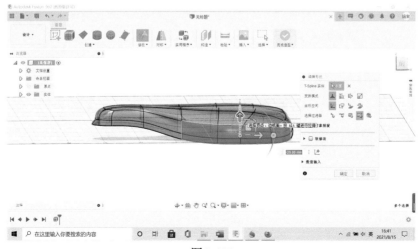

图 3-187

步骤 13 ♂ 为了符合臀部与大腿部分的人体工程学，我们需要把车座后部侧面的曲面依次平移，使之符合人体臀部与大腿部分的形态，如图 3-188 所示。

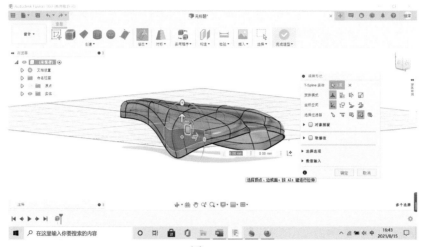

图 3-188

步骤 14 ♂ 选择车座前端的 2 个点，用操控器向左上方平移，如图 3-189 所示。

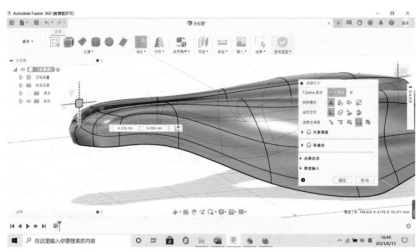

图 3-189

步骤 15 ♂ 选择车座后部的两条线段，用操控器从左右方向往中间拉伸，调整车座后部形态，如图 3-190 所示。

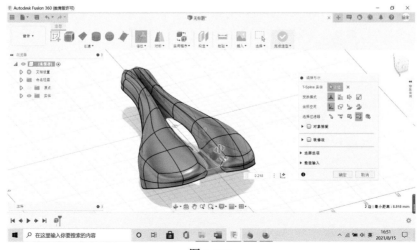

图 3-190

步骤 16 选择车座前端曲面，用操控器向下移动 -10mm，如图 3-191 所示。

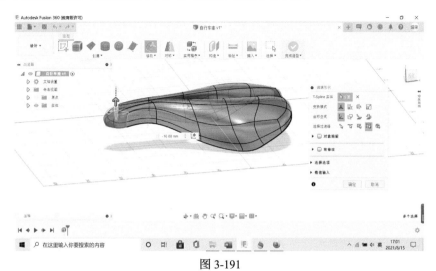

图 3-191

步骤 17 选择"修改"→"加厚"命令，选择车座所有曲面，设置"厚度"为 5mm，单击"确定"按钮，如图 3-192 所示。

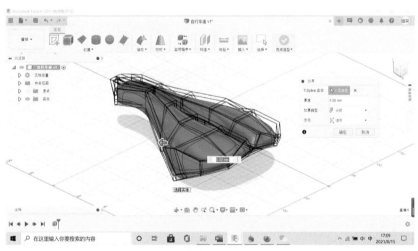

图 3-192

步骤 18 选择"修改"→"取消锐化"命令，从底部选择 4 条闭合回路边，单击"确定"按钮，如图 3-193 所示。

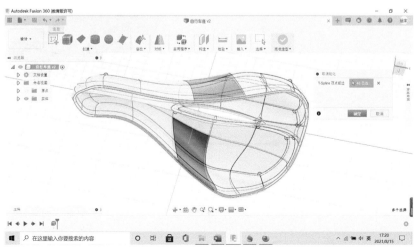

图 3-193

步骤 19 ♂ 切换至渲染工作环境，选择"外观"命令，选择"碳纤维 - 普通"材料，将材料拖曳至车座模型，选择"画布内渲染"命令，观看设计效果，如图 3-194 所示。

图 3-194

（2）支撑与连接的设计

步骤 20 ♂ 切换设计工作环境（注意这里是实体模型环境，而不是造型）。在 ZX 平面绘制草图，选择"创建"→"样条线"→"控制点样条曲线"命令。选择 6 个点绘制一条样条曲线，如图 3-195 所示。

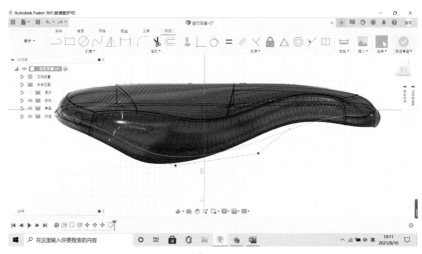

图 3-195

步骤 21 ♂ 选择"修改"→"移动 / 复制"命令，从起点开始依次调整控制点，改变曲线三维空间形态，如图 3-196 所示。

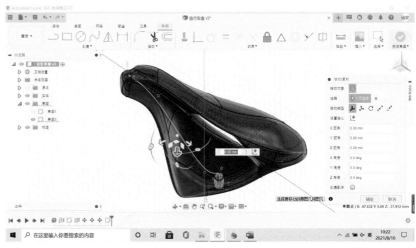

图 3-196

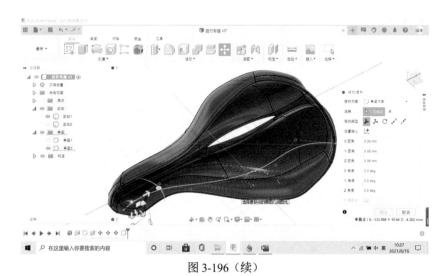

图 3-196（续）

步骤 22 选择"创建"→"管道"命令，选择调整好的曲线，设置"截面尺寸"为 6mm，这样就建造了车座支架，如图 3-197 所示。

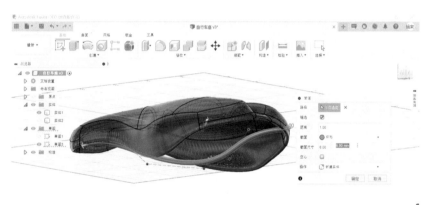

图 3-197

步骤 23 接下来做支架与车座的连接。选择"草图"→"圆形"命令，在管道两端的截面处分别绘制同心圆，直径分别是 8mm 和 6mm，如图 3-198 所示。

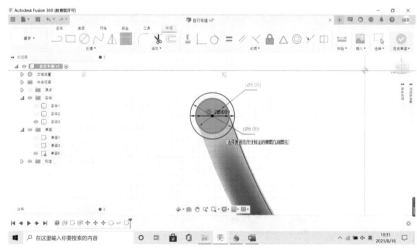

图 3-198

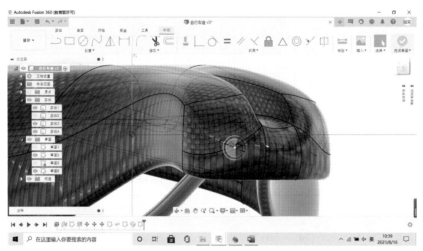

图 3-198（续）

步骤 24 选择"创建"→"扫掠"命令，"轮廓"选择同心圆，"路径"选择控制点曲线，设置"距离"为 0.05，"操作"为"新建实体"，生成支架连接，如图 3-199 所示。

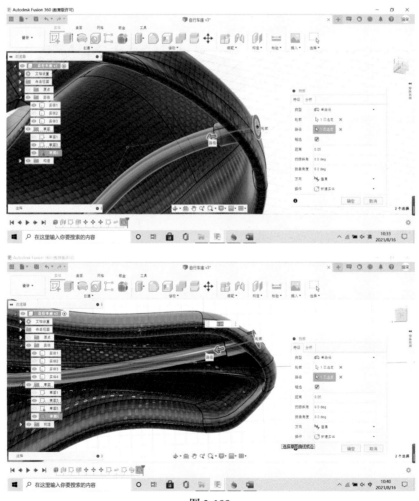

图 3-199

步骤 25 选择"创建"→"镜像"命令，设置"类型"为"实体"，"对象"选择支架和两端的支架连接，"镜像平面"为 XZ 平面。将支架与连接镜像到车座的另一侧，如图 3-200 所示。

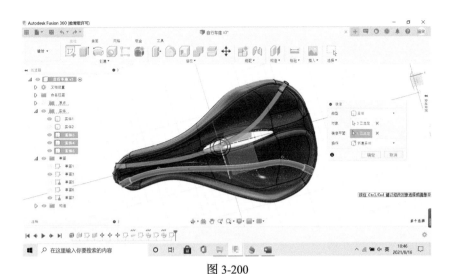

图 3-200

步骤 26 　选择"修改"→"合并"命令，以车座（实体 1）为刀具实体，设置"操作"为"剪切"，选中"保留刀具"复选框，剪切支架与连接，如图 3-201 所示。

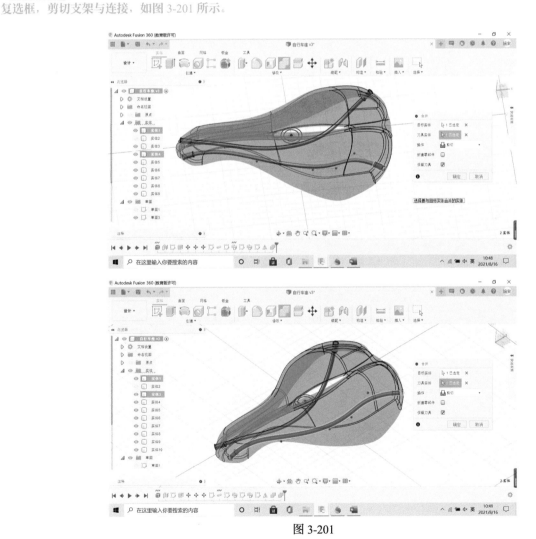

图 3-201

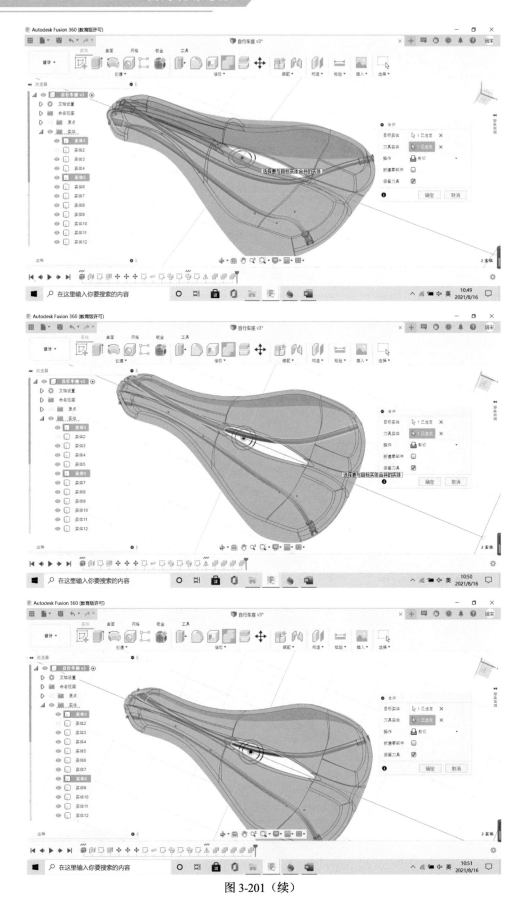

图 3-201（续）

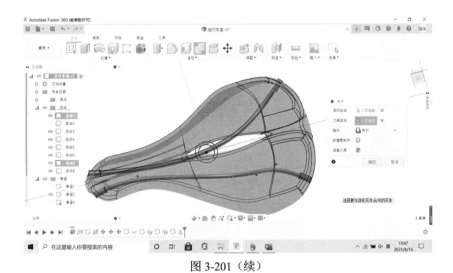

图 3-201（续）

步骤 27 在浏览器中隐藏被分割的支架与连接，暴露在车座外的支架与连接都不见了。观察合并后的车座与支架连接，如图 3-202 所示。

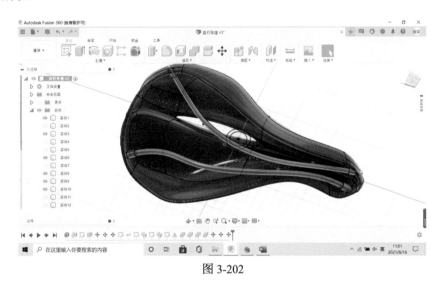

图 3-202

步骤 28 再次切换到渲染工作环境，将"碳纤维 - 普通"材料拖曳至支架连接实体上，支架默认为"钢"材料。选择"画布内渲染"命令，观察车座设计方案，如图 3-203 所示。

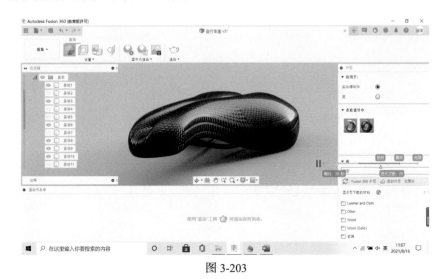

图 3-203

步骤 29 ♂ 至此车座设计方案完成。选择"捕获图像"命令，并保存设计图片，如图 3-204 所示。

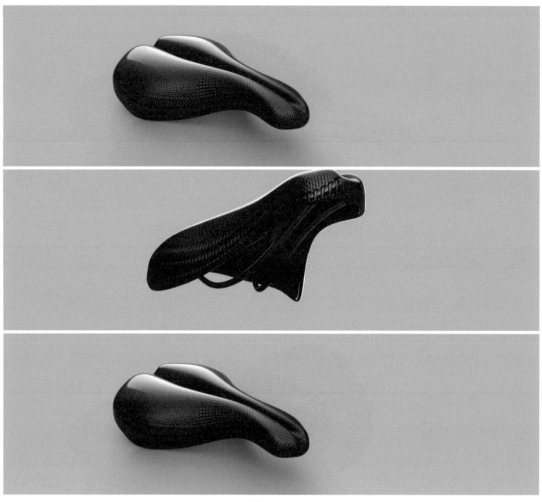

图 3-204

3.3 凳子曲面模型案例

概述：凳子曲面模型案例先用放样命令放样不同形状的草图，然后运用面片补孔并缝合面片与曲面，运用加厚命令让曲面模型生成厚度，之后运用分割面与分割实体命令去除多余材料，最终渲染环境赋予实体外观材质并画布内渲染，如图 3-205 所示。

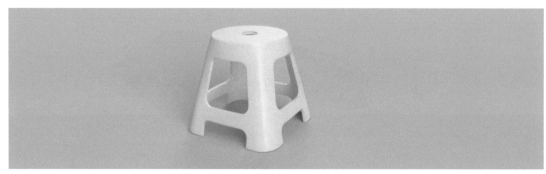

图 3-205

学习要点

- **曲面建模：熟悉曲面建模的工作环境。**
- **放样命令：不同形状截面之间的曲面形态。**
- **面片命令：运用面片命令补孔。**
- **缝合命令：缝合面片与其他曲面。**
- **加厚命令：给曲面模型生成厚度。**
- **分割面与分割实体命令：熟悉运用草图来分割曲面和实体，去除多余材料。**
- **材质：赋予实体材质和表面颜色。**
- **渲染：画布内渲染并捕获图像。**

凳子的建模过程

步骤 1 首先进入曲面模型工作环境，如图 3-206 所示。

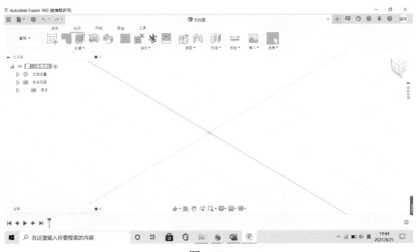

图 3-206

步骤 2 选择"草图"命令，选择 XY 平面为草图平面，以坐标原点为中心，绘制一个 330mm×330mm 的矩形，单击"完成草图"按钮，如图 3-207 所示。

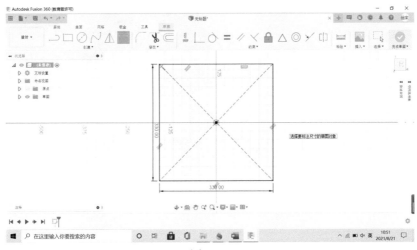

图 3-207

步骤 3 选择"构造"→"偏移平面"命令，选择 XY 平面，沿 Z 轴向上偏移 300mm，如图 3-208 所示。

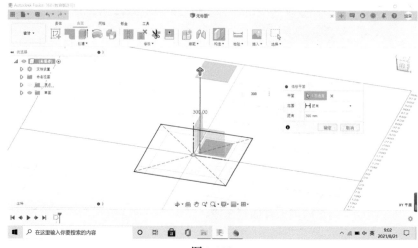

图 3-208

步骤 4 再次选择"草图"命令，选择"创建"→"圆"→"中心直径圆"命令，在向上偏移 300mm 的平面上，以坐标原点为中心，绘制一个直径为 240 的圆。单击"完成草图"按钮，如图 3-209 所示。

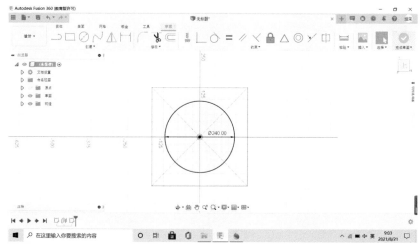

图 3-209

步骤 5 选择"创建"→"放样"命令，在对话框中，"轮廓 1"选择下方的矩形，单击"+"按钮增加轮廓 2，"轮廓 2"选择上方的圆形，如图 3-210 所示。

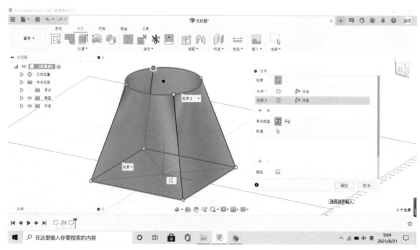

图 3-210

步骤 6 选择"创建"→"面片"命令，边界边选择顶部圆的 4 条边，如图 3-211 所示。

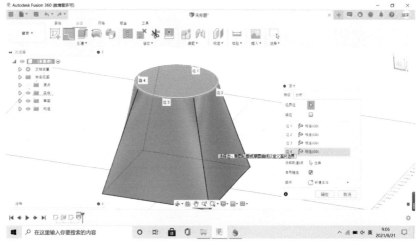

图 3-211

步骤 7 选择"修改"→"圆角"命令，选择矩形向圆形放样生成的 4 条棱边，设置圆角半径为 50mm，如图 3-212 所示。

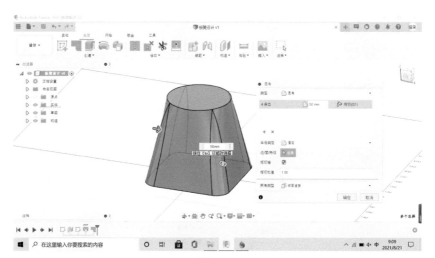

图 3-212

步骤 8 在 XZ 平面绘制草图，选择"创建"→"矩形"→"中心角点"命令，以坐标原点为中心绘制一个 170mm×110mm 中心角点矩形，如图 3-213 所示。

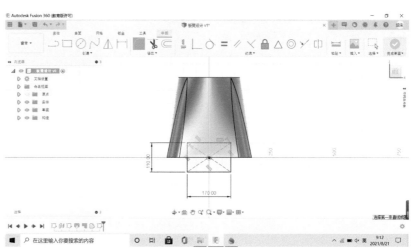

图 3-213

步骤 9 ♂ 选择"修改"→"圆角"命令，单击矩形的 4 个角点，设置圆角半径为 25mm，如图 3-214 所示。

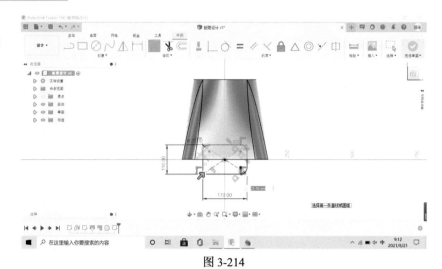

图 3-214

步骤 10 ♂ 选择"创建"→"直线"命令，以坐标原点为起点向上绘制一条辅助线，然后在辅助线的一侧绘制梯形一半的草图，如图 3-215 所示。

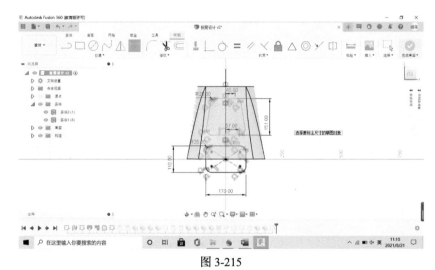

图 3-215

步骤 11 ♂ 选择"创建"→"镜像"命令，"对象"选择半个梯形的 3 条边，"镜像线"选择中间的辅助线，如图 3-216 所示。

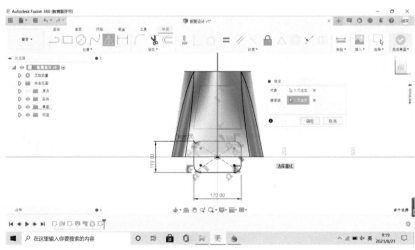

图 3-216

步骤 12 选择"修改"→"圆角"命令，设置圆角半径为25mm，如图 3-217 所示。

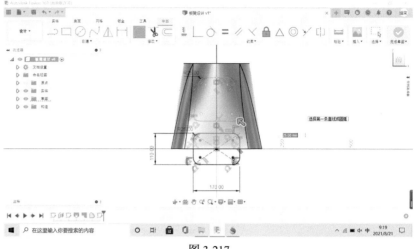

图 3-217

步骤 13 选择"修改"→"分割面"命令，"要分割的面"选择板凳前后的两个竖面（蓝色），"分割工具"选择圆角矩形草图，如图 3-218 所示。

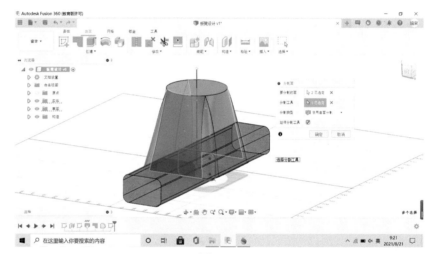

图 3-218

步骤 14 再次选择"修改"→"分割面"命令，"要分割的面"选择板凳前后的两个竖面（蓝色），"分割工具"选择圆角梯形草图，如图 3-219 所示。

 提示

第一次分割面后 Fusion 会自动隐藏草图，单击"浏览器 - 草图"显示按钮即可。

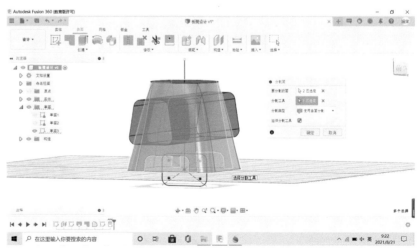

图 3-219

步骤 15 选择分割后的曲面，按 Delete 键删除曲面，如图 3-220 所示。

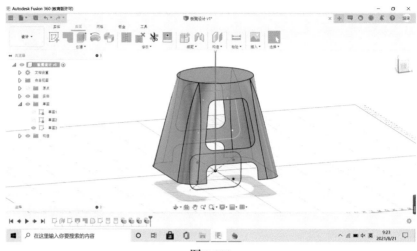

图 3-220

步骤 16 在 YZ 平面绘制步骤 9 ～ 12 所绘制的 2 个草图，如图 3-221 所示。

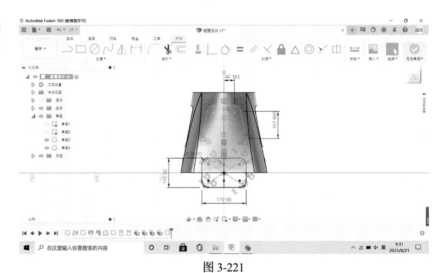

图 3-221

步骤 17 运用"分割面"命令将凳子前后曲面分割，选择分割后的曲面，按 Delete 键删除，如图 3-222 所示。

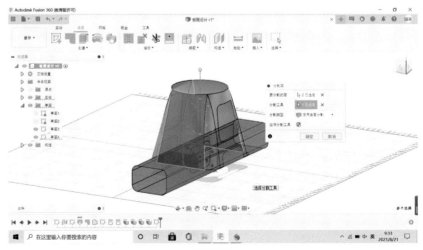

图 3-222

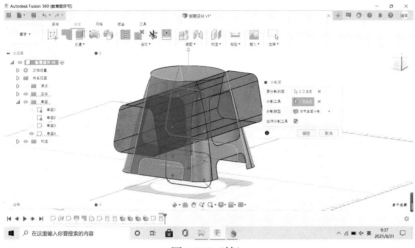

图 3-222（续）

步骤 18 选择"修改"→"缝合"命令，"缝合曲面"选择凳子立面与平面，如图 3-223 所示。

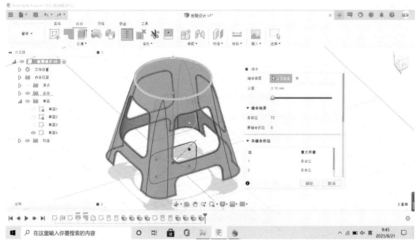

图 3-223

步骤 19 选择"创建"→"加厚"命令，选择凳子全部曲面，设置"厚度"为 5mm，"方向"为"对称"，如图 3-224 所示。

图 3-224

步骤 20 选择"修改"→"圆角"命令，选择凳子圆形平面的边，设置圆角半径为 4，如图 3-225 所示。

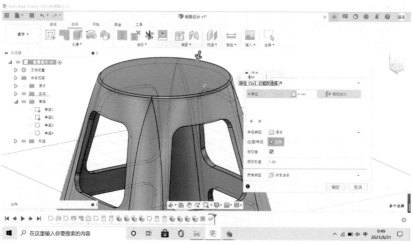

图 3-225

步骤 21 以凳子顶部平面为草图平面，以坐标原点为圆心，绘制直径为 50mm 的圆形，如图 3-226 所示。

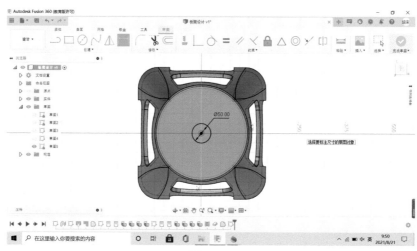

图 3-226

步骤 22 选择"修改"→"分割实体"命令，"要分割的实体"选择凳子，"分割工具"选择圆形草图，如图 3-227 所示。

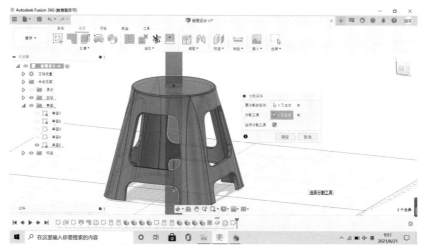

图 3-227

步骤 23 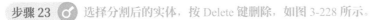 选择分割后的实体，按 Delete 键删除，如图 3-228 所示。

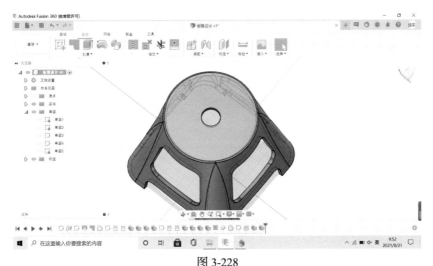

图 3-228

步骤 24 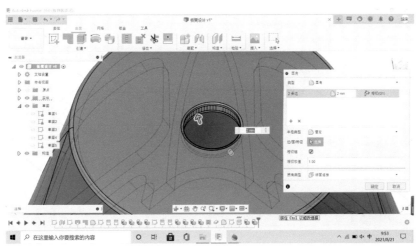 选择"修改"→"圆角"命令，选择凳子上端孔的边，设置圆角半径为 2mm，如图 3-229 所示。

图 3-229

步骤 25  切换为渲染工作环境，选择"外观"命令，选择"塑料"→"ABS（白色）"材料，再选择"画布内渲染"命令，观看设计案例，如图 3-230 所示。

图 3-230

步骤 26 选择"捕获图像"命令，并保存设计图片。至此凳子的曲面模型制作完成，如图 3-231 所示。

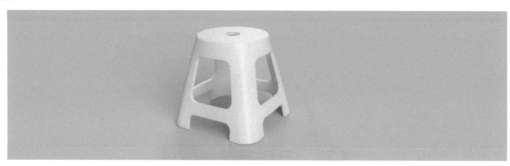

图 3-231

3.4 双层烧烤炉的钣金模型案例

概述： 双层烧烤炉的模型案例先用折弯命令将金属板折成盒子，然后运用凸缘命令生成两端把手和第二层烤架，运用孔命令在顶部面打孔，再运用矩形阵列命令生成散热孔结构，之后运用展开与重新折叠命令观察钣金设计，最终渲染环境赋予实体外观材质并画布内渲染，如图 3-232 所示。

图 3-232

学习要点

- ▮▮ **钣金建模：** 熟悉钣金建模的工作环境。
- ▮▮ **转换为钣金命令：** 将实体转换为可操作的钣金件。
- ▮▮ **折弯命令：** 运用折弯命令折叠金属板。
- ▮▮ **凸缘命令：** 从选定的边和草图创建钣金面和凸缘。
- ▮▮ **矩形阵列命令：** 熟悉矩形阵列的方向、距离与数量。
- ▮▮ **展开与重新折叠命令：** 熟悉运用展开命令展开折弯与凸缘，运用重新折叠命令再将钣金件重新折起。
- ▮▮ **渲染：** 画布内渲染并捕获图像。

双层烧烤炉钣金建模过程

步骤 1 进入钣金建模环境，如图 3-233 所示。

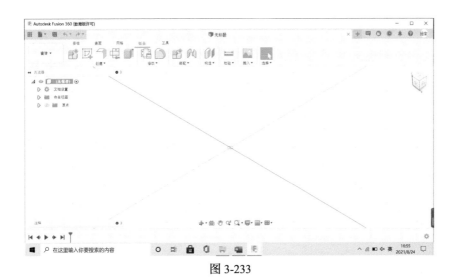

图 3-233

步骤 2 选择"草图"命令，选择 XY 平面为草图平面，如图 3-234 所示。

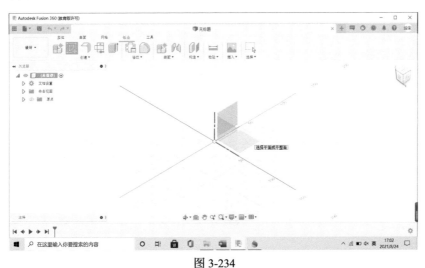

图 3-234

步骤 3 选择"创建"→"矩形"→"中心矩形"命令，以坐标原点为中心绘制一个为 500mm×180mm 的矩形，如图 3-235 所示。

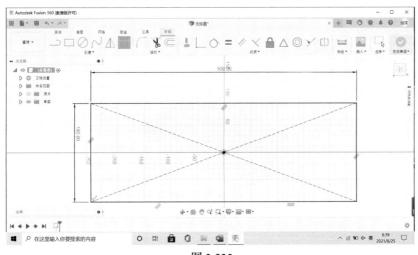

图 3-235

步骤 4 选择"创建"→"矩形"→"两点矩形"命令，分别绘制 5 个相邻的矩形，尺寸参考如图 3-236 所示。

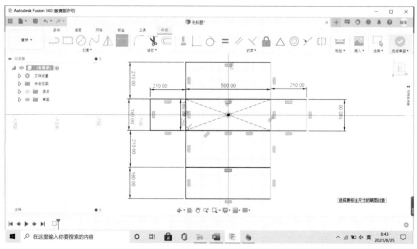

图 3-236

步骤 5 选择"创建"→"拉伸"命令，选择视图中的全部草图，向上拉伸 2mm，如图 3-237 所示。

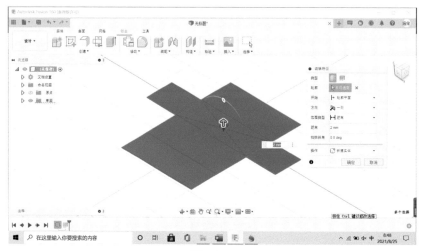

图 3-237

步骤 6 选择"创建"→"转换为钣金"命令，选择视图中的模型，将模型转换为钣金，如图 3-238 所示。

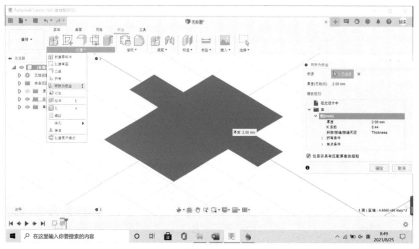

图 3-238

步骤7 选择"草图"命令，以模型的上部表面为草图平面，绘制4条直线，单击"完成草图"按钮，如图3-239所示。

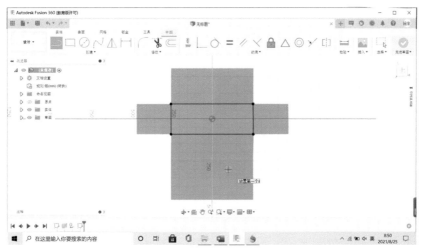

图 3-239

步骤8 选择"创建"→"折弯"命令，"固定侧"选择模型上部表面，如图3-240所示。

◀» 提示

不要结束折弯命令。

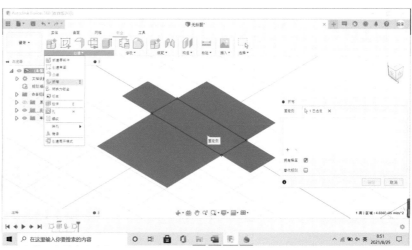

图 3-240

步骤9 单击"折弯"对话框中的"+"按钮添加新选择，选择左侧直线，如图3-241所示。

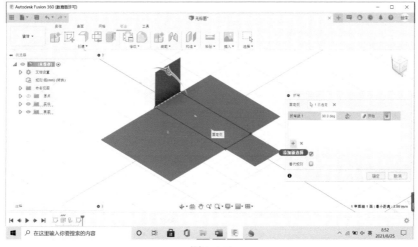

图 3-241

步骤 10 继续单击 "+" 按钮 添加新选择，选择另外 3 条直线，如图 3-242 所示。

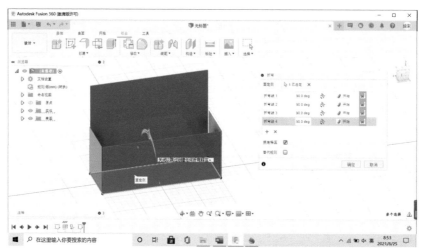

图 3-242

步骤 11 "折弯"对话框中"开始"后的"▼"，由"开始"切换为"中心"，选中"替代规则"复选框后，再次选中"折弯替代""折弯释压替代""2 折弯拐角替代"复选框，以便于修改参数，控制折弯形态，如图 3-243 所示。

📢 提示

这时候软件提示模型自相交，先不用理会，这两步只是讲解参数控制。

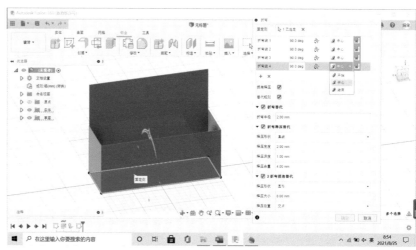

图 3-243

步骤 12 以 "2 折弯拐角替代" 参数为例，释压形状由"圆形"切换为"方形"，观察折弯处的拐角形状，如图 3-244 所示。

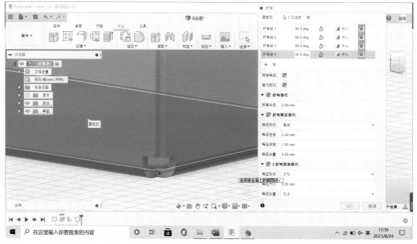

图 3-244

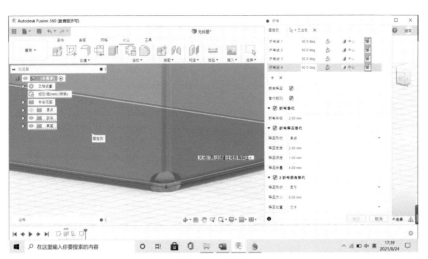

图 3-244（续）

步骤 13 	"折弯"对话框中"开始"后的"▼"，由"中心"切换为"开始"，在"折弯替代"下的"折弯半径"数值框中输入 0.5mm，在"折弯释压替代"下的"释压宽度"数值框中输入 0.5mm，单击"确定"按钮，结束折弯命令，如图 3-245 所示。

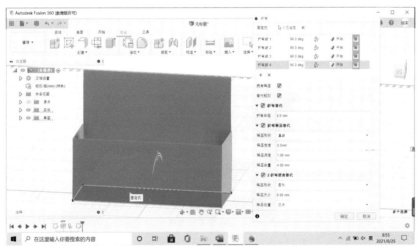

图 3-245

步骤 14 	选择"草图"命令，以最高的立面内侧（蓝色）为草图平面绘制草图，如图 3-246 所示。

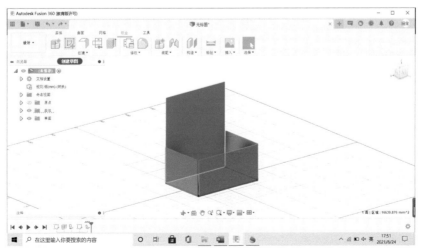

图 3-246

步骤 15 选择"直线"命令，绘制一条直线，单击"完成草图"按钮，如图 3-247 所示。

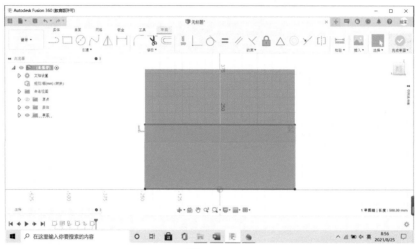

图 3-247

步骤 16 再次选择"创建"→"折弯"命令，"固定侧"选择模型下部表面（浅蓝色），单击"+"按钮添加新选择，选择刚绘制的直线，这时上半部呈现出深蓝色，如图 3-248 所示。

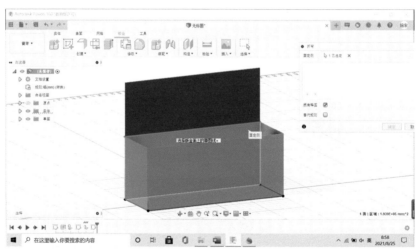

图 3-248

步骤 17 在"折弯替代"下的"折弯半径"数值框中输入 0.5mm，"折弯释压替代"下的"释压宽度"数值框中输入 0.5mm，单击"确定"按钮，结束折弯命令，如图 3-249 所示。

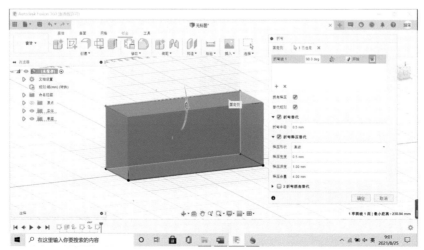

图 3-249

步骤 18 选择"创建"→"拉伸"命令，选择立面顶部平面，将其向下移动 -50mm，如图 3-250 所示。

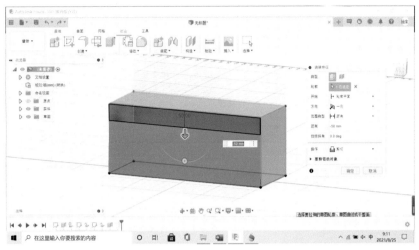

图 3-250

步骤 19 选择"创建"→"凸缘"命令，选择立面顶部平面内侧边，设置"高度"为 175mm，如图 3-251 所示。

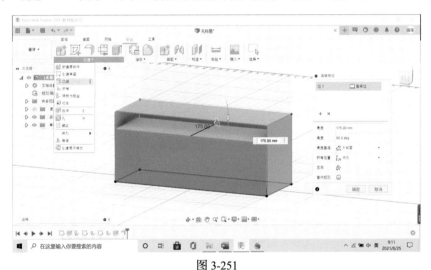

图 3-251

步骤 20 选择"创建"→"孔"命令，选择模型顶部平面，设置孔直径为 12mm，深度为 100mm，穿过下层平板，如图 3-252 所示。

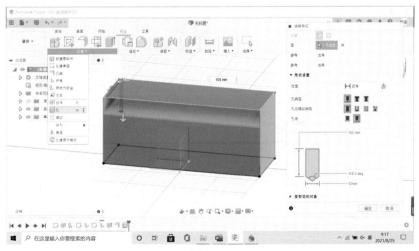

图 3-252

步骤 21 选择"创建"→"阵列"→"矩形阵列"命令，设置"类型"为"特征"，选择孔内壁面，"方向"选择 X 轴，"数量"为 25，"距离"为 460mm；设置第 2 个方向数量为 7，"距离"为 130mm，如图 3-253 所示。

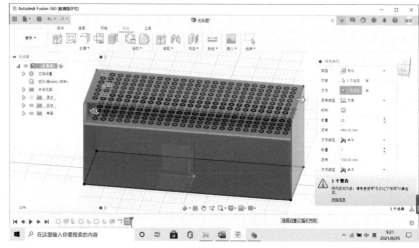

图 3-253

步骤 22 选择"创建"→"凸缘"命令，选择两侧立面顶部平面外侧边，设置"高度"为 50mm。单击"确定"按钮，结束凸缘命令，如图 3-254 所示。

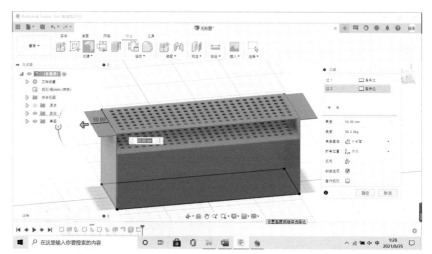

图 3-254

步骤 23 再次选择"创建"→"凸缘"命令，选择两端下侧边，设置"高度"为 25mm。单击"确定"按钮，结束凸缘命令，如图 3-255 所示。

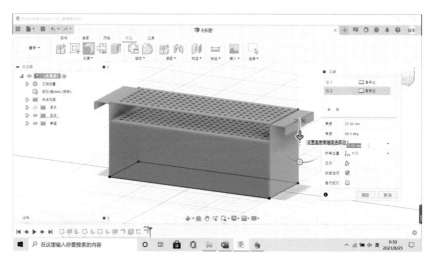

图 3-255

步骤 24 🖋 选择"修改"→"圆角"命令，选择两端把手下方 4 条直角边，设置圆角半径为 25mm，如图 3-256 所示。

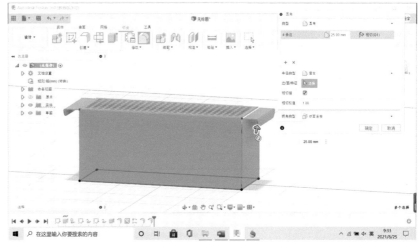

图 3-256

步骤 25 🖋 以两侧任一立面为草图平面，选择"创建"→"两点矩形"命令，绘制矩形。选择"修改"→"圆角"命令，绘制圆角，设置圆角半径为 25mm，如图 3-257 所示。

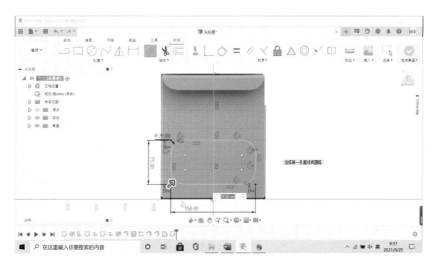

图 3-257

步骤 26 🖋 选择"创建"→"拉伸"命令，选择圆角矩形草图，向蓝色箭头方向移动 -575mm，设置"操作"为"剪切"。双层烧烤炉制作基本完成，如图 3-258 所示。

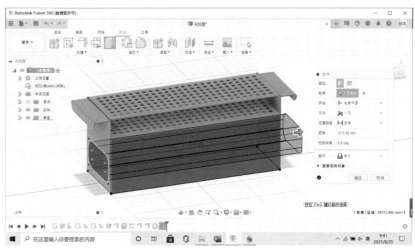

图 3-258

步骤 27 ♂ 选择"修改"→"展开"命令，"固定实体"选择炉子底部面，选中"展开所有折弯"复选框，切换为下视图，如图 3-259 所示。

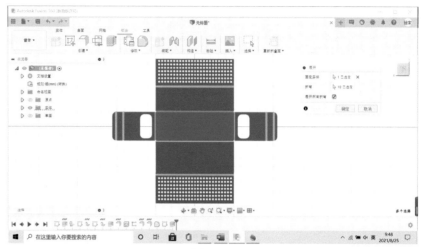

图 3-259

步骤 28 ♂ 单击"重新折叠面"按钮，可将展开的面重新折弯，如图 3-260 所示。

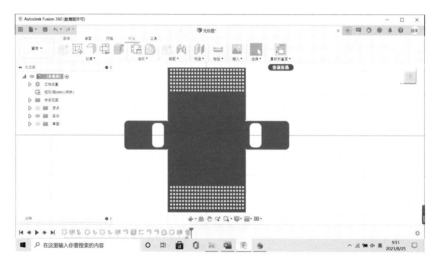

图 3-260

步骤 29 ♂ 切换为渲染工作环境，由于钣金烧烤炉本来就是默认的金属材料，因此不需要使用外观命令指定材料，选择"画布内渲染"命令，并捕获图像，如图 3-261 所示。

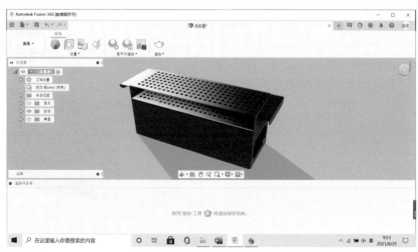

图 3-261

步骤 30 ♂ 双层烧烤炉的钣金设计案例完成，如图 3-262 所示。

图 3-262

3.5　脚本和附加模块

在日常的设计工作中，经常会遇到机械设计标准件的模型应用。Fusion 360 提供了丰富的脚本和附加模块。在工具工作空间中，选择"附加模块"→"脚本和附加模块"命令，如图 3-263 所示。

图 3-263

选择"附加模块"命令，打开"脚本和附加模块"对话框。在样例脚本里面是 Fusion 360 提供的一些脚本模型，我们以齿轮为例，如图 3-264 所示。

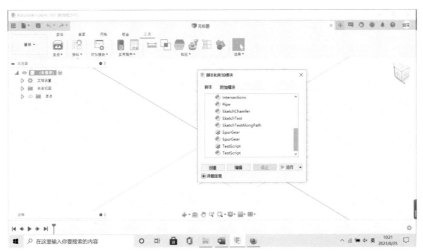

图 3-264

选择 SpurGear 脚本，单击"运行"按钮，打开"SpurGear 脚本"对话框，如图 3-265 所示。

首先选择是公制还是英制。这里我们选择公制。剩下的参数可以按照需求进行设置，例如设置齿轮的齿数为 24 齿，如图 3-266 所示。

图 3-265

图 3-266

图 3-267 所示就是按照设置生成的齿轮模型。

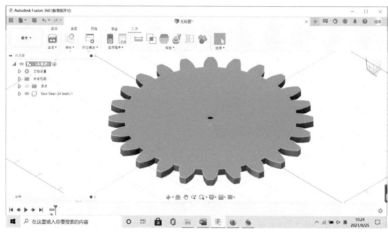

图 3-267

第4章
渲染

渲染是通过使用计算机程序结合几何、照相机、纹理、照明和阴影（也称为材料）信息生成图像的过程。在图像呈现外观材料之前，应用于设计的各个部分，形象化、视觉化的表现设计，使设计师能更为直观地看到设计结果。材料包括塑料、玻璃、金属、油漆和木材等，通过这些材料的视觉特性（以及你能想到的任何东西）可以创建逼真图像。

4.1　外观与材质

打开渲染面板，如图 4-1 所示。

图 4-1

4.1.1　场景设置

为场景设置环境和光源，该设置仅仅影响"渲染"工作空间，如图 4-2 所示。

图 4-2

我们用一个模型案例详细地了解一下。打开第 3 章中创建的戒指模型，进入渲染工作环境。软件默认的材料是不锈钢，我们暂且不去理会默认材料设置。先来观察场景和模型，场景中有默认的灯光和阴影，而且质量还不错，如图 4-3 所示。

选择 "场景设置"命令，弹出"场景设置"对话框。可以注意到有两个选项卡：设置和环境库。

图 4-3

1. "设置" 选项卡

"设置"选项卡有三大模块：环境、地面和相机。

（1）**环境**：环境下的参数主要用于设置灯光和阴影。

- **亮度**：主要设置光源。首先，调高亮度值，让场景再亮一些。向右拖动亮度滑块，亮度数值增大至 3000lx（勒克斯）的时候，我们发现场景中的模型变亮了，如图 4-4 所示。

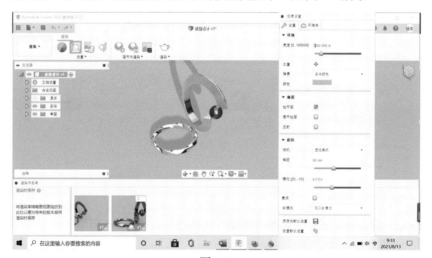

图 4-4

- **位置**：主要调整阴影。单击"位置"旁边的"移动"按钮，会弹出一个旋转滑条，如图 4-5 所示。

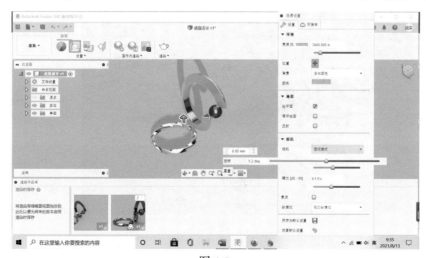

图 4-5

　　拖动滑条上的滑块，角度数值随之变化，阴影角度也随之变化。单击"重置"按钮可恢复阴影的设置，如图 4-6 所示。

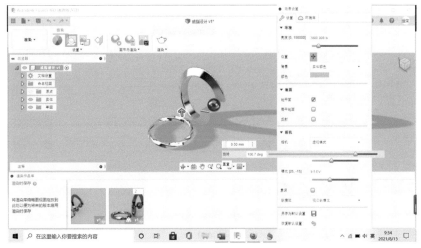

图 4-6

我们还可以把光标放在操纵器上向下拖动，使阴影和模型分离，如图 4-7 所示。

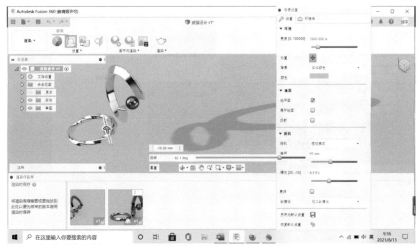

图 4-7

● **背景**：包括环境和实体颜色。我们选择"实体颜色"并调整下面的颜色按钮，略微向红色调整一些，如图 4-8 所示。

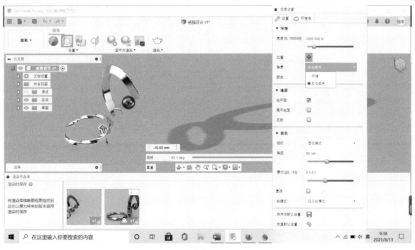

图 4-8

● **颜色**：主要调整场景颜色。这里把场景调整得夸张些，帮助大家理解，如图 4-9 所示。

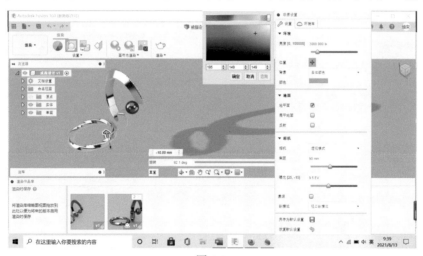

图 4-9

把拾色器放在拾色器面板的左上角红色饱和度最高的位置上，单击"应用"按钮，现在整个场景都变成了夸张的红色。我们把参数恢复到刚才的灰色场景，如图 4-10 所示。

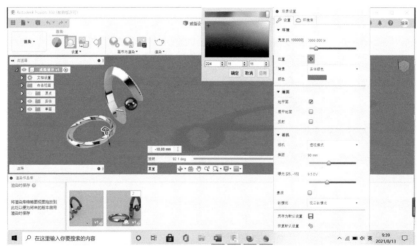

图 4-10

（2）**地面**：有地平面、展地平面和反射三个复选框。主要用于设置地面上的物体，包括阴影。首先选中"反射"复选框，这时视图中的地面上出现了反射的倒影，如图 4-11 所示。

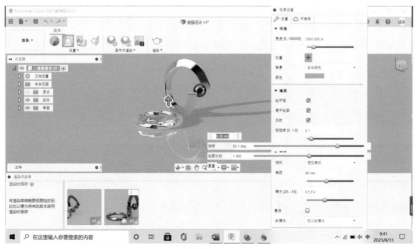

图 4-11

选中"反射"复选框后，在"反射"选项下方出现了"粗糙度"的数值和滑块，向右拖动滑块到尽头，可看到视图中反射的倒影变模糊了，如图 4-12 所示。

图 4-12

（3）**相机**：可设置相机的透视模式、焦距、曝光度、景深和视图纵横比等选项。

- **相机**：有正交、透视模式和具有正交面的透视图 3 种相机模式，如图 4-13 所示。

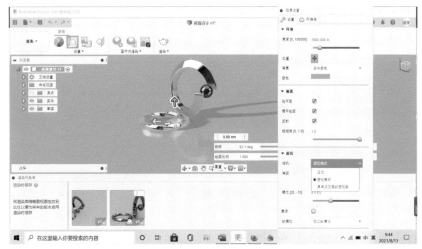

图 4-13

- **焦距**：把焦距滑块向左拖动，设置焦距数值为 15mm，观察视图，如图 4-14 所示。焦距默认值为90mm。

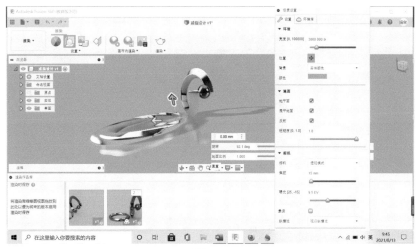

图 4-14

- **曝光**：如果感觉模型光线不足，尤其是暗部过暗，导致细节展现不清晰，可以通过拖动曝光选项滑块增加场景曝光度。向左拖动滑块，场景模型变暗；向右拖动滑块，模型变亮，如图 4-15 所示。

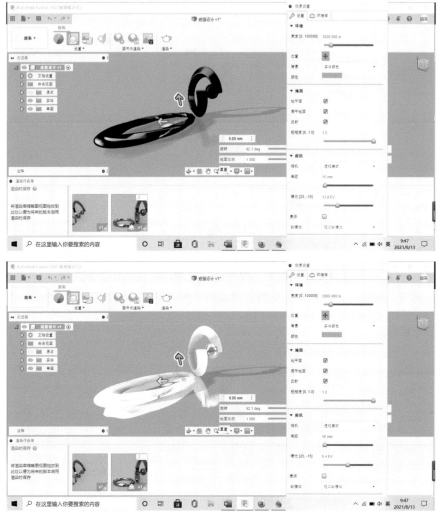

图 4-15

- **景深**：只有使用了光线跟踪，才能使用景深选项和参数。我们先把焦距、曝光等参数设置为默认参数，之后选中"景深"复选框，焦点中心（绿色）落在螺旋戒指的球体上，选择"画布内渲染"命令，观察景深效果，发现除了焦点球体清晰外，指环其他部分都模糊了，如图 4-16 所示。

图 4-16

接着我们把对话框中模糊的滑块向右拖动到头，来观察 Fusion 360 的景深效果，除了焦点球体清晰外，指环更加模糊了，如图 4-17 所示。

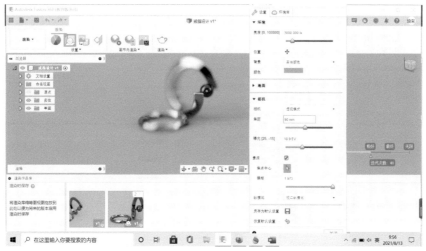

图 4-17

- **纵横比**：选择视图纵横比关系。例如 1 ∶ 1 正方形、4 ∶ 3 演示、16 ∶ 9 宽屏等，如图 4-18 所示。

图 4-18

2. "环境库"选项卡

环境库提供了很多环境类型，需要在云服务下才能下载和使用，如图 4-19 所示。

图 4-19

我们下载一个 Dry lake bed（干涸的湖床）环境，并双击应用到模型上，模型上反映出了环境中的图片。视图最下方为渲染的作品库，作用是保存时渲染，如图 4-20 所示。

图 4-20

返回到"场景设置"对话框，把"背景"由"实体颜色"切换为"环境"，场景中的背景变成了干涸的湖床，如图 4-21 所示。

图 4-21

4.1.2 外观

在 Fusion 360 中，外观命令包含外观库，这里为设计师提供了丰富的材料选择，而且很有针对性。

外观会影响实体、零部件和面的颜色。外观可替代从物理材料指定的颜色，但不会影响工程属性。可以将材料从"外观"对话框中拖动到实体、零部件或面上，如图 4-22 所示。

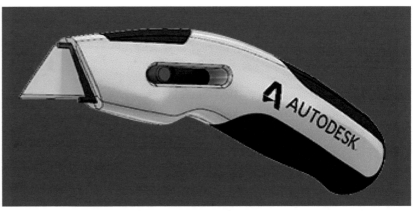

图 4-22

我们有三种办法执行外观命令，第一种是模型完成后，单击渲染模块，在工具栏中有外观命令；第二种是在模型上单击鼠标右键，在弹出的快捷菜单中选择"外观"命令；第三种是在浏览器中选择实体，然后单击鼠标右键，在弹出的快捷菜单中选择"外观"命令。在"外观"对话框中，Fusion 360 提供了玻璃、皮革和布料、金属、其他、涂料、塑料、木材等大类别选项，如图 4-23 所示。

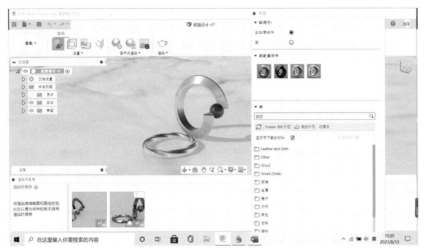

图 4-23

而这些外观库的材料大类，又被细分为很多小类可供选择。

例如：

- 玻璃类分为颜色密度、平滑、纹理这三项。
- 皮革和布料类分为织物和皮革。
- 金属类分为铝、黄铜、青铜、铁、铬、钢、黄金、铅、锡、钯、白金、银、不锈钢、钛等。
- 其他类分为碳纤维、发射、环境、泡沫、宝石、地平面、图纸、香蕉、水、蜡等。
- 涂料类分为粗糙粉末涂层、光滑粉末图层、金属、金属片和有光泽 5 类。
- 塑料类分为不透明、半透明和透明等，如图 4-24 所示。

图 4-24

这些小类材质下面才是具体的材质分类及可视化。我们以金属类为例，选择黄金，如图 4-25 所示。

图 4-25

在使用这些材质时，可将外观库中的材质拖曳到"在此设计中"材质栏中。我们把"金 - 抛光"材料拖曳到"在此设计中"材质栏，如图 4-26 所示。

图 4-26

现在就可以把"在此设计中"材质栏中的材质拖曳到场景模型中，把材质赋予麻花戒指。现在麻花戒指变成了黄金材料，如图 4-27 所示。

图 4-27

假如对"在此设计中"材质栏中赋予模型的材料不满意，我们可以右击材料，在弹出的快捷菜单中选择"取消指定并删除"命令，如图 4-28 所示。

图 4-28

接下来，右击"在此设计中"材质栏中的"铂金 - 抛光"，在弹出的快捷菜单中选择"取消指定并删除"命令先删除掉，再把"金属"→"银 - 缎光"材料拖曳至螺旋戒指模型上，如图 4-29 所示。

图 4-29

我们把"铂金 - 抛光"拖动到"在此设计中"材质栏中，把"应用于"设置为"面"。再把"铂金 - 抛光"材料拖动到麻花戒指的面上，形成彩金的视觉效果，如图 4-30 所示。

◀» 提示

"应用于"下的选项有"实体 / 零部件"和"面"。"实体 / 零部件"针对的是整个实体的材料设置；而"面"则是针对于某些局部面的材料设置。

图 4-30

双击"在此设计中"材质栏中的材料，会弹出调整面板，可以在此对材料外观进行调整。除了调整材料表面的颜色外，还可以根据不同的材料特征，通过参数或者滑块设置材质的粗糙度、吸收距离、折射率等，如图 4-31 所示。

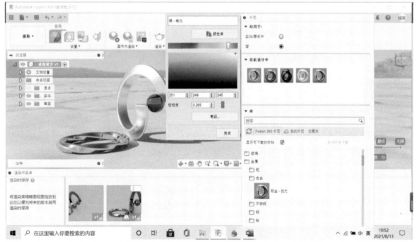

图 4-31

我们双击"银-锻光"材料，把颜色库下拾色器上的光标，由白色拖动到黄色区域上。这时螺旋戒指的材料颜色由白色变为黄色，如图 4-32 所示。

图 4-32

单击"高级"按钮，弹出"材料编辑器"对话框，如图 4-33 所示。

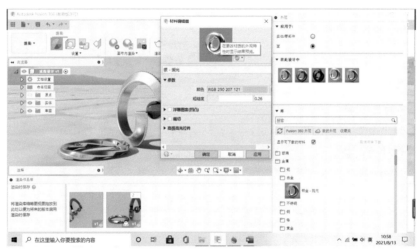

图 4-33

4.1.3 材料编辑器

材料编辑器通常是对材料属性的高级别的参数设置，一般来说包括四个部分：参数、浮雕图案、裁切和高级高光控件，如图 4-34 所示。

图 4-34

其中"参数"一栏中，是对通用参数的设置，参数中的"反射"调节模型暗部的反光强度，"粗糙度"调节物体表面的粗糙和磨砂效果，它决定了高光的清晰程度，如图 4-35 所示。

在这里依然可以打开"颜色拾取器"对话框对颜色进行调整和编辑，如图 4-36 所示。

图 4-35

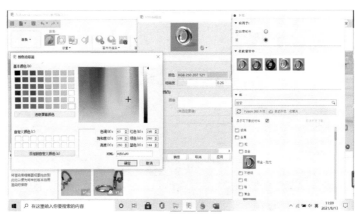

图 4-36

浮雕图案主要是对凹凸贴图进行设置与调整。前面方形选框是凹凸贴图的开关按钮，后面是视图预览区。我们从本地硬盘的照片中选择一张公路赛车车座的图片，如图 4-37 所示。

可以看到，在场景中螺旋戒指上被雕刻上了自行车座的凹凸图案。单击图像，可以打开"纹理编辑器"对话框，如图 4-38 所示。

纹理编辑器主要通过选项、滑块和数值设置图片的位置、缩放比例、重复类型（平铺）和数据类型（高度贴图或法线贴图），如图 4-39 所示。

图 4-37

图 4-38

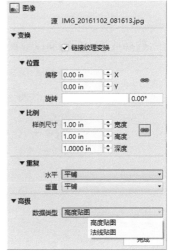

图 4-39

4.1.4 贴图

贴图用于在选定面上放置图像。选择一个面，然后选择要导入的图像，如图 4-40 所示。

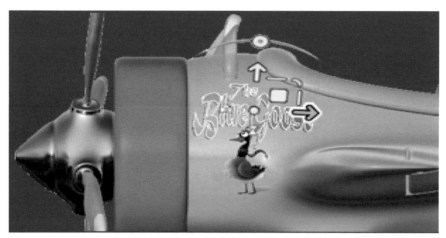

图 4-40

我们把刚才的螺旋戒指重新设置为白色的"银 - 缎光"材料。选择"贴图"命令，在计算机里选择 Fusion 360 的 Logo 图片，如图 4-41 所示。

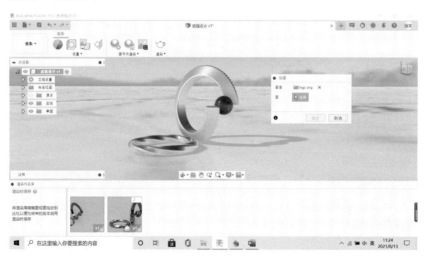

图 4-41

选择戒指上部的面以放置贴图，如图 4-42 所示。

图 4-42

使用操控器逆时针旋转 Fusion 360 的 Logo 图片，如图 4-43 所示。

图 4-43

把"不透明度"设置为 50，并用操纵器沿着 X 轴拖动贴图，如图 4-44 所示。

图 4-44

把"不透明度"还原为 100，"缩放 X"设置为 1.5，"缩放 Y"设置为 1.5，"缩放平面 XY"设置为 1.0，让图像覆盖整个手柄后面。单击"垂直翻转"按钮，把图像正过来，如图 4-45 所示。

图 4-45

纹理贴图控件用于设置实体或零部件的纹理的方向。选择要修改的对象，然后选择投影类型和轴。使用操纵器或对话框对纹理贴图进行设置。

投影类型包括自动、平面、长方体、圆柱、球形五类，如图 4-46 所示。

图 4-46

4.2　渲染器

4.2.1　本地的光线跟踪渲染器与云端的 ShowCase 渲染器

每一款三维建模软件都会自带渲染工具，或简单，或复杂，或逼真，或倾向于 3D 建模 2D 渲染，各有所需，各有所长。Fusion 360 也有自己的渲染工具，它有两种渲染途径，一是本地的 Ray Tracing 渲染，二是云端的 ShowCase 360 渲染，如图 4-47 所示。

图 4-47

相信大家最关注的还是云端 ShowCase 360 渲染。实际上 Fusion 360 网络渲染的实施就是一个项目任务、网络存储的整体规划，它不仅仅是某个软件的技术功能，而是对项目渲染流程的优化，所需要的网络环境相对较高，网络带宽往往是网络渲染的最大瓶颈。千兆网的 NAS 网络结构是最经济的，百兆的网络速度和效率会差一些。

4.2.2　画布内渲染

Fusion 360 有两种渲染模式：画布内渲染和渲染。下面我们分别来体验一下两种渲染模式带来的视觉效果。

1. 画布内渲染

画布内渲染是指对场景的实时渲染，Fusion 360 会将场景模型由粗略到细腻不断地进行渲染计算和迭代。启动画布内渲染和停止画布内渲染是同一个按钮，如图 4-48 所示。

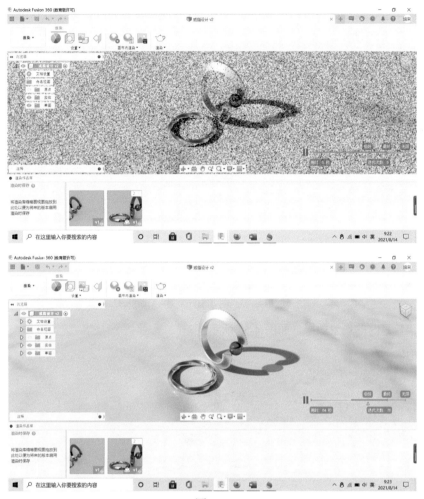

图 4-48

视图右下角是渲染用时、进度、迭代次数和渲染品质的操作条，如图 4-49 所示。

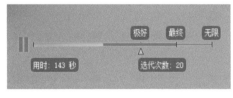

图 4-49

每旋转一次视图角度，软件就会重新计算渲染一次。这些渲染设置有些是软件默认的，有些我们可以通过命令来手动选择，如图 4-50 所示。

图 4-50

这是刚开始渲染计算时的场景效果，如图 4-51 所示。

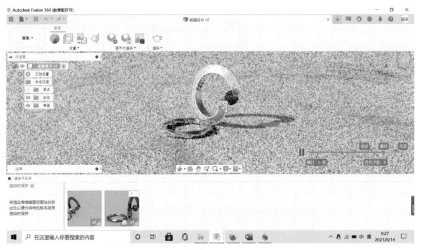

图 4-51

这是渲染到"极好"质量级别的效果，目前用时 266 秒，迭代 232 次，如图 4-52 所示。

图 4-52

我们把渲染质量滑块拖动到"最终"继续渲染，并观察 Fusion 360 的渲染效果，如图 4-53 所示。

图 4-53

这是渲染到"最终"质量级别的效果，目前用时 649 秒，迭代 572 次。可以看到，Fusion 360 的画布内渲染能达到很逼真的照片级别的效果，而且光线追踪、漫反射和环境光效果都很不错，如图 4-54 所示。

图 4-54

2. 画布内渲染设置

"画布内渲染设置"对话框中主要是性能选项。性能选项中有两个按钮"快"和"高级"。单击"快"按钮，材料和照明将被简化。单击"高级"按钮，将渲染分辨率限制在 20% ～ 100% 之间。可以通过输入数值进行设置，也可通过拖动滑块进行设置，如图 4-55 所示。

图 4-55

3. 捕获图像

"图像选项"对话框可设置当前文档窗口大小和图像分辨率。通过三个参数宽度、高度和分辨率进行设置，如图 4-56 所示。

- **当前文档窗口大小**：会根据系统设置的屏幕分辨率来确定画布内渲染的宽度、高度和分辨率。
- **自定义**：可以手动设置宽度和高度的数值。

其余选项是软件提供的一些常用默认设置，像 800×600，1024×1280 等。然后选择保存路径就可以了，如图 4-57 所示。

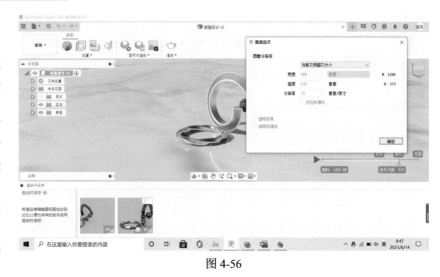

图 4-56

图 4-57

左下方还有两个选项："透明背景"复选框和"启用抗锯齿"复选框。"启用抗锯齿"复选框建议选择，"透明背景"复选框可根据需求进行选择。

4.2.3 渲染

渲染命令使用云或本地后台渲染技术创建场景的高质量渲染图像。选择所需的图像大小，设置云或本地渲染，然后单击"渲染"按钮以启动渲染过程，如图 4-58 所示。完成的渲染将显示在"渲染作品库"中。

图 4-58

渲染设置下面有五个子命令：WEB、手机、打印、视频和自定义。软件默认是自定义，自定义中也包含了 WEB、手机、打印和视频的参数设置。因此我们以自定义为例进行介绍。

- **图像尺寸**：可以设置宽度和高度，包括 Web、手机 & 平板电脑、打印和视频的参数，如图 4-59 所示。
- **纵横比**：可以选择或者自定义宽度和高度的比例，如图 4-60 所示。
- **文件格式**：是指渲染后图像的格式，有三种，即 PNG（无损）、JPEG（高质量）和 TIFF（未压缩），如图 4-61 所示。

　　图 4-59　　　　　　　　　　图 4-60　　　　　　　　　　图 4-61

- **渲染方式**：有两种，即云渲染器和本地渲染器。在网带够宽、网速够快的情况下建议使用云渲染器渲染，但是要消耗一定的"云币"。脱机状态下，还可以使用本地渲染器。
- **渲染质量**：有两种，即标准和最终，标准的效果一般但用时较短，最终的效果好但用时较长。
- **云积分**：是指云渲染中需要消耗的"云币""点数"和可用限制。以这次渲染为例，需要消耗 2 个云币，16 个请求的最大点数，可用无限制。旁边有"常见问题解答"和"教育社区使用条款"，有疑问大家可以单击查看。
- **渲染队列时间**：所需要的渲染等待时间。本次模型场景渲染需要 1 积分，在 20 分钟以内就可以完成。

接下来，单击"渲染"按钮，提交云端开始渲染，如图 4-62 所示。

图 4-62

现在我们观察下面的渲染库，第一项就是正在进行云端渲染的戒指模型。把光标放在上面可以观察本次渲染的设置。大约 20 分钟，我们就可以收到自云端传回来的渲染图像了，如图 4-63 所示。

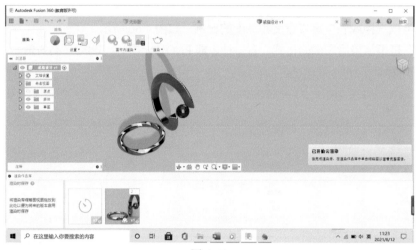

图 4-63

现在云端渲染已经完成，我们可以在渲染窗口预览，还可以把渲染结果下载到本地文件查看。戒指设计案例最终静帧渲染效果，如图 4-64 所示。

图 4-64

还可以把渲染图分享到 Fusion 360 库和 A360 中，如图 4-65 所示。

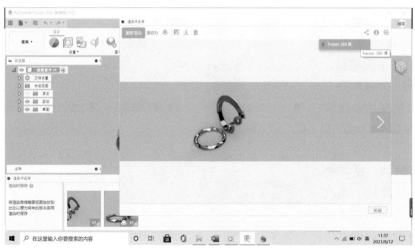

图 4-65

4.2.4 ▶ 渲染转台 ▼

为了更全面地渲染表现设计作品，Fusion 360 还在渲染作品库中内置了渲染转台命令，可以生成转台动画并下载到本地文件中，如图 4-66 所示。

在渲染作品库预览窗口中,"渲染为"旁有三个命令:转台、下载和操作。操作命令可以选择调整曝光度或者删除图像;下载命令可以将渲染好的图像下载到本地文件;转台命令可以把渲染结果生成为 6 帧或者 36 帧的转台动画,发布在手机、平板电脑、WEB 或者自定义设备上。

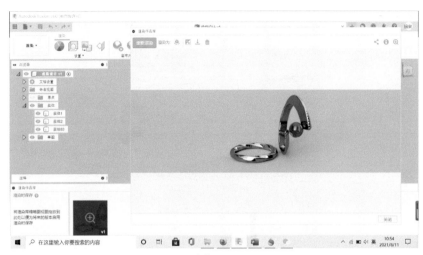

图 4-66

单击"转台"按钮,弹出"渲染设置 - 转台"对话框。在"帧"里选择 36 帧,"渲染质量"选择"最终",这时可以看到需要消耗 9 个积分,小于 20 分钟的计算时间,如图 4-67 所示。

图 4-67

单击"渲染"按钮,生成转台动画。如图 4-68 所示为正在提交云端进行渲染。把光标放在渲染库第一项上面,可以查看本次渲染的设置。

图 4-68

转台动画渲染完成后,可在渲染作品库预览窗口中观看动画,也可以下载到本地文件夹中。下载选项有3 个:下载转台作为 HTML 查看器、下载转台作为视频和下载转台作为 Zip 格式,如图 4-69 所示。

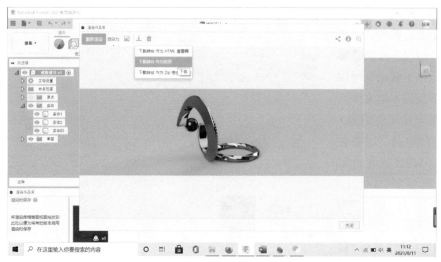

图 4-69

　　我们选择"下载转台作为视频"选项，保存位置为根目录，视频格式为 MP4，单击"保存"按钮，如图 4-70 所示。

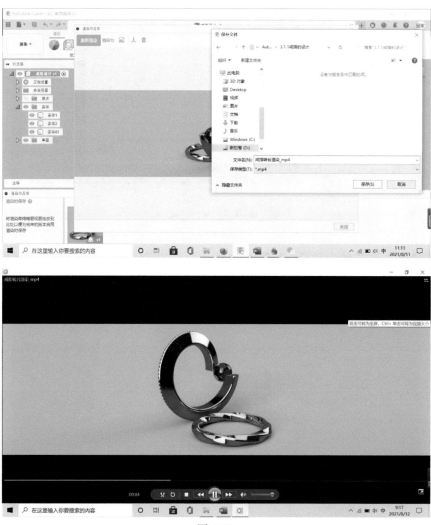

图 4-70

第5章
零部件的设计与装配

5.1 装配基础

装配命令集包括新建零部件、联接、快速联接、联接原点、刚性组、传动联接、运动链接、启用接触集合、启用所有接触和运动分析命令，如图 5-1 所示。

- **新建零部件**：创建一个新的空零部件或者将现有实体转换为零部件。创建空零部件时，需输入名称并选择父对象。转换实体时，需选择要转换的实体，如图 5-2 所示。
- **联接**：相对于其他零部件放置零部件，并定义相对运动。选择几何图元或联接原点以定义联接，指定类型以定义相对运动。

图 5-1

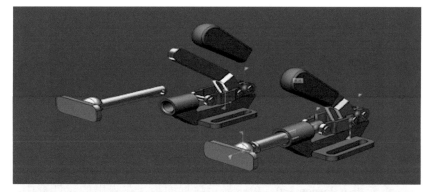

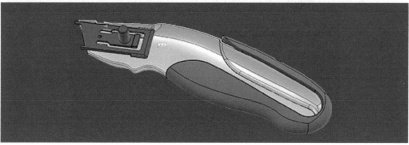

图 5-2

- **快速联接**：将零部件相对于彼此进行放置并定义相对运动。零部件保持其当前位置不变。选择要合并的零部件，指定联接类型和联接原点的位置。
- **联接原点**：在零部件上放置联接原点。联接原点定义用于关联联接的零部件的几何图元。选择加厚图元以定义联接原点。
- **刚性组**：锁定选定零部件的相对位置。在移动或应用联接时，零部件被视为单个对象。选择要编为一组的零部件。
- **传动联接**：为联接自由度指定旋转角度或距离值。

- **运动链接**：在联接自由度之间定义旋转和平动的关系。选择联接，然后指定值。
- **启用接触集合**：激活接触集合中零部件之间的接触分析。接触集合在浏览器中进行管理。
- **启用所有接触**：为所有零部件激活接触分析。
- **运动分析**：基于联接执行运动学运动分析。选择要参与的联接，然后为运动指定点和值。

5.2　Flashdisk 的设计与装配

　　概述：在本案例中，将要制作一个 Flashdisk 闪存，也就是我们平时使用的 U 盘，如图 5-3 所示。首先学习如何通过工具条中的草图命令来创建各类草图，这其中会大量使用到尺寸和形位的约束，通过这些操作可完成

图 5-3

模型的构建；同时也会大量采用 Fusion 360 强大的实体模型的渲染功能，得到更为逼真的实体装配模型，从而完成虚拟建造；这样做的目的让客户更加直观地了解我们所设计的产品，而不必花费大量的时间和精力去制作实物样品，节约了成本，提高了客户的满意度。

学习要点

- **团队协作**：通过云数据管理，实现在不同地点、随时随地的管理项目。
- **草图**：掌握各类参数化驱动下草图的绘制。
- **实体模型**：掌握组合应用建模的基本技能。
- **装配**：熟悉装配的各项功能。
- **渲染**：熟悉 Fusion 360 的材料库，完成产品的渲染。

5.2.1　项目管理

（1）**建立项目**

　　首先进入 Fusion 360，单击显示数据面板，在弹出的对话框中，单击"新建项目"按钮，建立名为 Flashdisk 的文件夹，这个文件夹将存放我们为这个项目建立的各个零部件，同时也可以通过云把项目分享给别人或者团队一起来协同完成项目。

（2）**团队协作**

　　我们可以通过 Fusion 360 的数据面板，单击"人员"，在邀请对话框里面，输入参与项目人员的 Autodesk Fusion 360 的账号（该账号是邮箱账号），如图 5-4 所示。单击"邀请"按钮，系统就会把邀请发送到该账号的邮箱里。

图 5-4

（3）**接受邀请**

　　当收到邀请时，可以单击 Access Project 按钮接受邀请，如图 5-5 所示，当登录 Fusion 360 的时候，项目管理器里面就多了 Flashdisk 这个项目，同时可以实现对项目内容的编辑和管理。

图 5-5

5.2.2　闪存盖的造型设计 ▽

概述：闪存盖的造型设计，如图 5-6 所示。

图 5-6

1. 闪存盖中盘套部分的绘制

（1）采用草图工具绘制图 5-7 中的草图；注意：综合应用尺寸驱动、形位约束等工具。

（2）拉伸环形草图，在"拉伸"对话框中将"距离"设置为 20mm，如图 5-8 所示。

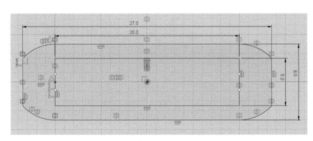

图 5-7　　　　　　　　　　　　　　　　　图 5-8

（3）对内部 4 条棱边倒圆角处理，设置圆角半径为 0.25mm，如图 5-9 所示。注意：图 5-9 中没有设置圆角值，这是方便读者查看选中了哪几条棱边，一旦输入圆角值，系统将自动完成倒角，再查看的时候就不是很清晰明了了。

（4）拉伸封闭端的平面，在"拉伸"对话框中将"距离"设置为 -4，如图 5-10 所示。

◀》 **注意**

参数值的正或负代表拉伸的方向为正向或反方向。

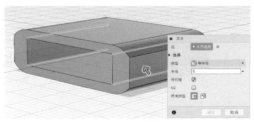

图 5-9

图 5-10

（5）对封闭端面棱角倒圆角处理，设置圆角半径为 1.25，如图 5-11 所示。

图 5-11

2. 闪存盖夹部分的绘制

（1）选择闪存的一个表面平面作为草图平面，绘制图 5-12 所示的草图。

（2）拉伸草图，在"拉伸"对话框中将"距离"设置为 3，如图 5-13 所示。

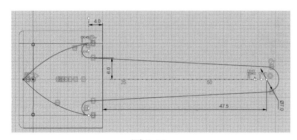

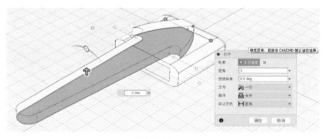

图 5-12   图 5-13

（3）对箭头部分倒圆角处理，设置圆角半径为 3mm，如图 5-14 所示。

（4）按照图 5-15 进行拉伸剪切去除材料，拉伸高度设置为 -2mm。注意：方向负值表示与正向相反的方向。

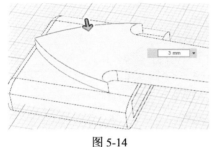

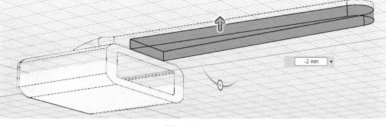

图 5-14   图 5-15

（5）选择夹子的圆弧端，选择"创建"→"圆柱体"命令，在"圆柱体"对话框中设置"直径"为 4mm，"高度"为 1.75，如图 5-16 所示。

（6）把图 5-12 ～图 5-16 绘制的特征镜像到另一边。注意：如果没有绘制中间平面，参照图 5-17。

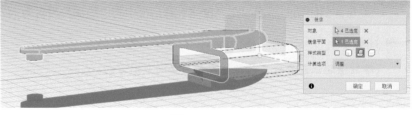

图 5-16   图 5-17

3. 吊孔的设计

（1）在盘盖顶部绘制长为 4、宽为 1.5 的矩形挂钩。注意：矩形必须关于中心轴对称并拉伸，拉伸高度为 5，结果如图 5-18 所示。

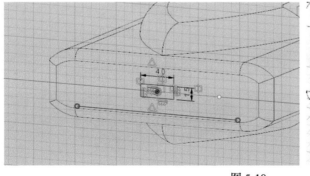

图 5-18

（2）对挂钩进行开孔和倒圆边处理，绘制图 5-19 中的草图，并完成拉伸剪切操作。

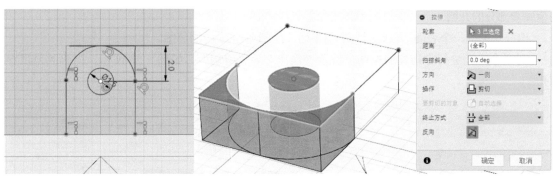

图 5-19

（3）进行挂钩与壳体接触部分的倒圆角处理，设置圆角半径为 1mm，如图 5-20 所示。

（4）这样就完成盖子的建模，结果如图 5-21 所示。

（5）赋予闪存盖子颜色，采用"熟料"→"透明"→"蓝色"材质，这样就可以得到图 5-22 中的盖子效果图。

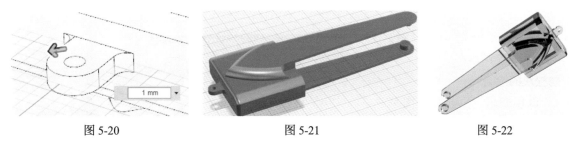

图 5-20　　　　　　　　　　　图 5-21　　　　　　　　　　　图 5-22

5.2.3 ▶ 金属套的建模 ▼

概述： 金属套的建模设计，如图 5-23 所示。

图 5-23

1. 草图的绘制及拉伸

首先采用草图工具绘制长为 20、宽为 5 的矩形，向内偏移 0.25，注意要轴对称。进行拉伸，在"拉伸"对话框中将"距离"设置为 20，如图 5-24 所示。

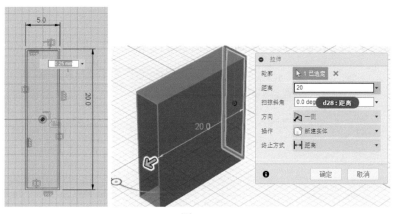

图 5-24

2. 金属套部分的开槽

（1）选择矩形的一个表面，以此面为草图平面，绘制图 5-25 中的草图。

（2）对两个方孔进行穿透性的拉伸，设置"操作"为"剪切"，如图 5-26 所示，得到的是贯穿了两个面的槽孔。

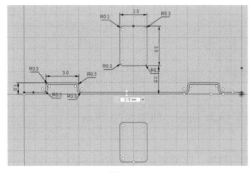

图 5-25

图 5-26

（3）对中间部分的草图进行拉伸剪切，如图 5-27 所示。

3. 防松块的绘制

（1）以模型另一面作为草图平面，绘制矩形，并对称到另一侧，如图 5-28 所示。

（2）以矩形为旋转轮廓，以靠近方孔一侧为旋转轴，向内部旋转生成半个圆柱体，如图 5-29 所示。

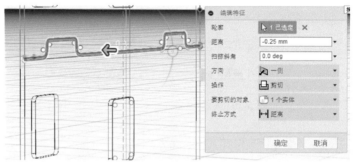

图 5-27

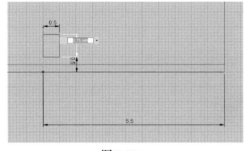

图 5-28

图 5-29

4. 棱边倒圆角

选择图 5-30 中的 4 条棱边进行倒圆角处理，设置圆角半径为 0.25。注意：图 5-30 未设置倒角值是为了视图更清晰。

5. 再次拉伸矩形

在"拉伸"对话框中，将"距离"设置为 10mm，如图 5-31 所示。

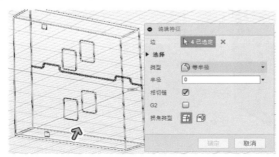

图 5-30

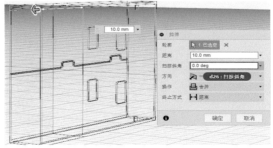

图 5-31

6. 赋予材料

确定完成模型创建，赋予"材料"为"不锈钢 - 抛光"，结果如图 5-32 所示。

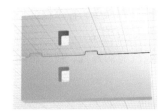

图 5-32

5.2.4 ▶ 闪存插头的模型设计 ▽

概述： 闪存插头的模型设计，如图 5-33 所示。

图 5-33

1. 插头基础模型的绘制

（1）采用草图工具绘制长为 19.5、宽为 2.25 的矩形，如图 5-34 所示。

（2）进行草图拉伸，在"拉伸"对话框中将"距离"设置为 14，如图 5-35 所示。

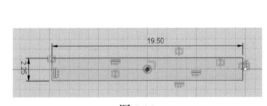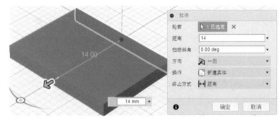

图 5-34　　　　　　　　　　　　　　　图 5-35

（3）选择坐标平面上的一面作为草图平面，绘制高度为 4.5 的草图模型。在"编辑特征"对话框中将"距离"设置为 -16mm，如图 5-36 所示。

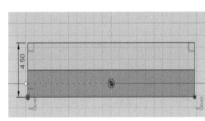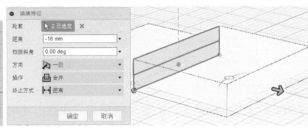

图 5-36

2. 数据传输带的绘制

（1）选择凸台台阶平面为草图平面，绘制如图 5-37 所示的草图。

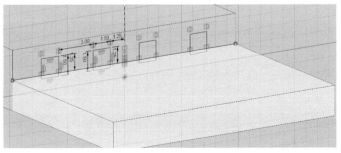

图 5-37

（2）对草图进行拉伸，采用剪切去除材料命令，在"拉伸"对话框中将"方向"设置为"两侧"，"距离"设置为 14，"距高"设置为 0.5mm，如图 5-38 所示。

（3）选择草图的底面为拉伸底面，执行剪切方式，在"拉伸"对话框中将"距离"设置为 -0.05，如图 5-39 所示。

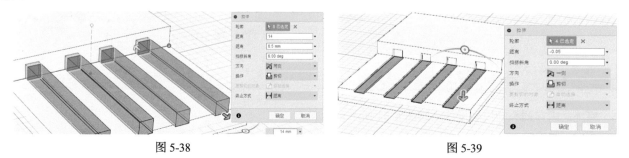

图 5-38　　　　　　　　　　　　　　　　　　　　图 5-39

（4）对图 5-40 选中的 4 条棱边进行倒角处理，设置圆角半径为 0.25。

（5）赋予插头材质为"塑料 - 黑色不透明"，同时赋予沟槽表面材质为"抛光铜"，渲染后的效果如图 5-41 所示。

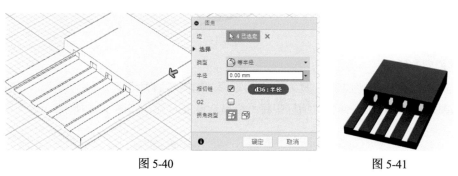

图 5-40　　　　　　　　　　　　　　　　　　图 5-41

5.2.5　闪存的建模设计

概述：闪存的建模设计，如图 5-42 所示。

图 5-42

1. 闪存基体的绘制

（1）采用草图工具绘制草图，如图 5-43 所示。注意：使用综合应用尺寸驱动、形位约束等工具，使圆弧和水平方向直线相切。

（2）完成草图壳体的拉伸，在"拉伸"对话框中将"距离"设置为 10，如图 5-44 所示。

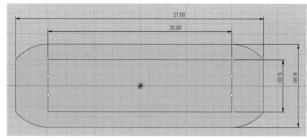
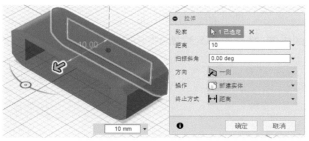

图 5-43　　　　　　　　　　　　　　　　　　　　图 5-44

（3）选择闪存模型一端面为草图绘制平面（不必绘制平面，只需选择该平面），在"拉伸"对话框中将"距离"设置为 55，然后单击"确定"按钮完成草图绘制，如图 5-45 所示。

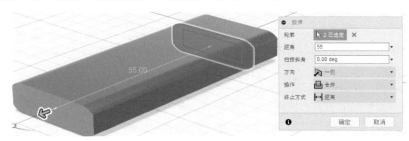

图 5-45

2. 棱边倒圆角处理

（1）对闪存模型的两个端面棱边倒圆角处理，设置圆角半径为 0.5，如图 5-46 所示。

（2）对孔内倒圆角处理，设置圆角半径为 0.25，如图 5-47 所示。

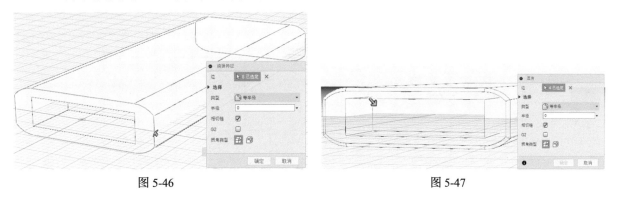

图 5-46　　　　　　　　　　　　　　　　图 5-47

3. 端面矩形体的绘制

（1）选择闪存模型实体端面为草图平面，绘制长为 20、宽为 5 的矩形草图，注意要关于中心对称，如图 5-48 所示。

（2）拉伸草图，在"拉伸"对话框中将"距离"设置为 20，如图 5-49 所示。

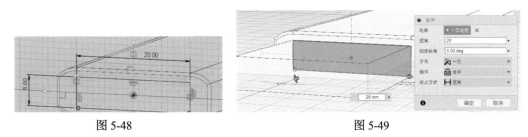

图 5-48　　　　　　　　　　　　　　　　图 5-49

（3）对矩形实体顶部倒角，并对第 2、4 条棱边倒圆角处理，设置圆角半径为 1，如图 5-50 所示。注意，图 5-50 左图为选中外面垂直的两条棱边，图 5-50 右图为选中水平的 4 条棱边。

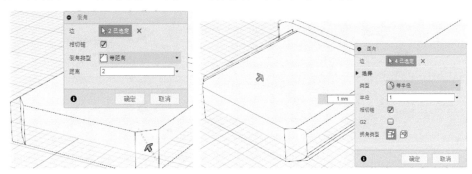

图 5-50

（4）对顶部棱边进行倒圆角处理，设置圆角半径为 0.5，如图 5-51 所示。

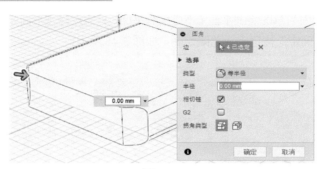

图 5-51

4. 添加闪存表示符和名称

（1）选择一个端面，绘制 USB 标识草图，如图 5-52 所示。

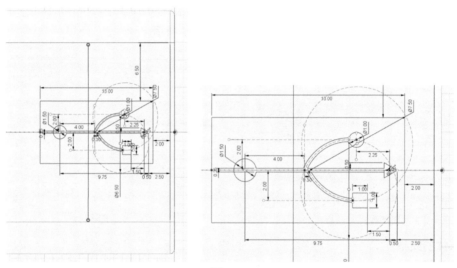

图 5-52

（2）在闪存模型另一面编辑文字，输入"Fusion 360"，结果如图 5-53 所示。

（3）对输入的文字执行拉伸、剪切，完成 Logo 的绘制，如图 5-54 所示。

图 5-53   图 5-54

（4）选择 4 条棱边执行倒圆角处理，设置圆角半径为 0.5，如图 5-55 所示。

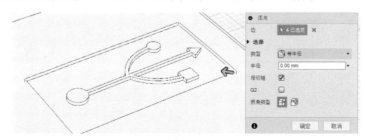

图 5-55

5. 安装定位配合孔的绘制

（1）绘制第一个配合孔。在平面端绘制直径为 3、距离底边距离为 19.5 的圆，然后进行拉伸剪切，

设置深度为 -3mm，如图 5-56 所示。

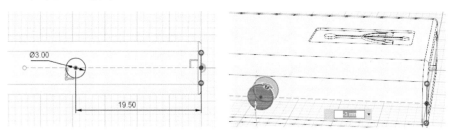

图 5-56

（2）绘制第二个配合孔。对图 5-56 绘制的孔特征进行镜像操作，在另一边创建关于中心平面对称的孔，如图 5-57 所示。

（3）阵列生成另外两个孔，在"编辑特征"对话框中将"数量"设置为 2，方向沿着轴线方向，"距离"设置为 25mm，如图 5-58 所示。

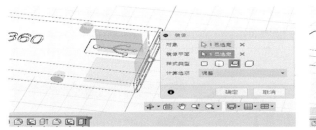

图 5-57　　　　　　　　　　　　　　　　　图 5-58

6. LED 孔

在 USB 标识符下方绘制一个圆孔，设置直径为 2.5，并拉伸去除材料。在"拉伸"对话框中将"距离"设置为 -1，如图 5-59 所示。

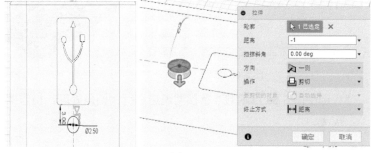

图 5-59

7. USB 参数信息

在另一侧编辑文字，输入"USB 3.0 64GB"，并拉伸去除材料。在"拉伸"对话框中将"距离"设置为 - 0.15，如图 5-60 所示。

赋予闪存材质为"熟料不透明"，同时赋予文字等部分为"表面白色"材质，效果如图 5-61 所示。

图 5-60

图 5-61

5.2.6 ▶ 闪存外套的设计 ▽

概述：闪存外套的设计，如图 5-62 所示。

图 5-62

1. 闪存外套基础模型的绘制

（1）首先运用草图工具绘制如图 5-63 所示的草图。

（2）对草图进行两面拉伸，在"拉伸"对话框中将"距离"设置为 15.5×15.5（默认单位为 mm），如图 5-64 所示。

🔊 **注意**

通常情况下采用 ISO 标准，系统默认的单位是 mm。

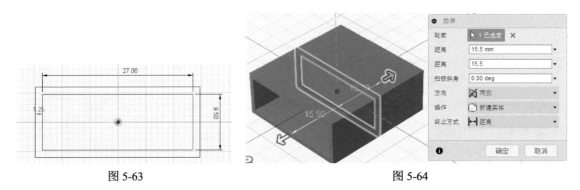

图 5-63   图 5-64

（3）选中图 5-65 所示的 8 条模型锐边进行倒圆角处理，设置圆角半径为 1。

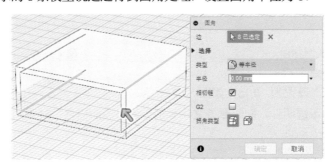

图 5-65

2. 配合定位孔的绘制

（1）任选两侧的一个端面，直径设置为 3，距离设置为 25，绘制如图 5-66 所示的草图。

（2）采用"拉伸"对话框中的"剪切"操作去除多余的材料，完成开孔工作，效果如图 5-67 所示。

图 5-66

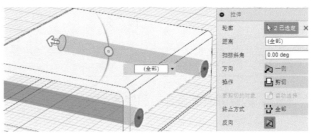

图 5-67

3. 两端外弧的绘制

（1）绘制如图 5-68 所示的草图，并镜像到另一侧。

（2）对草图进行拉伸，拉伸采用到下一平面的方式，在"拉伸"对话框中将"操作"设置为"合并"，如图 5-69 所示。

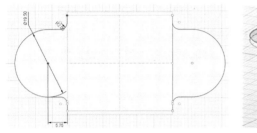
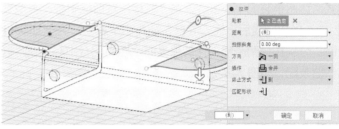

图 5-68　　　　　　　　　　　　　　　　　　　图 5-69

（3）将该特征镜像到另一侧。注意："镜像平面"选择中间平面，"计算选项"设置为"相同"，如图 5-70 所示。

（4）对图 5-71 中选中的外棱边执行倒圆角处理，设置圆角半径为 1.25。

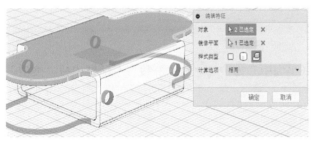
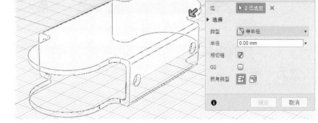

图 5-70　　　　　　　　　　　　　　　　　　　图 5-71

4. 槽型限位孔

（1）绘制图 5-72 中的轴对称图形。

（2）执行拉伸剪切，采用"全部"的方式完成槽孔的开凿工作，如图 5-73 所示。

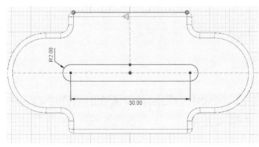
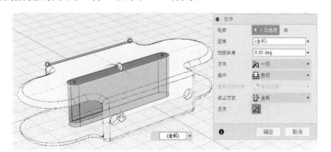

图 5-72　　　　　　　　　　　　　　　　　　　图 5-73

（3）完成建模后，赋予模型"塑料透明"材质，并编辑调节外观颜色，效果如图 5-74 所示。

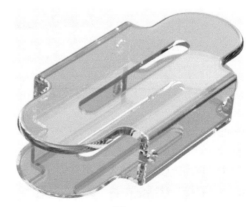

图 5-74

（1）进入装配环境，通过云项目管理插入第一个零件"闪存"。同时将其作为装配基准，固定后插入第二个零件 LED（LED 的绘制：直接绘制圆柱体，直径为 2.5，高度为 1.5）。执行联接操作，用拾取中心捕捉的方式，让两个装配中心重合，在"联接"对话框中将"类型"设置为"刚性"，如图 5-75 所示。

（2）确认完成后，插入零部件插头和金属套。先把插头和金属套组合装配在一起，再把插头组件装在闪存上面；分别选择两个零部件的地平面中心为配合中心，在"联接"对话框中将"类型"设置为"刚性"，完成组件的装配，如图 5-76 所示。

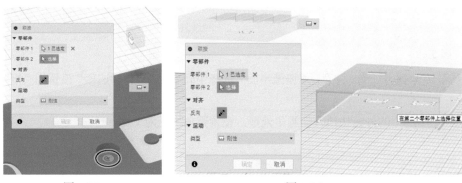

图 5-75   图 5-76

（3）分别选择插头的底平面中心和闪存槽孔内的底平面中心为中心，在"联接"对话框中将"类型"设置为"刚性"，完成装配，如图 5-77 所示。

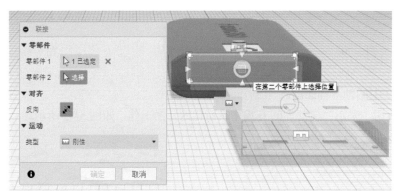

图 5-77

（4）下面插入另一个零部件：闪存套。分别选择套子内侧孔的表面中心和闪存外侧孔的表面中心为中心，在"联接"对话框中将"类型"设置为"刚性"，完成装配，如图 5-78 所示。

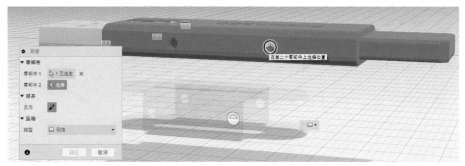

图 5-78

（5）通过项目管理器，插入零部件盖子。分别选择盖子的内部底平面为中心和闪存非 USB 接口端面底平面为中心，在"联接"对话框中将"类型"设置为"滑块"，"滑动"设置为"Z 轴"（沿着闪存轴线方向即可），如图 5-79 所示。

这样就完成了装配，结果如图 5-80 所示。

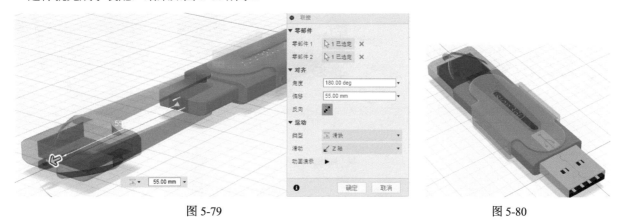

图 5-79　　　　　　　　　　　　　　　　　　　　　　　图 5-80

下面对图形进行渲染，效果如图 5-81 所示。装配动画的制作与发布会在第 6 章讲解。

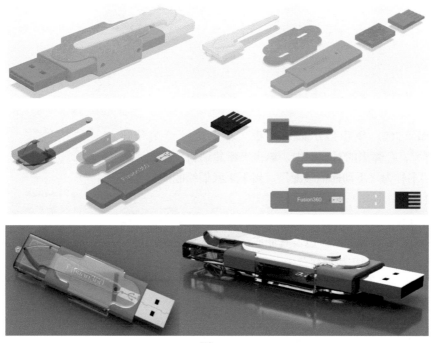

图 5-81

5.3　手动摇臂机械的设计与装配

概述： 在本案例中，我们将绘制并组装一台手动摇臂。工作原理是，人工摇动手柄，手柄带动连杆，连杆带动轴，轴通过键带动涡轮圆周运动，涡轮的圆周运动就可以实现齿轮和齿条的运动，从而实现机械的传动。

本案例首先采用草图驱动的方式绘制各零部件，然后进行零部件的装配，操作过程中将会大量使用到草图尺寸驱动、草图形位约束驱动、拉伸、旋转、扫掠、阵列、槽、螺纹、分割、文字、装配联接、工程图、视图、尺寸形位标注等操作，综合应用这些基本的绘图功能来完成产品的虚拟设计；还可以通过渲染来获得更加逼真的模型，如图 5-82 所示。

图 5-82

5.3.1 新建项目

首先进入 Fusion 360，单击显示数据面板（左上角第一个按钮 ），在弹出的对话框中，单击"新建项目"按钮，如图 5-83 所示，项目名称为"手动摇柄装配"，接下来我们绘制的模型将全部存入到这个项目内。

这个项目的所有数据将存在云端，也就是我们在任何终端上访问服务器都可以进行编辑，或者我们可以邀请其他成员一起参与这个项目，大家可以共享数据，而不必使用数据转移的方式来实现共享。

F Autodesk Fusion 360

ID 账号

项目

我的最新数据
您最近使用过的项目的列表

新建项目

图 5-83

5.3.2 螺钉模型创建与设计

概述：通过绘制六方体来完成螺钉的头部，绘制圆柱体并采用分割以及赋予螺纹的方式来完成螺纹的绘制，从而构建机械设计中的基本零部件螺钉，如图 5-84 所示。

图 5-84

学 习 要 点

- **草图绘制**：了解草图绘制的工作环境。
- **拉伸**：完成草图的拉伸。
- **分割实体**：学习绘制螺纹。
- **渲染**：初步的渲染。

螺钉建模设计过程

1. 工作平面的选择

选择"草图"命令，选择XY平面为草图绘制平面，如图 5-85 所示。

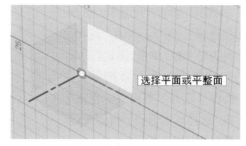

2. 螺钉头的绘制

（1）选择"草图"→"多边形"命令，绘制一个正六边形。注意：参数设置为6，即为正六边形。

图 5-85

（2）选择"草图"→"草图尺寸"命令，给正六边形的边标注尺寸，并修改尺寸为24。

（3）单击"终止草图"按钮，完成草图的绘制，结果如 5-86 所示。

（4）选择"创建"→"拉伸"命令，在弹出的"拉伸"对话框中选择"轮廓"为正六边形草图（"1 已选定"表示1个封闭的轮廓已经被选定），"距离"设置为10，"扫掠角度"设置为0.0 deg，"方向"选择"一侧"，"操作"选择"新建实体"，"终止方式"选择"距离"，单击"确定"按钮，完成实体模型，如图 5-87 所示。

（5）选择合适的草图绘制平面，选择"草图"命令，在"浏览器"面板中选择XZ选项，如图 5-88 所示。

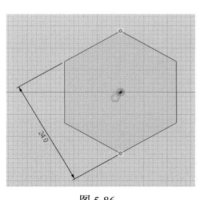

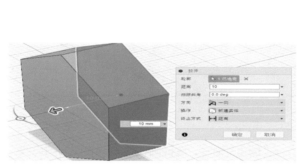

图 5-86　　　　　　　　　　　　图 5-87　　　　　　　　　　　　图 5-88

（6）通过草图里的直线，绘制三角形。三角形的一角顶点选择"草图选项板"里面的"约束"→"重合"命令，拾取该点和六边形的一边重合，如图 5-89 所示。通过选择"草图"→"标注"命令给三角形的一边添加角度约束为30°，如图 5-90 所示。剪切后三角形的空间位置，如图 5-91 所示。

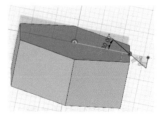

图 5-89　　　　　　　　　　　　图 5-90　　　　　　　　　　　　图 5-91

（7）以垂直于六边形的轴线为中心，绘制一条线段，如图 5-92 所示。选择"线段"命令，在右边的"草图选项板"中选择"普通/构造"命令，如图 5-93 所示，这一步将绘制旋转轴。注意：该线段需要跟轴线重合。

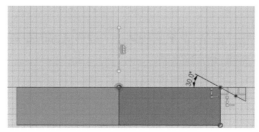

图 5-92　　　　　　　　　　　　图 5-93

175

（8）选择"创建"→"旋转"命令，"轮廓"选择三角形，"轴"选择 Z 轴或绘制的参考轴，单击"确定"按钮，得到的实体模型如图 5-94 所示。注意："操作"选择"剪切"，也就是去除材料，这样才能得到平滑的棱边。

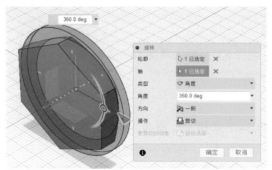

图 5-94

3. 螺纹圆柱体的绘制

（1）单击左上角的 Home 键按钮回到主视图方向上，如图 5-95 所示。

（2）选择"创建"→"圆柱体"命令，选择正六方体的另一边为基础平面，以正六方体的中心为中心创建"直径"为 16mm，"高度"为 60mm 的圆柱体，如图 5-96 所示。注意："操作"方式选择"合并"。

图 5-95   图 5-96

（3）选择"修改"→"倒角"命令，选择圆柱体末端表面的圆周线，在"倒角"对话框中设置"倒角类型"为"两个距离"，注意箭头所指距离即为倒角距离，向内距离设置为 1.5mm，向下距离设置为 3mm，如图 5-97 所示。

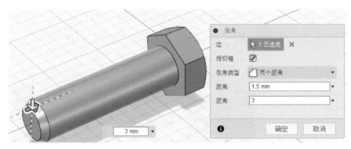

图 5-97

4. 螺钉螺纹部分的绘制

（1）选择"草图"→"直线"命令，左键单击平面，绘制一条穿过圆柱体的直线。

（2）选择"草图"→"标注"命令，测量直线到正多边形底部的距离，设置参数值为 5，得到如图 5-98 所示的效果。

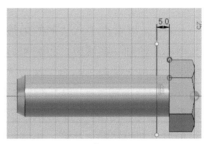

图 5-98

（3）选择"修改"→"分割实体"命令，选择实体模型，"分割工具"选择直线，如图 5-99 所示，单击"确定"按钮进行实体分割。

（4）选择"创建"→"螺纹"命令，单击分割后实体的末端，单击"螺纹"对话框中的"确定"按钮，如图 5-100 所示。

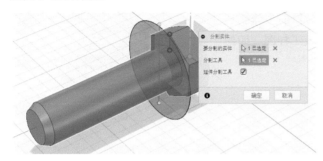

图 5-99

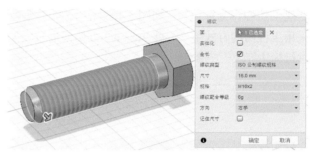

图 5-100

（5）选择"修改"→"合并"命令，分别选择之前分割的两个实体，注意："操作"选择"合并"选项，如图 5-101 所示。

5. 赋予材料

选择"修改"→"物理材料"命令，选择"金属"→"不锈钢 AISI 304"选项，直接将选好的材料拖到实体零件上，如图 5-102 所示。

6. 保存

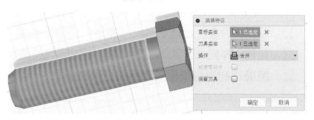

图 5-101

单击左上方的"保存"按钮，弹出"保存"对话框，在"名称"文本框中输入"螺钉 M16"，单击"保存"按钮，如图 5-103 所示。在任何地方上网登录，输入账号密码即可查询该螺钉。

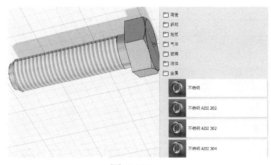

图 5-102

图 5-103

7. 渲染

选择"模型"→"渲染"命令，渲染后得到如图 5-104 所示的效果。

图 5-104

5.3.3 底座的建模设计与工程图

概述：底座是手动摇臂的基座，是通过对不同平面上的草图拉伸，生成基础的模型，在此模型基础上开孔和开槽，也可以把文字信息放在底座上拉伸作为标识符，如图 5-105 所示。同时紧密结合目前主流制造采用工程图的方式生产，就 Fusion 360 如何通过模型生成工程图，如何进行标注等做一一介绍。

图 5-105

学习要点

- **草图／约束：**通过草图尺寸和形位约束来绘制草图。
- **拉伸／阵列／文字：**熟悉拉伸，学习阵列特征和文字的编排。
- **渲染：**初步渲染模型，得到更逼真形象。

底座建模过程

1. 底座的绘制

（1）选择"草图"→"矩形"命令，在 XY 平面上建立如图 5-106 所示的矩形平面，尺寸设置为 240×30，完成草图。

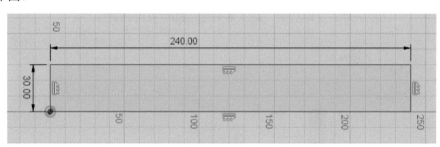

图 5-106

（2）选择"创建"→"拉伸"命令，拾取图 5-106 绘制的草图，在"编辑特征"对话框中，"方向"选择"两侧"，"距离"设置为 60×60（默认单位为 mm），其余参数不变，单击"确定"按钮完成实体建模，如图 5-107 所示。

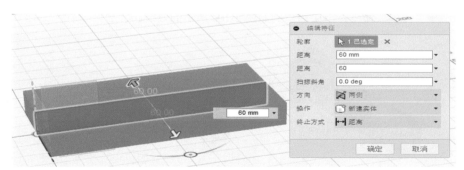

图 5-107

（3）选择"浏览器"面板中的"原点"选项，单击灯泡开关（黄色表示打开），开关打开后，坐标平面就显示在工作空间中，这个时候就能拾取坐标平面，如图 5-108 所示。

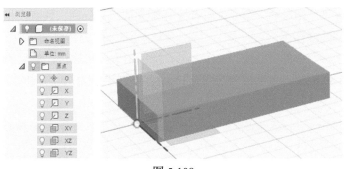

图 5-108

2. 支架的绘制

（1）选择"草图"→"创建草图"命令，单击拾取 XZ 平面，如图 5-109 所示。

（2）在该平面上进行草图的绘制。绘制一个圆后，任意绘制三条线，样式如图 5-110 所示。为了避免草图平面影响绘图，可以把工作平面隐藏。

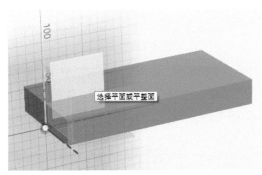

图 5-109　　　　　　　　　　　图 5-110

（3）选择"草图"→"裁剪"命令，或按 T+ 空格组合键完成裁剪，结果如图 5-111 所示。

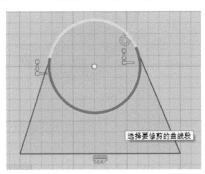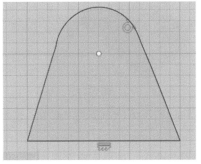

图 5-111

（4）在"草图选项板"中选择"约束"→"相切"命令，分别拾取圆和边，完成约束的添加。在"草图选项板"中选中"显示约束"复选框，如图 5-112 所示。

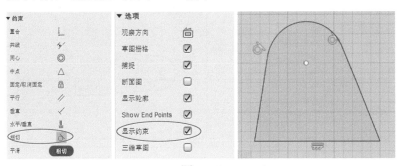

图 5-112

（5）选择"草图"→"草图尺寸"命令，或者按 D 键完成尺寸标注。注意：相切圆和两条边的直线，添加相切的约束，结果如图 5-113 所示。

（6）选择"草图选项板"中的"共线"命令，单击鼠标拾取图形底边，然后拾取长方体的一边，图形的两边将重合；绘制直径为 80 的圆，与半径为 75 的圆同心，可在半径为 75 的圆的圆心上绘制，选择"同心"命令也可以实现，结果如图 5-114 所示。

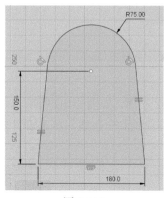

图 5-113　　　　　　　　　　　　图 5-114

（7）选择"创建"→"拉伸"命令，拾取图 5-114 绘制的草图，在"拉伸"对话框中，设置"方向"为"两侧"，"距离"设置为 25×25，其余参数不变，单击"确定"按钮完成实体建模，如图 5-115 所示。

（8）选择"修改"→"倒角"命令，选择图 5-116 中的 4 条棱边进行倒角，倒角设置为 5mm。

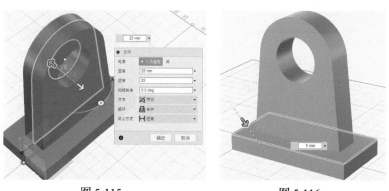

图 5-115　　　　　　　　　　　　图 5-116

（9）单击工作空间正下方的"显示器"按钮，选择"视觉样式"→"仅带可见边的线框"命令，如图 5-117 所示。

（10）选择"草图"命令，选择底座底平面为工作平面，绘制一条通过坐标中心的直线。然后选择"草图选项板"中的"构造"命令，把这条线变成构造线，其余的线采用相切约束和尺寸约束绘制，同时内部通过。选择"草图"→"偏移"命令，设置偏移量为 5.5，最后通过裁剪完成草图绘制，如图 5-118 所示。

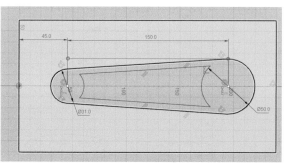

图 5-117　　　　　　　　　　　　图 5-118

（11）选择"创建"→"拉伸"命令，在"拉伸"对话框中将"距离"设置为 -10，"操作"选择"剪切"，其余设置为默认值，单击"确定"按钮，如图 5-119 所示。

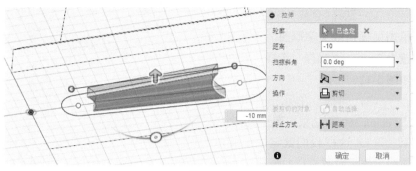

图 5-119

（12）选择图 5-120 拉伸后形成的 4 条棱边，单击鼠标右键，在弹出的快捷菜单中选择"倒圆角"命令，参数值设置为 2，完成倒圆角，如图 5-120 所示。注意：按住 Ctrl 键可以拾取多条棱边。

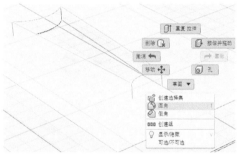

图 5-120

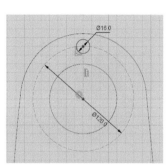

图 5-121

3. 螺纹孔的绘制

（1）选择"草图"命令，单击支架的任一边为草图绘制平面，绘制图 5-121 中的草图。

（2）选择"创建"→"拉伸"命令，单击图 5-121 绘制的圆，在"拉伸"对话框中设置"操作"为"剪切"，设置"终止方式"为"全部"，完成开孔。

（3）选择"创建"→"螺纹"命令，选择孔内表面，弹出"螺纹"对话框，单击"确定"按钮完成螺纹的赋予，如图 5-122 所示。

图 5-122

（4）选择"创建"→"阵列"→"环形阵列"命令，在弹出的对话框中，"对象"选择时间轴上面的拉伸和螺纹，"轴"选择底座的轴孔（系统会根据轴孔识别轴），"数量"设置为 6。注意：需要优先选择样式类型里面的阵列特征。单击"确定"按钮，完成阵列，如图 5-123 所示。

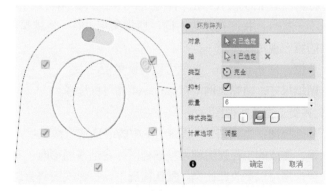

图 5-123

4. 文字的创建

（1）选择"草图"→"文本"命令，单击鼠标拾取图 5-124 中的平面为工作平面，在弹出的"编辑文本"对话框的"文本"文本框里输入"Autodesk"，"高度"设置为 20mm，"角度"设置为 180 deg，"文本样式"选择 B（加粗），"字体"选择 Arial，单击"确定"按钮完成文字草图。

图 5-124

（2）选择"创建"→"拉伸"命令，单击鼠标拾取文字草图，"距离"设置为 3mm，"操作"选择"合并"，如图 5-125 所示。

（3）同样，在另一侧输入文字"Fusion 360"，结果如图 5-126 所示。

（4）这样我们就完成了底座的建模工作，如图 5-127 所示。

图 5-125　　　　　　　　　　图 5-126

选择"不锈钢 - 抛光"选项，渲染后得到如图 5-128 所示效果。

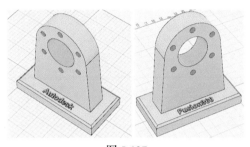

图 5-127

图 5-128

5. 工程图的绘制

（1）选择菜单栏中的"文件"→"新建工程图"→"从设计"命令。注意：执行这项操作的时候需要先打开创建工程图的实体模型。

另一种更为快捷的方式是在项目管理器中，选择需要创建工程图的模型，单击鼠标右键，在弹出的快捷菜单中选择"从设计新建工程图"命令，如图 5-129 所示。

图 5-129

（2）选择新建工程图后，会弹出"创建工程图"对话框，如图 5-130 所示，同时实体模型显示为被选择的状态。对话框中的选项介绍如下。

- **标准**：有 ISO 和 ASME 两种标准可供选择，两者除了标准风格不一样外，视图视角也不同，通常采用 ISO，也就是我们熟悉的第一视角视图。

- **单位**：有 mm 和 in，这里可以切换单位。

- **图纸尺寸**：图幅比例，有 A3、A4 等可供选择。

（3）各类工程基本视图

- **基础视图**：当我们单击图 5-131 中的"确定"按钮后，系统将会生成所选零部件的二维投影。这个时候，生成的工程视图称为基础视图。在创建图形时，系统将计算基础视图作为最合适的比例。如果需要，您可以更改此比例。默认情况下，投影视图将会继承基础视图的比例。单击"确定"按钮后，会得到基础视图，如图 5-131 最右边的图形。

图 5-130

图 5-131

- **投影视图**：选择"视图"→"投影视图"命令，用鼠标单击基础视图，然后往需要的方向移动，这个时候系统会自动识别，并显示这个方向的投影状态，再单击鼠标，放置视图到合适位置，就完成了一个视图的投影，此项操作可以继续在其他方向进行，这样可以得到其他方向的视图，如图 5-132 所示。
- **3D 模型图**：基础投影视图采用 45°方向的时候，会生成三维的模型图，确认以后可以得到如图 5-133 所示的工程图。

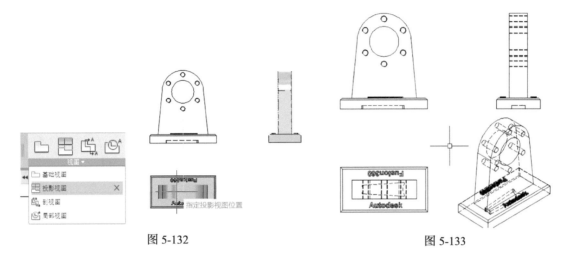

图 5-132　　　　　　　　　　　　　　　　　图 5-133

- **隐藏不可见边**：图 5-124 中有许多隐藏的边显现出来了，如果不需要的话，可以选择需要隐藏不可见边的视图，单击鼠标右键，在弹出的快捷菜单中选择"编辑视图"命令，弹出属性对话框，选择"外观"→"样式"→"可见边"选项，这个时候就仅仅显示可见的边线，如图 5-134 所示。同时还可以修改视图的比例，得到合适的视图大小。
- **移动视图**：可以通过鼠标拾取视图的中心点，把三维视图任意移动，如图 5-135 所示。注意：对于带有三维视图关系的视图，是无法实现任意移动的，只能在视图方向上移动。

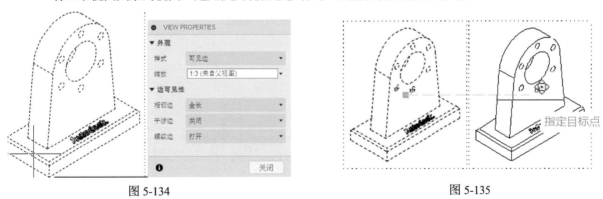

图 5-134　　　　　　　　　　　　　　　　　图 5-135

- **剖视图**：选择"视图"→"剖视图"命令，选中需要剖的视图，根据光标的提示，绘制一条直线，也可以绘制斜着的两条或几条线，最后通过确认位置完成剖视图的绘制，同样可以修改属性对话框里的参数来调整需求，如图 5-136 所示。

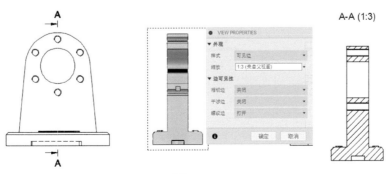

图 5-136

● **局部视图**：选择"视图"→"局部视图"命令，如果要对局部放大视图，可以通过修改属性面板中的参数达到满意的效果，如图 5-137 所示。

（4）标注

选择"标注"→"线性标注"命令，选择要标注的两个端点，就可以完成对图纸的线性标注，如图 5-138 所示。注意：在采用尺寸标注的时候很可能出来的是一条斜着的标注线。还可以选择"标注"→"直径标注"/"中心标记"命令等，来实现各种标注方式。

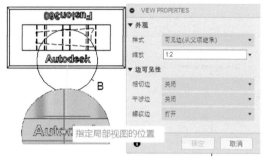

图 5-137

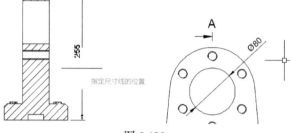

图 5-138

（5）其他的标注

选择"符号"命令，完成粗糙度、形位公差、基准符号等的标注。注意：可以通过属性对话框来调整需求，如图 5-139 所示。

（6）BOM 及引线

该标注主要针对装配图。BOM 报表也就是物料清单，可以生成详细的数据信息；同时也可以通过引线符号来标识具体的零部件，如图 5-140 所示。

（7）标题栏

双击标题栏，弹出模块信息对话框，输入信息即可自动生成标题栏，如图 5-141 所示。

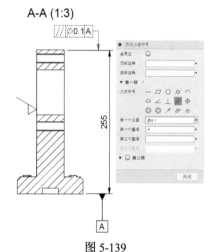

图 5-139

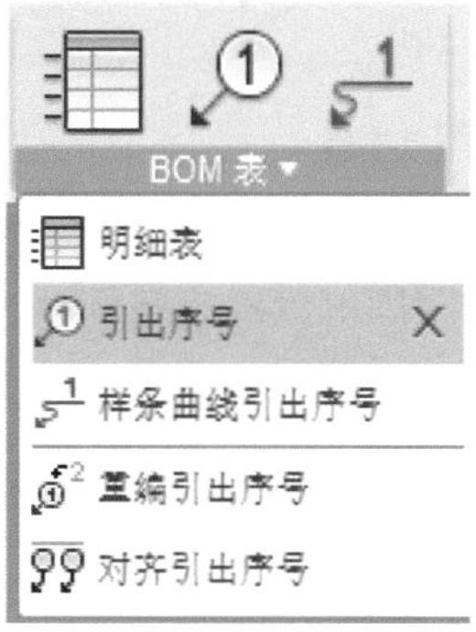

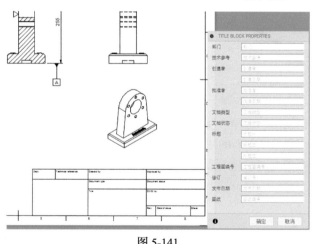

图 5-140

图 5-141

5.3.4 连杆建模设计 ▼

概述：连杆主要采用草图拉伸的方式生成，在这个设计中将练习草图绘制和形位约束的使用技能，如图 5-142 所示。

图 5-142

学习要点

■■ **草图 / 约束：**通过草图尺寸和形位约束来绘制草图。
■■ **拉伸：**拉伸草图得到实体模型。
■■ **渲染：**初步渲染得到更逼真的模型。

连杆建模过程

1. 连杆实体

（1）选择"草图"→"矩形"命令，在 XY 平面上建立草图，如图 5-143 所示。这里先绘制与需求草图接近的草图，然后通过形位约束和尺寸约束完成草图的绘制。

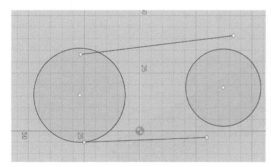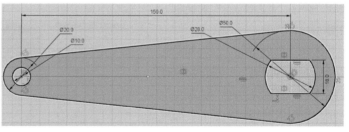

图 5-143

（2）选择"创建"→"拉伸"命令，选择图 5-144 绘制的草图，注意：两个内孔不要选。在"编辑特征"对话框中，"距离"设置为 15mm×15mm，"方向"设置为"两侧"，其余不变，单击"确定"按钮，完成实体的创建，如图 5-144 所示。

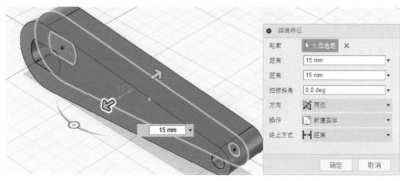

图 5-144

2. 连杆开槽

（1）选择连杆两侧任一面作为草图绘制平面，两端圆直径分别设置为 50 和 15，如图 5-145 所示。选择"草图"→"偏移"命令，设置偏移量为 5。

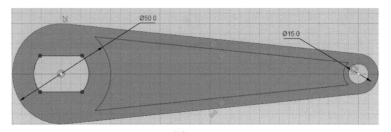

图 5-145

（2）选择图 5-145 绘制的草图，进行向内拉伸，"距离"设置为 -5mm，注意：5 和 -5 的区别在于方向相反，如图 5-146 所示。

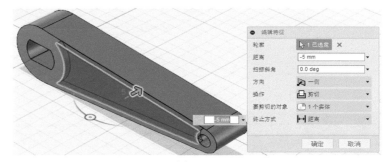

图 5-146

（3）单击鼠标右键，在弹出的快捷菜单中选择"圆角"命令进入倒圆角状态。用鼠标拾取需要倒角的边，"编辑特征"对话框中的"边"将记录选中的边总数量，选错的时候再次选择该边将取消选择，采用这个方法选边，不必再按住 Ctrl 键。倒角大小设置为 2，单击"确定"完成圆角，如图 5-147 所示。注意：图中倒圆角半径为 0 是为了方便观察边，一旦输入数值，系统将自动完成倒角但不方便观察。

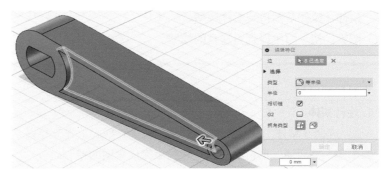

图 5-147

（4）选择"创建"→"镜像"命令，弹出"编辑特征"对话框，如图 5-148 所示。

选择"阵列特征"，"对象"选择左下角时间轴上的拉伸特征和圆角特征。"镜像平面"选择中间平面，也可以选择 XY 平面；如果不是该平面可以通过鼠标拾取，或在浏览器里选择；如果都不是，那么可以选择"平面"→"选择创建中间平面"命令，并选择需要的中间平面。

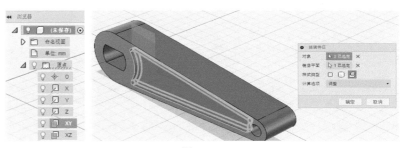

图 5-148

未渲染的带可见边和不带可见边的连杆如图 5-149 所示。

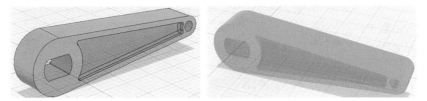

图 5-149

渲染以后的连杆如图 5-150 所示。

图 5-150

　　概述：通过直线和样条曲线来绘制手柄草图，同时采用分段旋转生成实体的方式来生成手柄模型，如图 5-151 所示。

图 5-151

学习要点

■■ **草图**：通过草图尺寸和形位约束来绘制草图。
■■ **旋转**：通过旋转生成实体模型。
■■ **分割 / 螺纹**：完成螺纹的绘制。
■■ **材料**：赋予模型材料特征。
■■ **渲染**：渲染得到更加逼真的效果。

手柄建模过程

1. 手柄草图绘制

选择"草图"命令，选择 XY 平面，以坐标基点为端点，绘制草图，如图 5-152 所示。注意：弧线部分采用"草图"→"样条曲线"命令绘制。

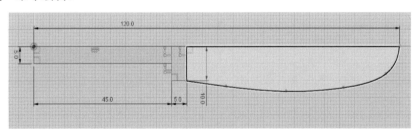

图 5-152

2. 手柄实体绘制

（1）选择"创建"→"旋转"命令，选择第一个矩形为轮廓，并且选择通过坐标中心的轴为旋转轴，设置"角度"为 360deg，"操作"为"新建实体"，如图 5-153 所示。

（2）采用同样的方式，选中另一个矩形建立另一个新实体。再次旋转建立一个新实体，注意：第一个实体建立以后，草图显示会自动关闭，这个时候需要在"浏览器"面板打开显示草图；全部新实体建立完毕，结果如图 5-154 所示（分两次旋转的目的是生成两个实体，方便后续赋予不同的材料）。

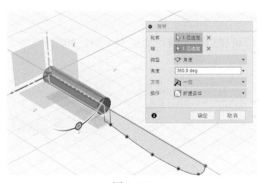

图 5-153

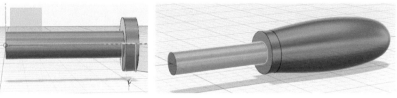

图 5-154

3. 绘制手柄螺纹部分

（1）采用与构建螺钉螺纹同样的方法，新建图 5-155 中的草图。

（2）选择"修改"→"分割面"命令，选择要分割的圆柱体部分，"分割工具"选择线，单击"确定"按钮完成分割。然后通过选择"修改"→"螺纹"命令，赋予前段螺纹，并将倒角数值设置为 0.5，如图 5-156 所示。

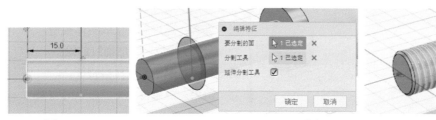

图 5-155 图 5-156

4. 赋予手柄材料

（1）选择"修改"→"外观"命令，打开"外观"对话框。在"Fusion 360 外观库"下方选择"金属"→"不锈钢"→"不锈钢 - 抛光"/"不锈钢 - 缎光"选项，如图 5-157 所示，并分别拖到手柄长端和手柄中段上。同时选择"其他"→"橡胶软"选项，并拖到手柄圆弧端上。

（2）选择"外观"命令，在"在此设计中"栏中选择"橡胶"材料，单击鼠标右键，在弹出的快捷菜单中选择"编辑"命令，进入颜色编辑状态，左右调节颜色栏，用十字光标选择色板里面合适的颜色，如图 5-158 所示。

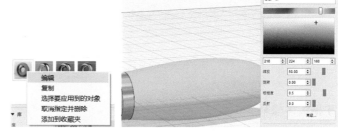

图 5-157 图 5-158

未渲染的带可见边和不带可见边的手柄，如图 5-159 所示。

图 5-159

渲染以后得到的效果，如图 5-160 所示。

图 5-160

5.3.6 轴承盖的设计与建模 ▼

概述：通过对同心圆草图的拉伸形成轴承盖基础模型，采用阵列方式获得开凿的连接圆孔，如图 5-161 所示。

图 5-161

学习要点

- **草图**：掌握草图基本绘制。
- **拉伸**：掌握拉伸基本操作。
- **阵列**：掌握阵列操作。
- **渲染**：掌握简单渲染。

轴承盖建模过程

（1）选择"草图"→"中心直径圆"命令，在 XY 平面上绘制直径为 60 和 150 的两个同心圆，如图 5-162 所示。

（2）选择"创建"→"拉伸"命令，用鼠标拾取圆环部分，在"拉伸"对话框中，设置"距离"为 3，"方向"为"一侧"，"操作"为"新建实体"，单击"确定"按钮完成实体的拉伸，如图 5-163 所示。

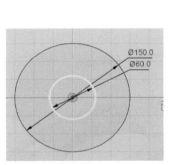 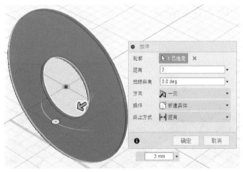

图 5-162　　　　　　　　　　　　图 5-163

（3）选取拉伸过的一侧为草图平面，绘制直径为 90 的同心圆，选择"草图选项板"对话框中的"同心约束"选项，得到如图 5-164 所示效果。

（4）选择"创建"→"拉伸"命令，用鼠标拾取图 5-165 中的圆环部分，在"拉伸"对话框中，设置"距离"为 5，"方向"为"一侧"，"操作"为"合并"，单击"确定"按钮完成实体的拉伸。

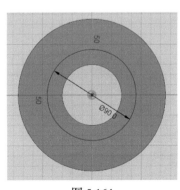 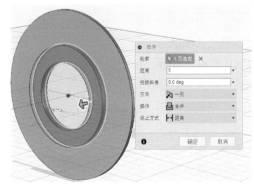

图 5-164　　　　　　　　　　　　图 5-165

（5）选择"草图"命令，选择轴承盖的一面为草图平面，绘制图 5-166 中的草图，圆的直径设置为 16.5。注意：添加辅助圆，直径为 120，辅助圆为构造线。

（6）选择"创建"→"拉伸"命令，选择图 5-166 绘制的孔草图，在"拉伸"对话框中，设置"操作"为"剪切"，"终止方式"为"全部"，单击"确定"按钮生成孔，如图 5-167 所示。

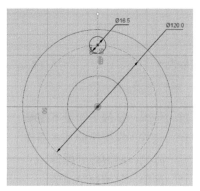

图 5-166

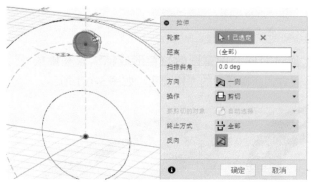

图 5-167

（7）选择"创建"→"阵列"→"环形阵列"命令，与底座螺纹孔阵列方式一样，"样式类型"选择"阵列特征"，"轴"选择内部圆孔（系统会自动识别该孔的中心轴），设置"数量"为6，单击"确定"按钮，如图 5-168 所示。

渲染前后得到如图 5-169 所示的不同效果。

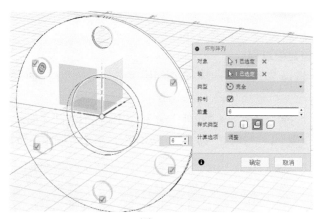

图 5-168

图 5-169

5.3.7　涡轮的设计与建模

概述： 我们可以采用 Autodesk 公司的平面绘图 CAD 软件，快速完成草图绘制，然后把完成的草图导入到 Fusion 360 工作空间中，再对草图进行操作，通过旋转生成实体，通过扫掠生成齿条，这样就完成了涡轮实体模型的构建；通过赋予模型抛光铜的材料，渲染以后可以获得逼真的实体模型，如图 5-170 所示。

图 5-170

🔹 **草图 / 约束：**通过尺寸约束和形位约束驱动来绘制草图。

🔹 **旋转 / 拉伸：**通过旋转和拉伸生成模型。

🔹 **扫掠 / 阵列：**学习使用扫掠，熟悉阵列操作。

🔹 **外观 / 渲染：**赋予材料，渲染得到效果图。

涡轮建模过程

1. 涡轮草图

选择"草图"命令，在 XY 平面上绘制草图（综合应用尺寸驱动、镜像、约束等操作方式），如图 5-171 所示。另一种快速绘制草图的方法，是在 AutoCAD 里面先绘制图中的草图，然后另存为"涡轮草图 .DXF"文件，如图 5-172 所示。

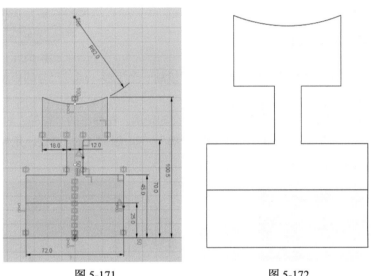

图 5-171　　　　　　　　　图 5-172

选择"插入"→"插入 DXF"命令，弹出"插入 DXF"对话框，"选择 DXF 文件"选择之前保存的"涡轮草图 .DXF"，如图 5-173 所示。

再次单击鼠标拾取 XY 平面，这个时候草图就被贴合在 XY 平面上了，可以对草图进行编辑等操作，如图 5-174 所示。

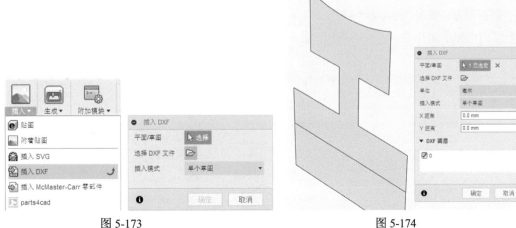

图 5-173　　　　　　　　　图 5-174

2. 涡轮实体

（1）旋转生成涡轮实体

选择"创建"→"旋转"命令，单击拾取上部草图为轮廓，选择下部草图的上沿线为旋转轴，在"旋转"对话框中设置"类型"为"角度"，"角度"为360deg，"方向"为"一侧"，"操作"为"新建实体"，单击"确定"按钮，旋转生成实体模型，如图 5-175 所示。

（2）剪切生成涡轮上的键槽

选择"草图"命令，选择内圆环一端的面为草图绘制平面，如图 5-176 所示。

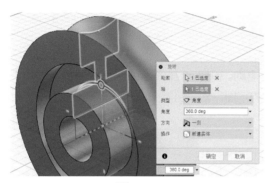

图 5-175

图 5-176

选择"草图"→"矩形"→"两点矩形"命令，任意绘制一个矩形，通过尺寸约束和形位约束绘制完成矩形草图，如图 5-177 所示。

选择"创建"→"拉伸"命令，选择圆和矩形草图相交的轮廓，在弹出的"拉伸"对话框中，设置"方向"为"一侧"，"操作"为"剪切"，"终止方式"为"全部"，如果拉伸方向错误，用鼠标拖动至反向拉伸，形成键槽，如图 5-178 所示。

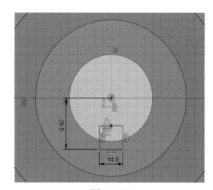

图 5-177

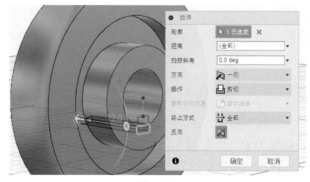

图 5-178

（3）涡轮上齿条的绘制

在工作空间正下方，单击"显示器"按钮，选择"视觉样式"→"仅带可见边的线框"命令，同时打开"浏览器"面板里面的坐标平面开关 ◢ ♀ ◻ 原点 ，显示坐标平面，如图 5-179 所示。

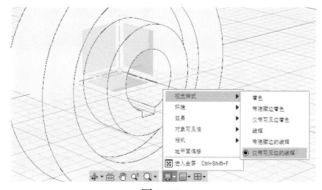

图 5-179

选择"构造"→"夹角平面"命令,"直线"选择 Z 轴(图中蓝色的轴)或者垂直于键槽和内孔的轴,"角度"设置为 8 deg,如图 5-180 所示。

选择"构造"→"偏移平面"命令,选择 XY 平面,在"偏移平面"对话框中将"距离"设置为 102,单击"确定"按钮完成平面的偏移。注意:可以通过拖动平面的四个角来改变平面显示的大小,如图 5-181 所示。

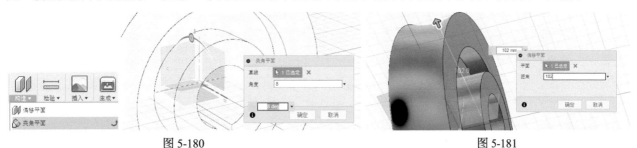

图 5-180　　　　　　　　　　　　　　　　　　　图 5-181

选择"草图"命令,选择刚才绘制的夹角平面,绘制圆心在轴线上、半径为 28.5 的圆弧作为扫掠路径,如图 5-182 所示。

终止草图绘制,得到如图 5-183 所示的效果。

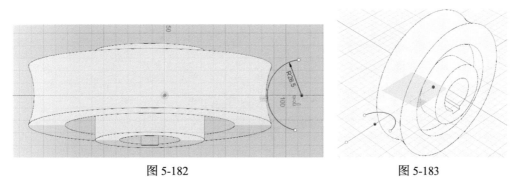

图 5-182　　　　　　　　　　　　　　　　　　图 5-183

选择"草图"命令,选取图 5-182 中偏移的平面作为草图平面,并绘制如图 5-184 所示的草图。注意:通过浏览器里面的草图开关 ☑,可实现草图的显示和不显示。

选择"创建"→"扫掠"命令,齿条轮廓选择图 5-184 绘制的轮廓,路径选择图 5-185 绘制的圆弧,"操作"方式选择"合并",单击"确定"按钮生成齿条。

图 5-184　　　　　　　　　　　　　　　　　　图 5-185

选择"草图"命令,将 XZ 平面作为绘制基准面,绘制如图 5-186 所示的草图。

选择"创建"→"拉伸"命令,单击鼠标拾取图 5-186 绘制的草图,在"编辑特征"对话框中,设置"距离"为 15mm×10mm,"方向"为"两侧","操作"为"剪切","要剪切的对象"选择 1 个实体,单击"确定"按钮完成实体的裁剪,得到如图 5-187 所示的效果。注意,如果裁剪距离不够,可以适当地更改距离参数。

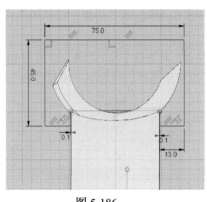
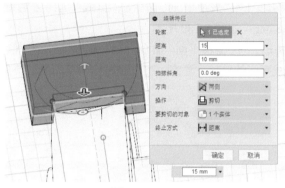

图 5-186　　　　　　　　　　　　　　　图 5-187

选择"创建"→"阵列"→"环形阵列"命令，在弹出的"环形阵列"对话框中，选择"样式类型"为"阵列特征"，"对象"选择 时间轴上面扫掠特征图 5-183 和刚才拉伸剪切特征图 5-185，"轴"选择 X 轴即齿轮的中心轴，设置"数量"为 30，其余为默认值，单击"确定"按钮完成齿条的阵列，如图 5-188 所示。

图 5-188

（4）倒圆角

检查齿轮，对锐边进行倒圆角处理。选择"修改"→"圆角"命令，拾取六条边，圆角设置为 3，得到如图 5-189 所示的效果（左侧图为带可见边，右侧图为不带可见边）。

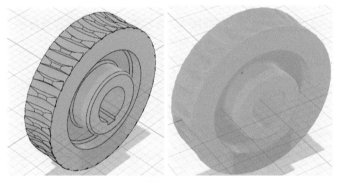

图 5-189

（5）涡轮的渲染

● 选择"修改"→"外观"命令，选择"黄铜 -抛光"材料，把抛光黄铜拖入模型，得到如图 5-190 所示的效果。

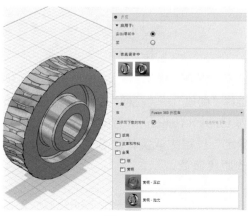

图 5-190

- **渲染**：工作空间由模型切换到渲染，单击"设置"按钮对模型进行场景设置。
- **环境库**：可以旋转锐化高光，也可以调节环境中的"亮度"来调整模型的明暗，如图 5-191 所示。单击"位置"按钮，会弹出"旋转"对话框，通过调整滑块，可以调节光源角度，以求达到最佳，如图 5-192 所示。注意：移动该滑块时，将会看到反射的高光变化，并且阴影会沿地面移动。

图 5-191

- **背景颜色**：使用鼠标单击"颜色"图块，进入颜色模式，背景颜色可以通过鼠标拾取，也可以输入参数，如（RGB 255,253,253）为白色，如图 5-193 所示。

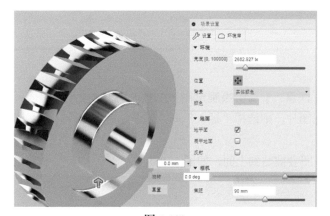

图 5-192

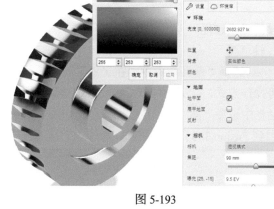

图 5-193

- **地面**：反射是指在虚拟地面中显示模型的反射，可以通过取消选中"地平面"复选框来去掉阴影，如图 5-194 所示。注意：有阴影效果的渲染将会耗费大量的时间。
- **相机**："焦距"用来调节模型视角，"曝光"用来调节图形的明暗，相机详细设置如图 5-195 所示。
- **画布内渲染**：画布内渲染是为了得到更加逼真的模型，如图 5-196 所示。

图 5-194

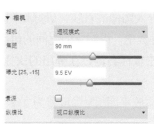

图 5-195

图 5-196

渲染后得到的结果如图 5-197 所示。

图 5-197

5.3.8 轴的设计与建模

概述: 轴是机械设计中被大量采用的零部件,该轴基本上是采用草图旋转的方式获得,两端面采用拉伸剪切的方式获得扁方和键槽,如图 5-198 所示。

图 5-198

学习要点

■ **草图导入/尺寸驱动:** 用外来图纸迅速生成 Fusion 360 的草图。

■ **旋转:** 熟悉轴对称图形的绘制方法。

■ **渲染:** 赋予材料,渲染得到效果图。

轴的建模过程

1. 轴草图

(1) 选择"草图"命令,在 XY 平面上绘制草图,注意:1:1 绘制草图(综合应用尺寸驱动、镜像、约束等操作方式)。另一种草图绘制方法是假如只有草图图片,则选择"插入"→"附着贴图"命令,在弹出的对话框中设置"面"和"选择图像",如图 5-199 所示。

回到 Fusion 360 的工作空间,选择 XY 平面,这时草图会被贴到上面,如图 5-200 所示。

图 5-199

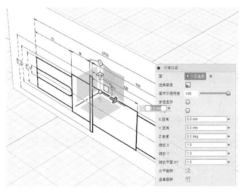

图 5-200

(2) 回到前视图,绘制一条平行于导入图像的直线,最好和图上的直线重合。测量该直线的距离,通过计算比例,草图标注尺寸数值/绘制直线尺寸数值,得到它们之间的倍数关系:80/3.8 约等于 21,如图 5-201 所示。

(3) 在时间轴的"插入"按钮上单击鼠标右键,在弹出的快捷菜单中选择"编辑特征"命令,如图 5-202 所示。

(4) 将"编辑特征"对话框中的"缩放平面 XY"设置为 21,如图 5-203 所示。

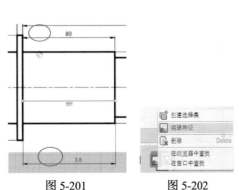

图 5-201   图 5-202

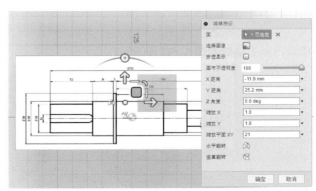

图 5-203

（5）沿着草图图像轮廓绘制出来的草图基本跟需求是一致的，这种方法的主要优点是对于复杂草图，不必来回切换视角找尺寸。当然，最终的草图，还是需要用到尺寸约束和形位约束来具体实现。

（6）草图绘制完成，在时间轴的"插入"按钮上单击鼠标右键，在弹出的快捷菜单中选择"删除"命令，删除插图图像而不影响草图，如图 5-204 所示。

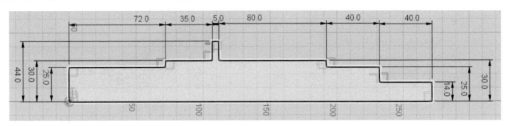

图 5-204

2. 轴实体的创建

选择"创建"→"旋转"命令，在弹出的"旋转"对话框中，"轮廓"选择图 5-204 绘制的草图，"轴"选择草图水平直线，"角度"设置为 360 deg，其余保持默认不变，单击"确定"按钮生成实体，如图 5-205 所示。

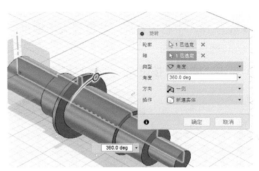

图 5-205

3. 轴的键槽

（1）选择"构造"→"相切平面"命令，选择轴的两端中稍大的一端，单击"确定"按钮完成相切平面的构建，如图 5-206 所示。

（2）选择"草图"命令，选择图 5-206 绘制的相切平面为草图平面，选择"草图"→"槽"→"两点槽"命令，当绘制了键槽草图的时候发现鼠标无法捕捉轴的两个端面，如图 5-207 所示。注意，这个时候需要采用图 5-208 所示的方法来投影处理。

（3）选择"草图"→"投影 / 包含"→"投影"命令，分别选择轴的两个端面，生成如图 5-208 所示的两条边。

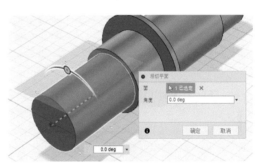

图 5-206

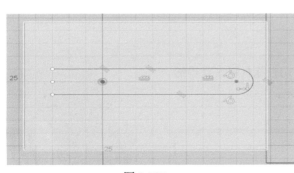

图 5-207

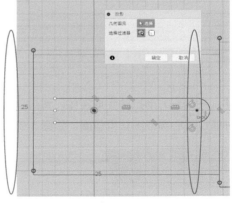

图 5-208

（4）通过尺寸和形位约束，完成键槽草图的绘制，结果如图 5-209 所示。

（5）选择"创建"→"拉伸"命令，在"拉伸"对话框中，"轮廓"选择键槽草图，设置"距离"为 -5.5，"方向"为"一侧"，"操作"为"剪切"，单击"确定"按钮完成键槽的绘制，如图 5-210 所示。

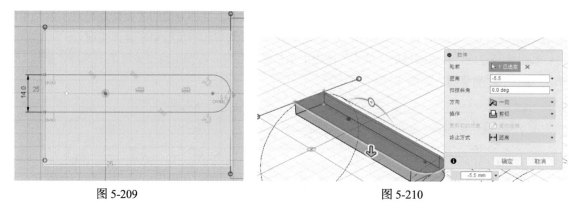

图 5-209	图 5-210

4. 轴的扁方

（1）选择"草图"命令，选择轴的两端中稍小的一端，端平面为草图平面，绘制如图 5-211 所示的矩形，宽度设置为 18，中心轴对称，长度要大于轴直径。

（2）选择"创建"→"拉伸"命令，单击拾取 5-212 所示的草图，设置"距离"为 -30mm，"操作"为"剪切"，单击"确定"按钮完成实体的裁剪。

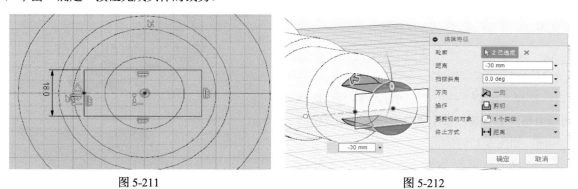

图 5-211	图 5-212

（3）最后完成轴的建模工作，赋予轴材料属性，渲染前后的效果对比如图 5-213 所示。

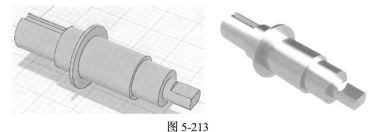

图 5-213

5.3.9 其他零部件建模与绘制

概述：采用正方形拉伸生成实体，通过旋转剪切去除材料来获得螺母，同时通过同心圆草图获得垫圈，如图 5-214 所示。

学习要点

- **草图 / 约束**：通过尺寸约束和形位约束完成基本草图的建立。
- **拉伸**：通过拉伸生成实体零部件。
- **渲染**：让模型更加逼真形象。

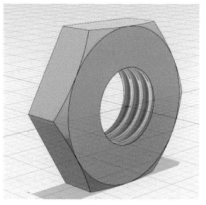

图 5-214

1. 垫圈的建模过程

（1）选择"草图"命令，选取 XY 平面作为绘图平面，绘制直径分别为 10 和 20 的同心圆。

（2）选择"创建"→"拉伸"命令，选取圆环草图，在弹出的"拉伸"对话框中，设置"距离"为 10，"操作"为"新建实体"，单击"确定"按钮完成垫圈的建模，如图 5-215 所示。

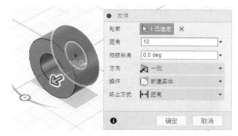

2. 螺母的建模过程

图 5-215

（1）选择"草图"→"多边形"→"边多边形"命令，选取 XY 平面作为绘图平面，单击鼠标左键，边长输入参数 10，边数输入参数 6，完成多边形的绘制。添加约束，把多边形的中心约束到坐标原点的中心，多边形的上下两边平行于 X 轴，目的是为后期绘图提供方便；同时以该多边形的中心为圆心，绘制直径为 10 的圆，结果如图 5-216 所示。

（2）选择"创建"→"拉伸"命令，在"拉伸"对话框中，设置"距离"为 5，"操作"为"新建实体"，单击"确定"按钮完成实体的建模，如图 5-217 所示。

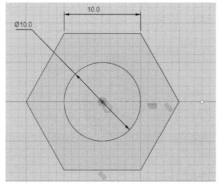

图 5-216   图 5-217

（3）采用和螺钉顶部建模剪切相同的方法，去除尖锐的棱角，绘制如图 5-218 所示的草图。注意：三角形 30° 顶角点和模型顶角重合。

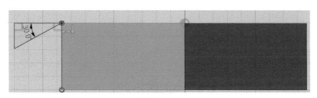

图 5-218

（4）选择"创建"→"旋转"命令，在"编辑特征"对话框中，"轮廓"选择草图，设置"轴"为 Z 轴，"类型"为"角度"，"角度"为 360 deg，"方向"为"一侧"，"操作"为"剪切"，"要剪切的对象"选择"1 个实体"，单击"确定"按钮完成顶平面的倒角，如图 5-219 所示。

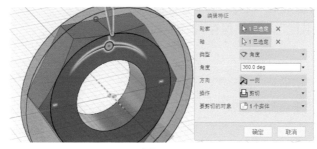

图 5-219

（5）选择"创建"→"螺纹"命令，选择内孔螺纹面，其余参数保持默认值，单击"确定"按钮完成螺纹孔的绘制，如图 5-220 所示。

（6）通过以上操作完成螺母的绘制工作，渲染结果如图 5-221 所示。

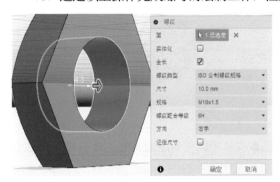

图 5-220

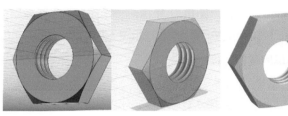

图 5-221

5.3.10 手动摇臂机械装配设计

概述：这部分内容将介绍如何通过项目管理器导入生成的装配零部件，并且介绍如何实现机械零部件在具有约束情况下的从动装配，从而实现手柄摇转时齿轮跟随手柄一起转动，如图 5-222 所示。

图 5-222

学习要点

■■ **零部件插入：**将项目管理器里面的零部件进入装配状态。

■■ **零部件装配联接：**采用刚性、旋转、滑块等多种联接方式实现装配。

■■ **渲染：**通过渲染得到较为逼真的效果图。

1. 新建装配体

（1）选择"文件"→"新建设计"命令，并保存设计，在"名称"文本框中输入"手动摇臂装配"，单击"保存"按钮，如图 5-223 所示。

图 5-223

> 🔊 **注意**
>
> 保存到云中的项目为"手动摇臂装配"。

2. 底座和轴的装配

（1）首先进入项目"手动摇臂装配"，选中需要插入当前设计的零件，单击鼠标右键，在弹出的快捷菜单中选择"插入到当前设计中"命令，如图 5-224 所示。

（2）插入后，在工作坐标平面内出现如图 5-225 所示的视图，可以通过坐标确定要插入的位置，也可直接拖动图形放在理想位置，单击"确定"按钮。

图 5-224   图 5-225

（3）以底座为基础来完成其他零部件的装配。进入工作空间的浏览器，找到底座零部件，单击鼠标右键，在弹出的快捷菜单中选择"固定"命令，就完成了底座的固定，这对于装配其他零部件来说是非常有帮助的，如图 5-226 所示。

（4）采用同样的方法插入轴，若轴跟底座在同一位置，需要把轴移动到外面，这样可方便进行装配，如图 5-227 所示。

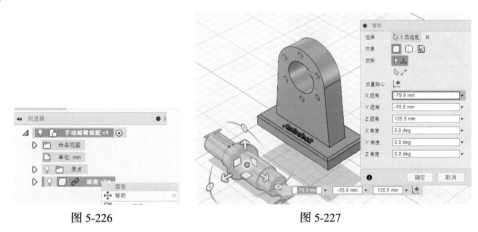

图 5-226   图 5-227

（5）选择"装配"→"联接"命令，安装轴和底座内孔接触部分。鼠标抬取中心的原点将是与底座孔装配时重合的原点，结果如图 5-228 所示。

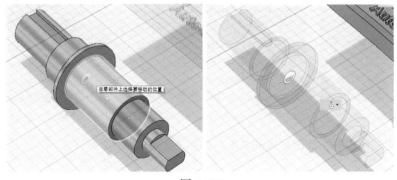

图 5-228

（6）光标移至底座圆孔处，将会出现"在第二个零件上选择位置"提示，如果达到装配要求用鼠标单击一下即可，结果如图 5-229 所示。

（7）单击确认后，轴将会被装配在底座孔内，通过旋转符合装配要求后，确认即可完成轴和底座的装配。注意，"编辑联接"对话框"运动"选项组中的参数也是需要手动设置的，如图 5-230 所示。

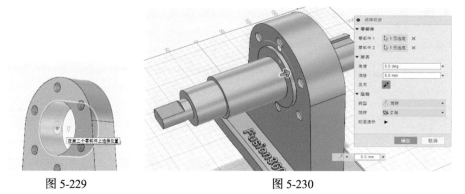

图 5-229   图 5-230

3. 键的绘制和键与轴的装配

（1）选择"创建"→"拉伸"命令，单击鼠标拾取轴的键槽底平面，"距离"设置为10mm，"方向"选择"一侧"，"操作"选择"新建实体"，"终止方式"选择"距离"，单击"确定"按钮完成键的建模，如图 5-231 所示。

（2）选择"浏览器"→"实体"命令，将新实体命名为"键 14×10"，同时选中浏览器里面的键，单击鼠标右键，在弹出的快捷菜单中选择"从实体创建零部件"命令，完成键的创建，如图 5-232 所示。

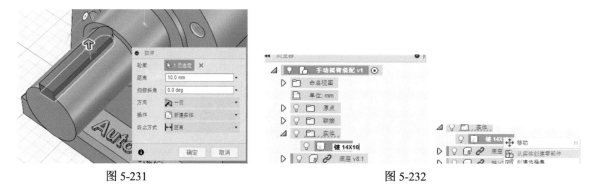

图 5-231   图 5-232

（3）用鼠标左键拖动工作空间里面的"键"到理想的位置，效果如图 5-233 所示。

（4）选择"装配"→"联接"命令，"零部件1"选择键的表平面（原点位置将和零部件2配合在一起），"运动"选项组中的"类型"选择"刚性"，"零部件2"选择轴上的键槽孔，如图 5-234 所示。

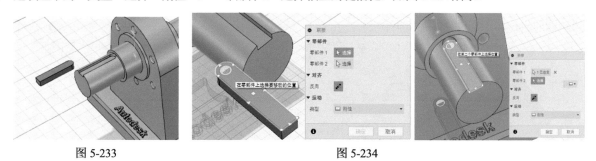

图 5-233   图 5-234

（5）单击"确定"按钮将完成键和轴的装配，如图 5-235 所示。

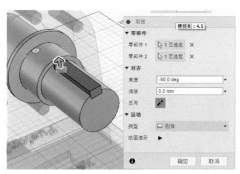

图 5-235

4. 涡轮和键、轴的装配

（1）选择"装配"→"联接"命令，"零部件 1"拾取涡轮键槽表面的中点处为配合中心。注意："运动"选项组中的"类型"选择"滑块"，如图 5-236 所示。

（2）单击鼠标拾取键表面的中点为配合中心，如图 5-237 所示。

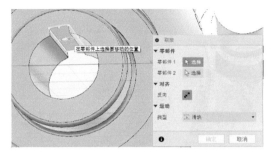

图 5-236　　　　　　　　　　　　　　　　图 5-237

（3）当单击键槽中心处时，涡轮将会被装配到鼠标单击处。注意：若将"联接"对话框中的"滑动"选项设置为"Y 轴"，单击"确定"按钮，这时会发现涡轮只能在 Y 轴方向上滑动，符合逻辑上的装配特性，如图 5-238 所示。

（4）到目前为止，涡轮还能沿着轴线方向运动，而我们需要另一个设计来约束涡轮和轴，所以要在轴和涡轮之间添加一个约束来限制它。实际工程中通常使用卡圈作为约束，这样可以限制涡轮在轴的轴线方向的运动，在"联接"对话框中，"零部件 1"选择涡轮孔，"类型"选择"旋转"，如图 5-239 所示。

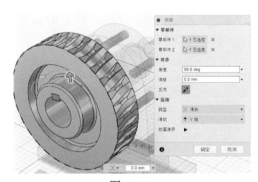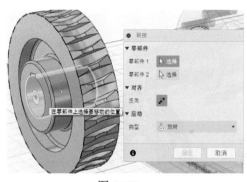

图 5-238　　　　　　　　　　　　　　　　图 5-239

（5）选择轴有键槽的面为配合面，配合中心为轴端面的中心，旋转轴为 Z 轴。

> 🔊 **注意**
>
> 选择轴体的端面中心，而不是轴表面的中心，如图 5-240 所示。

（6）完成装配后，用鼠标来旋转轴，这时涡轮是跟着轴一起旋转的，跟实际一致，符合装配基本特性和要求，结果如图 5-241 所示。

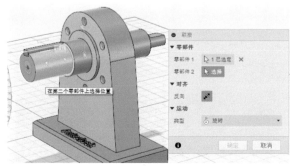

图 5-240　　　　　　　　　　　　　　　　图 5-241

5. 轴承盖和螺钉的装配

通过项目管理器，插入轴承盖和螺钉，结果如图 5-242 所示。

（1）选择"装配"→"联接"命令，"零部件 1"选择轴承盖带有止口那一面的均布圆孔一个，以这个圆孔中心为装配中心，"零部件 2"选择底座上面、涡轮对面最上方的螺纹孔表孔中心为贴合中心，"类型"选择"滑块"，"滑动"选择"Z 轴"，单击"确定"按钮，完成 1 个装配约束，如图 5-243 所示。

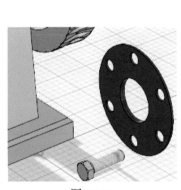
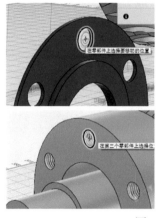

图 5-242   图 5-243

（2）在装配这个零件时，发现轴的存在影响到捕捉和视角，这时，在浏览器里面找到开关按钮，通过单击前面的黄色灯泡来关闭或显示轴，选择轴承盖止口边线（或者大圆表面或边线）的中心为装配中心，选择底座孔的外边圆中心为中心，"类型"选择"刚性"，单击"确定"按钮，完成装配，如图 5-244 所示。

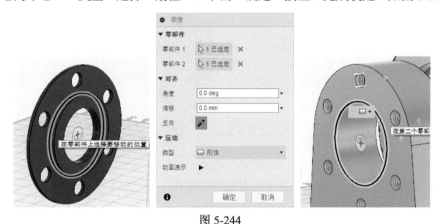

图 5-244

（3）选择"装配"→"联接"命令，"零部件 1"选择螺钉的螺帽和螺杆相交部分圆的中心为贴合中心，"零部件 2"选择轴承盖顶部表面孔线的中心为中心，"类型"选择"刚性"，单击"确定"按钮完成首个螺钉的装配，如图 5-245 所示。

图 5-245

（4）选择"创建"→"阵列"→"环形阵列"命令，阵列样式选择"阵列零部件"，"对象"选择螺钉，"轴"选择底座上面的座孔，"数量"设置为6，单击"确定"按钮完成阵列，如图 5-246 所示。

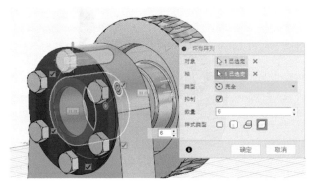

图 5-246

6. 手柄组件的装配

（1）选择"装配"→"联接"命令，"零部件1"选择手柄杆轴的中心，装配中心在轴和手柄相接处，见图 5-247 第一张，"零部件2"选择连杆孔的表面中心为装配中心，"类型"选择"旋转"，"旋转"选择"Z轴"，单击"确定"按钮完成装配，如图 5-247 所示。

（2）选择"装配"→"联接"命令，"零部件1"选择垫圈孔的表面中心为装配中心，"零部件2"选择连杆另一侧孔的表面中心为中心。当手柄影响捕捉时，可以把手柄暂时关闭显示，如图 5-248 所示。

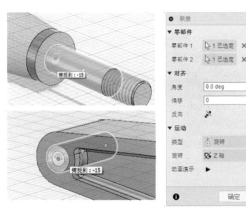

图 5-247

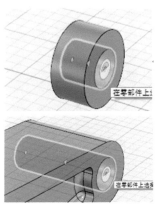

图 5-248

（3）选择"装配"→"联接"命令，"零部件1"选择螺母螺纹处柱体部分，长按鼠标左键，在弹出的对话框中可直接选择第一个面，也就是以螺孔底平面表面中心为装配中心；"零部件2"选择手柄轴螺纹顶平面的中心为装配中心，单击"联接"对话框中的"反向"按钮，"类型"选择"旋转"，"旋转"选择"Z轴"（注意：如果装配方向正确就不需要选择反向，但是需要输入偏移值 -5），单击"确定"按钮，完成手柄组件的装配，如图 5-249 所示。

7. 手柄组件和轴的装配

（1）在工作空间中移动手柄组件到合适的位置。

（2）选择"装配"→"联接"命令，"零部件1"

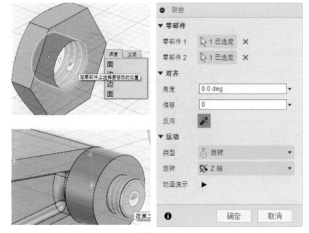

图 5-249

选择手柄组件中的连杆扁方一面的平面中心为装配中心；"零部件2"选择轴的一面扁方的平面中心为装配中心；"类型"选择"刚性"，单击"确定"按钮完成装配，如图 5-250 所示。

（3）关闭模型中的约束符号。首先在浏览器里选中所有的装配零部件，单击鼠标右键，在弹出的快捷菜单中选择"显示 / 隐藏"命令来关闭显示所有零部件，这时在工作空间中会看到很多约束符号。单击鼠标左键向上框选所有符号，单击鼠标右键，在弹出的快捷菜单中选择"显示 / 隐藏"命令来关闭显示约束。再次回到浏览器中，打开所有零部件，这时就没有约束显示了，如图 5-251 所示。

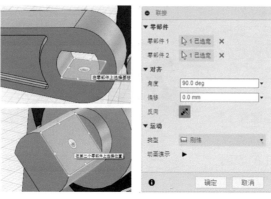

图 5-250   图 5-251

（4）这时就完成了手动摇臂的装配，用鼠标拖动手柄，轴和涡轮会跟着一起转动，说明装配是成功的，结果如图 5-252 所示。

（5）选择"检验"→"零部件颜色"命令，循环切换，让模型颜色感区分更强，显示更清晰，如图 5-253 所示。

（6）渲染以后的效果如图 5-254 所示。装配动画的制作与发布会在第 6 章中讲解。

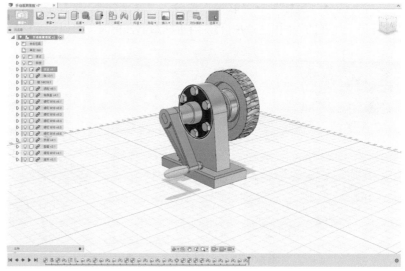

图 5-252

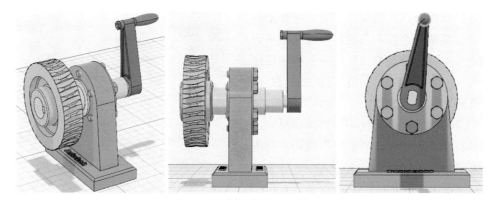

图 5-253

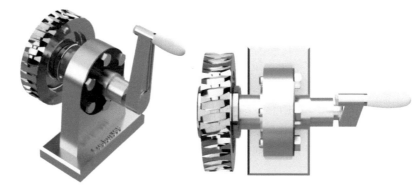

图 5-254

第6章
动画

6.1　动画基础

6.1.1　工作环境与命令

　　Fusion 360 中的动画模块是关键帧动画，单击"工作空间"按钮，将模型工作空间切换为动画工作空间，如图 6-1 所示。

　　视图上方是工具栏，中间是工作区域，下方是故事板和动画时间轴，最底部是动画播放键与设置区域。拖动动画时间轴上的滑块并对模型进行操作，就可以记录关键帧动画，如图 6-2 所示。

　　动画工作环境中包括了故事板、变换命令集、标注、视图、发布等命令。

图 6-1

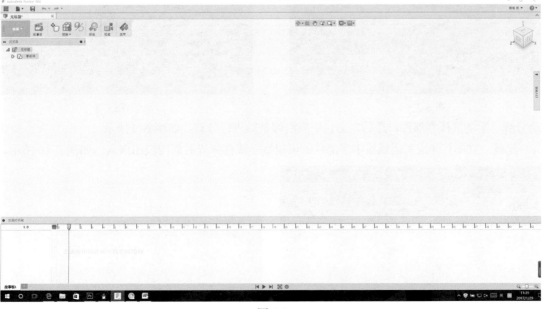

图 6-2

（1）**故事板**：新建故事板。创建一个新的"故事板"选项卡，这时会创建一个新时间轴，如图 6-3 所示。

（2）**变换命令集**：包括了变换零部件、恢复主视图、自动分解、手动分解：一个级别、自动分解：所有级别、显示 / 隐藏和外观等命令，如图 6-4 所示。

- **变换零部件**：选择要移动的零部件，然后指定要将其在空间中移动的距离和角度。这些移动将被捕获到时间轴上以创建移动的动画，如图 6-5 所示。

- **恢复主视图**：自动将零部件移回到其原始主视图位置，该位置在"模型"工作空间中定义，如图 6-6 所示。

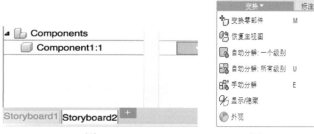

图 6-3　　　　　　　　　　图 6-4

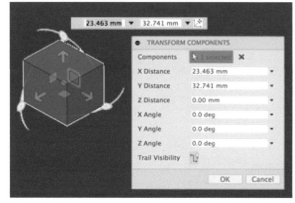

图 6-5

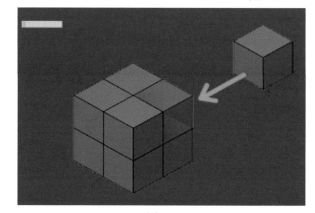

图 6-6

- **自动分解**：**一个级别**：分解部件的第一级子零部件，如图 6-7 所示。

- **自动分解**：**所有级别**：分解部件的所有级别（直到最下级零件）以获得完整的分解视图，如图 6-8 所示。

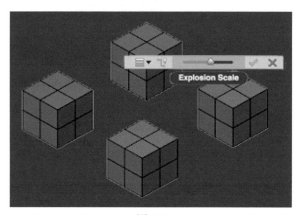

图 6-7

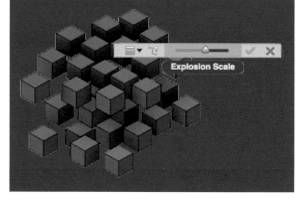

图 6-8

手动分解：手动选择零部件，然后定义它们应沿哪条轴进行分解，如图 6-9 所示。

显示 / 隐藏：立即打开或关闭场景中零部件的可见性，或在一段时间内淡出淡入，如图 6-10 所示。

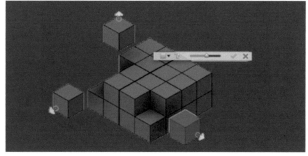

图 6-9

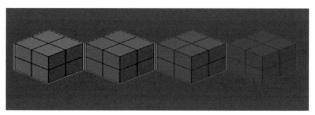

图 6-10

- **外观**：外观会影响实体、零部件和面的颜色。外观可替代物理材料指定的颜色，不会影响工程属性，如图 6-11 所示。

（3）**标注**：创建详图索引。将固定器放到零部件上，并输入文本以添加关联三维标注，如图 6-12 所示。

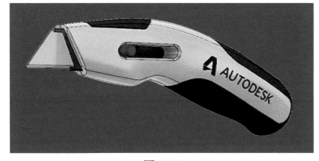

图 6-11

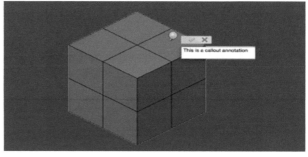

图 6-12

（4）**视图**：将"相机录制"切换为打开或关闭，将该视图切换为关闭后，可在不进行录制的情况下在场景中导航。

（5）**发布**：将动画发布为视频文件格式。

6.1.2 时间轴动画

时间轴动画是把一段时间以一条线或多条线来表达内容的动画方式。我们来制作一段简单的时间轴动画，了解一下 Autodesk Fusion 360 的时间轴动画的使用方法。打开 3.1.1 节的戒指设计作为动画场景模型，由于动画针对的是零部件的编辑，因此要在设计工作环境下先把实体转换为零部件，在浏览器中单击实体 1，单击鼠标右键，在弹出的快捷菜单中选择"从实体创建零部件"命令，这样实体 1 就转化为了零部件 1，如图 6-13 所示。

用同样的方法把实体 2 和实体 3 也转化为零部件，这样浏览器中就没有实体这一项了，而在浏览器下方会显示零部件 1、零部件 2 和零部件 3，如图 6-14 所示。

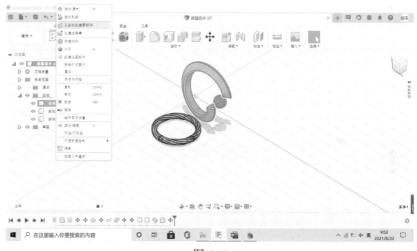

图 6-13

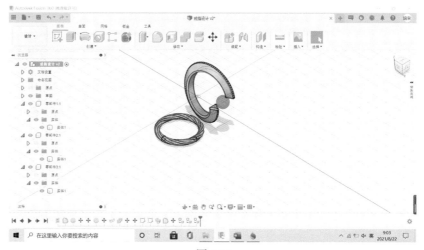

图 6-14

切换为动画工作环境后，浏览器中会呈现3个零部件：零部件1：1、零部件2：1和零部件3：1，如图6-15所示。

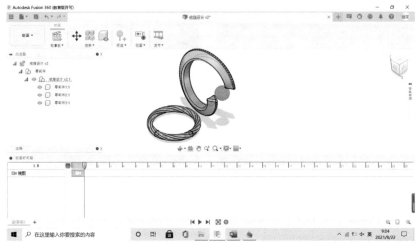

图 6-15

先做一下动画前的准备工作。单击视图正下方的"视觉样式"按钮，显示模式由"带隐藏边着色"切换为"着色"，如图6-16所示。

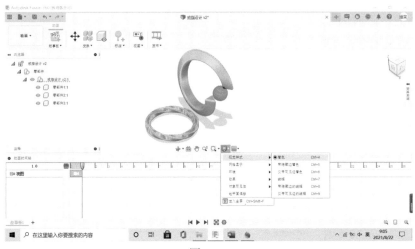

图 6-16

重新赋予模型新的材质，选择"变换"→"外观"命令，打开"外观"对话框，如图6-17所示。

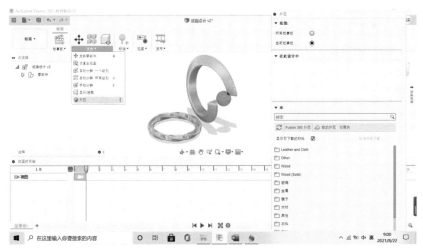

图 6-17

选择"金属 - 白金"材料，将材料赋予螺旋戒指指环（零部件 1：1），选择"其他"→"宝石 - 蓝宝石"
材料，将材料赋予螺旋戒指球体（零部件 2：1），如图 6-18 所示。

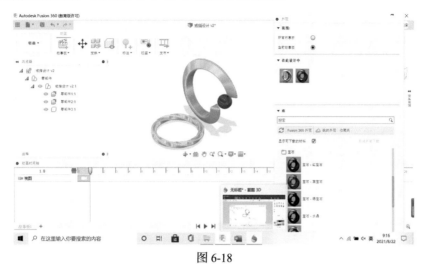

图 6-18

拖动动画时间轴上的滑块到 8 秒的位置，然后按住鼠标中键 +Shift 键向左、向下旋转视图，我们可以观察
到动画时间轴上 0 ~ 8 秒被记录了下来。这时可以观察正前方，而且视图带有向左倾斜角度，如图 6-19 所示。

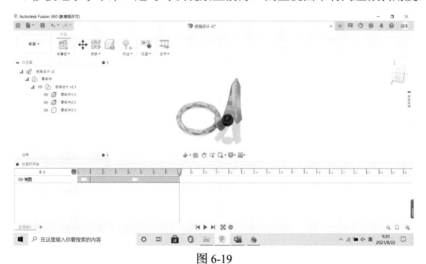

图 6-19

将动画时间轴上的滑块移动到 23 秒的位置上，按住鼠标中键 +Shift 键继续向左向下旋转视图，观察模型
的顶部。我们看到动画时间轴上对模型的操作也被记录下来了，如图 6-20 所示。

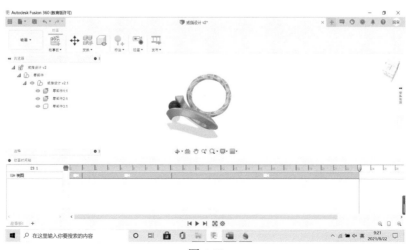

图 6-20

移动滑块到 37 秒的位置，按住鼠标中键 +Shift 键继续向左旋转视图，观察模型的后上方，如图 6-21 所示。

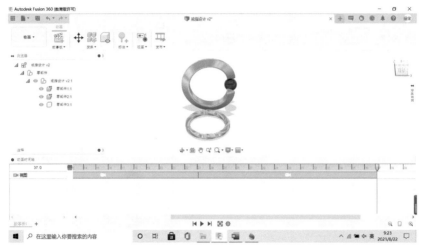

图 6-21

移动滑块到 55 秒的位置，按住鼠标中键 +Shift 键继续向左下旋转视图，观察模型的另一侧的上方，如图 6-22 所示。

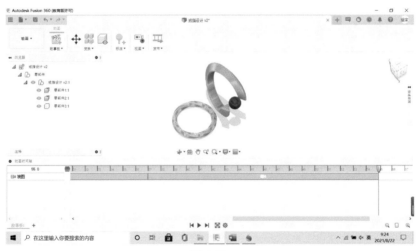

图 6-22

移动滑块到 1 分钟的位置，滚动鼠标中键滑轮，放大视图，观察模型的细节，如图 6-23 所示。

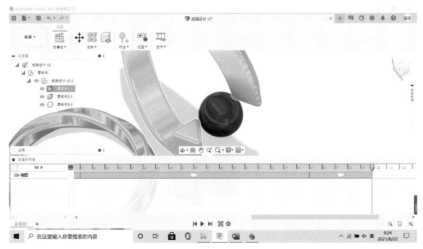

图 6-23

这样我们对模型的操作就完全被动画时间轴记录下来，完成了一个 1 分钟的视图旋转关键帧动画。
单击视图最底部的"播放"按钮，就可以在视图中播放刚才我们记录的这段关键帧动画了。

6.1.3 发布 ▼

动画制作完成后，单击工具栏中的"发布"按钮，弹出"视频选项"对话框。关于动画的输出与发布命令都在这个工具栏中，如图 6-24 所示。

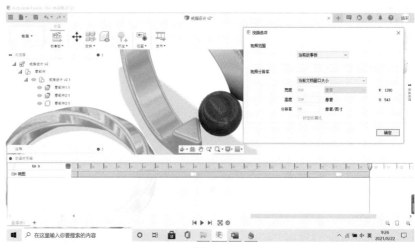

图 6-24

在"视频范围"下拉列表框中可以选择发布"所有故事板"或者"当前故事板"，如图 6-25 所示。

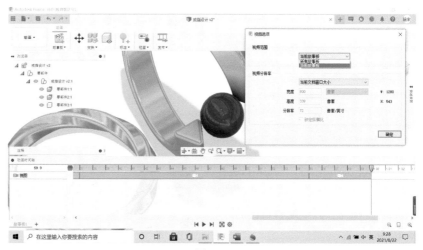

图 6-25

在"视频分辨率"下拉列表框中可以选择或者自定义动画发布的分辨率，如图 6-26 所示。

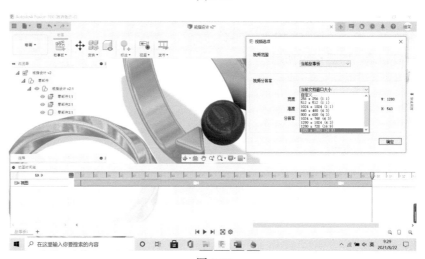

图 6-26

选择"自定义"选项，下面的"宽度"和"高度"数值被激活，我们可以根据自己的要求来输入相应的数值。由于 Fusion 360 动画发布的是视频，因此后面的单位选项只有"像素"和"英寸"两项，如图 6-27 所示。

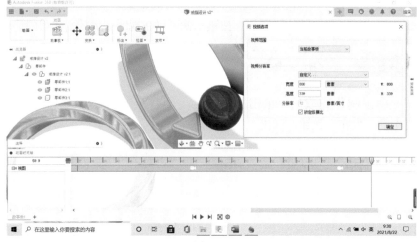

图 6-27

分辨率是 72 像素 / 英寸。最下方有一个"锁定纵横比"复选框，建议选中。单击"确定"按钮，弹出"另存为"对话框，如图 6-28 所示。

图 6-28

输入视频的名称，视频格式目前只有 AVI 这一项。我们可以选择把动画保存在云端或者自己的计算机中。

这里我们选择保存在本地计算机中，选中"保存到我的计算机"复选框，单击"保存"按钮，选择保存目录，如图 6-29 所示。

图 6-29

单击"保存"按钮。这样视频就保存在我们的计算机中选择的目录里了，如图 6-30 所示。

图 6-30

图 6-31 所示为正在发布视频的过程。

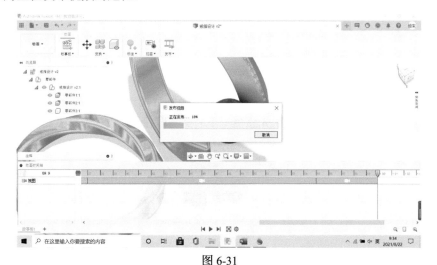

图 6-31

这样我们就能在自己的计算机文件夹里找到格式为 AVI 的视频动画了，如图 6-32 所示。

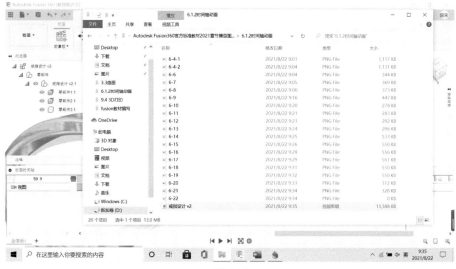

图 6-32

如果安装了相应的播放器，就可以播放动画了，如图 6-33 所示。

图 6-33

6.2　装配动画与发布

Fusion 360 中的装配联接提供了 7 种接触运动方式：刚性、旋转、滑块、圆柱、销槽、平面、球。制作装配动画的流程为：创建模型→定义材质→联接→定义约束→接触合集→运动链接→动画自动分解或手动分解。

我们制作两个简单的小联接动画，让大家先感受一下装配与联接。

6.2.1　Flashdisk 的装配动画与发布

由于在 5.2.7 节中已经设置好了联接，那么动画的制作就格外简单了。只要我们把设置好联接的模型，进入到动画环境下，执行"自动分解：所有级别"命令就可以发布动画了，这也是 Fusion 360 非常智能的一项功能。

步骤1 打开 5.2.7 节中的模型，并进入动画工作环境，如图 6-34 所示。

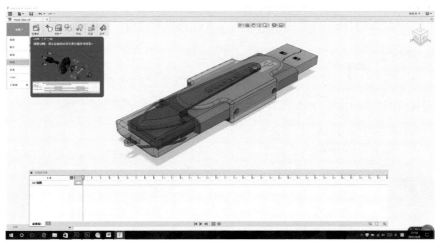

图 6-34

步骤2 执行"自动分解：所有级别"命令，在浏览器中选择"零部件"（注意：这里选择的是场景中的所有零部件），然后选择"变换"→"自动分解：所有级别"命令，如图6-35所示。

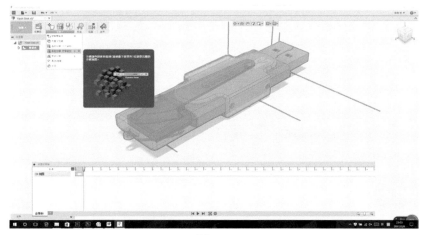

图 6-35

这个时候，软件会自动按照前面的联接设置把零部件拆分到相应的方向和位置，如图6-36所示。

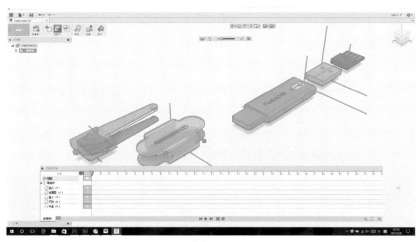

图 6-36

步骤3 设置时间轴。拖动动画时间轴上的滑块到1分钟的位置，并单击"确定"按钮（绿色的对号），如图6-37所示。

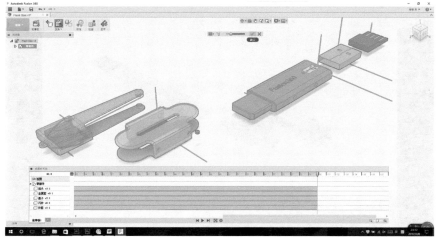

图 6-37

步骤 4 发布动画。这个时候动画已设置完成，只要选择"发布"命令，保持默认设置，单击"确定"按钮即可，如图 6-38 所示。

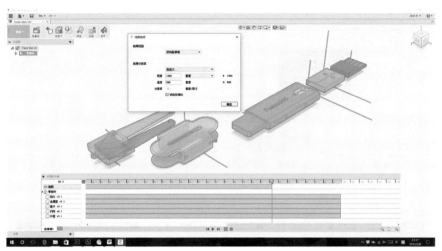

图 6-38

选择保存路径并保持默认设置，如图 6-39 所示。

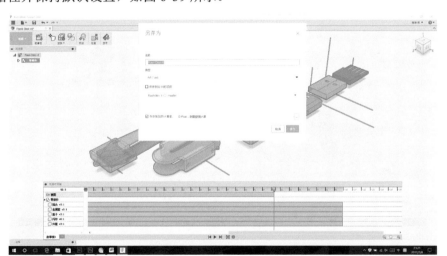

图 6-39

这样就成功发布视频动画了，如图 6-40 所示。

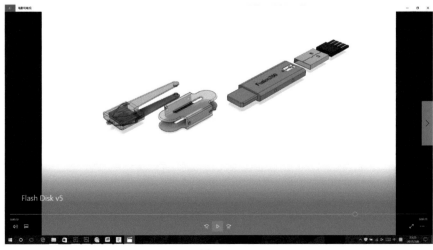

图 6-40

6.2.2 ▶ 手动摇臂机械的装配动画与发布 🔽

用 6.2.1 节中的方法，我们把 5.3.10 节的案例也制作成动画发布。

步骤 1 🔧 打开 5.3.10 节中的模型，并进入动画工作环境，如图 6-41 所示。

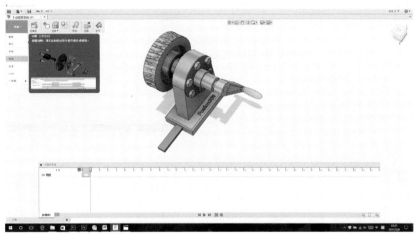

图 6-41

步骤 2 🔧 执行"自动分解：所有级别"命令。在浏览器中选择"零部件"（注意：这里选择的是场景中的所有零部件），然后选择"变换"→"自动分解：所有级别"命令，如图 6-42 所示。

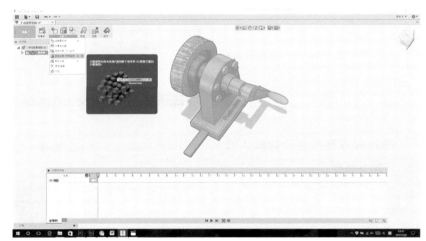

图 6-42

此时会自动按照联接设置把零部件拆分到相应的方向和位置，如图 6-43 所示。

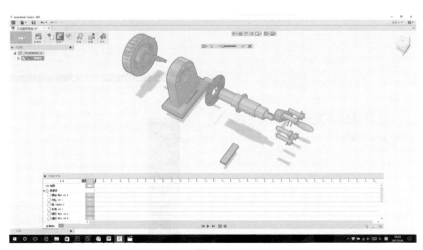

图 6-43

步骤3 设置时间轴。拖动动画时间轴上的滑块到1分钟的位置，并单击"确定"按钮（绿色的对号），如图 6-44 所示。

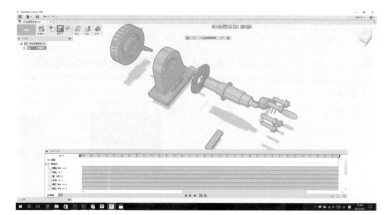

图 6-44

步骤4 发布动画。这个时候动画已设置完成，只要选择"发布"命令，保持默认设置，单击"确定"按钮即可，如图 6-45 所示。

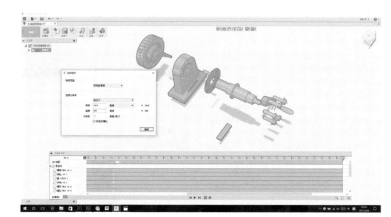

图 6-45

选择保存路径并保持默认设置，如图 6-46 所示。

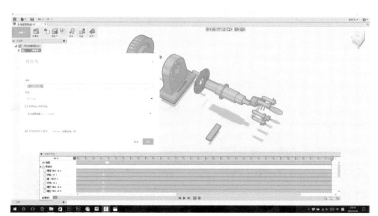

图 6-46

这样就成功发布了视频动画，如图 6-47 所示。

图 6-47

第7章
仿真分析

7.1　仿真分析基础

CAE（计算机辅助工程，Computer Aided Engineering）是利用计算机软件对产品性能进行仿真，从而改善产品设计或协助解决各个行业的设计和工程问题。它涵盖了产品、流程和制造工具的仿真、验证和优化。

一个典型的 CAE 过程包括前处理、求解和后处理三个步骤。在前处理阶段，设计师采用施加载荷约束的形式，对几何体（或系统表示形式）和设计的物理属性以及环境进行建模。接着，使用基础物理场的适当数学公式对模型求解。在后处理阶段，将结果呈现给设计师以供查看。

CAE 的优点就在于它降低了产品开发成本并缩短了开发时间，同时提高了产品质量和耐用性，并可以根据设计对性能的影响来制定设计决策。利用计算机仿真的形式进行样机测试，可以节省制作物理样机所花费的时间、精力和经费，同样保证能对设计进行正确的评估和优化。

CAE 可以在开发过程的早期洞察性能表现，在这个阶段更改和修正设计方案成本最低。

启动 Fusion 360 后，创建或导入 CAD 模型后，单击左上角的"更改工作空间"按钮，即可切换至仿真工作空间，如图 7-1 所示。

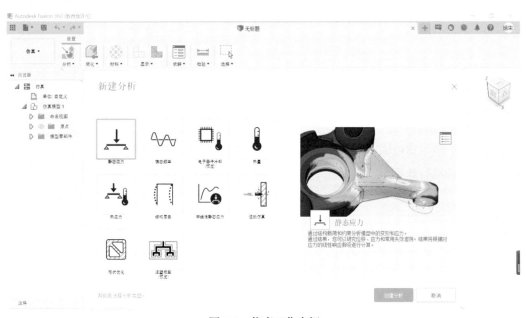

图 7-1　仿真工作空间

仿真求解的基本步骤为新建分析类型→定义材料→添加约束和载荷→生成接触→自由度检查→求解→结果查看。

7.1.1 分析类型

在进入仿真工作空间后,单击工具栏中的"分析"按钮选择分析的类型。Fusion 360 中的仿真模块是一个有限元解算程序,最初只应用于静态应力、模态频率、热量、热应力等,如图 7-2 所示。

图 7-2

在后续的更新中又加入了结构屈曲、非线性静态应力、形状优化、运动仿真等,如图 7-3 所示。

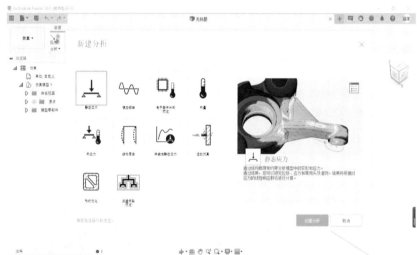

图 7-3

(1)**静态应力**:通过结构载荷和约束分析模型中的变形和应力。通过结果,用户可以研究位移、应力和常用失效准则。结果将根据对应力的线性响应假设进行计算,如图 7-4 所示。

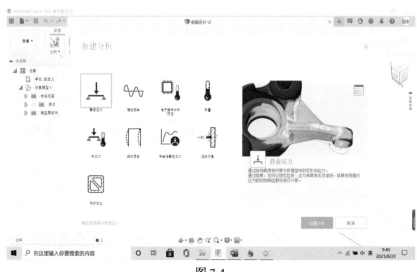

图 7-4

（2）**模态频率**：确定模型的模态频率，包括结构载荷和边界条件。结构包括振动模式振型、相应的频率以及质量参与系数，如图 7-5 所示。

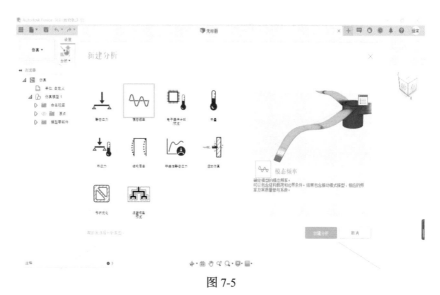

图 7-5

（3）**电子器件冷却**：确定电器实体是否超出给定的自然空气对流或强制流动（风扇）的最高允许温度，如图 7-6 所示。

图 7-6

（4）**热量**：确定在稳态条件下模型对于热载荷和热边界条件的响应方式。结果包括温度和热通量，如图 7-7 所示。

图 7-7

（5）**热应力分析**：确定模型上因热载荷和结构载荷而导致的温度和应力分布。无应力参考温度在"分析设置"中定义，如图 7-8 所示。

图 7-8

（6）**结构屈曲**：确定模型的屈曲模式。结果包括屈曲模式及相应的载荷乘子，如图 7-9 所示。

图 7-9

（7）**非线性静态应力**：在考虑非线性材料特性和大变形时，请确定整个模型内结构载荷和边界条件引起的静态应力和变形，如图 7-10 所示。

图 7-10

（8）**运动仿真**：确定使用Explicit 求解器时模型对时间相关的载荷和边界条件的响应方式。结果包括在指定的时间期限内测量的位移、应力、应变和其他值，如图 7-11 所示。

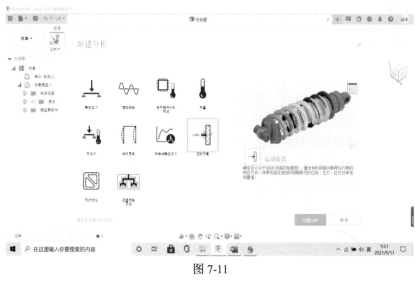

图 7-11

（9）**形状优化**：优化零件以基于用于几何图元的载荷和边界条件实现零件轻量化及其在结构上的高效性，如图 7-12 所示。

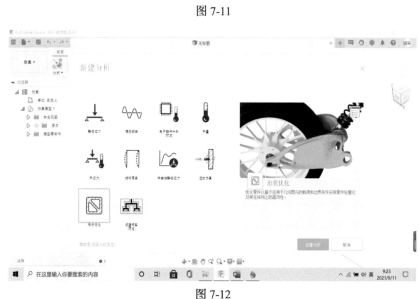

图 7-12

（10）**注塑成型**：根据工艺设置、材料选择和注射位置，确定零件填充程度，以及它是否存在质量问题。可查看标准结果和指导结果，如图 7-13 所示。

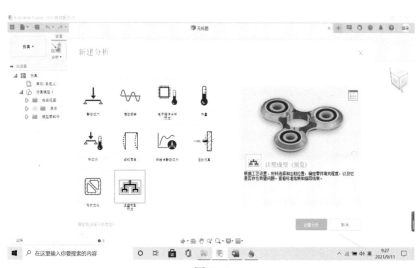

图 7-13

7.1.2 ▶ 材料 ▼

材料命令集中包含了 3 个命令：分析材料、材料特性、管理物理材料；还有一个选项：显示分析材料颜色，如图 7-14 所示。

- **分析材料**：查看活动仿真分析的原始物理材料，并根据需要指定新的分析材料。使用"分析材料"功能向零部件指定正确的材料，这对于对物理模型准确地表现仿真非常重要。
- **材料特性**：显示材料特性，并观察材料的各项参数。
- **管理物理材料**：使用材料浏览器来管理材料库、查找收藏夹、修改特性和创建新材料。

图 7-14

- **显示分析材料颜色**：显示指定的分析材料的颜色。如果取消选中该复选框，则分析材料颜色处于隐藏状态，颜色与"模型"工作空间中的颜色一样。

（1）**分析材料**

选择"材料 - 分析材料"命令，弹出"分析材料"对话框，选择所需要分析的材料，如图 7-15 所示。

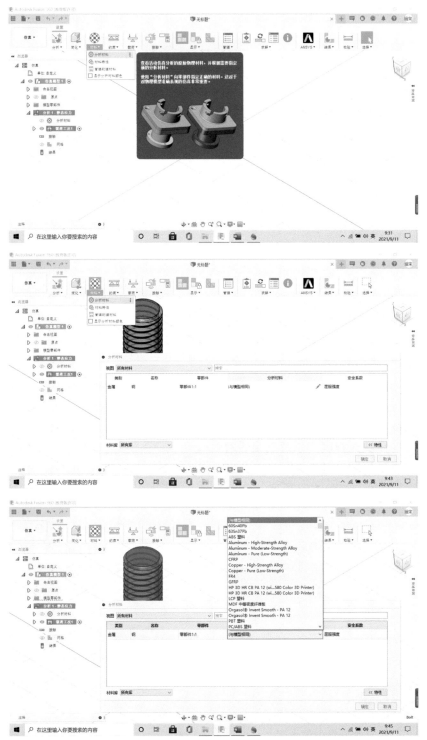

图 7-15

（2）**材料特性**

选择"材料"—"材料特性"命令，弹出"材料特性"对话框，选择所需要设置的材料，并观察该材料的各项参数，如图 7-16 所示。

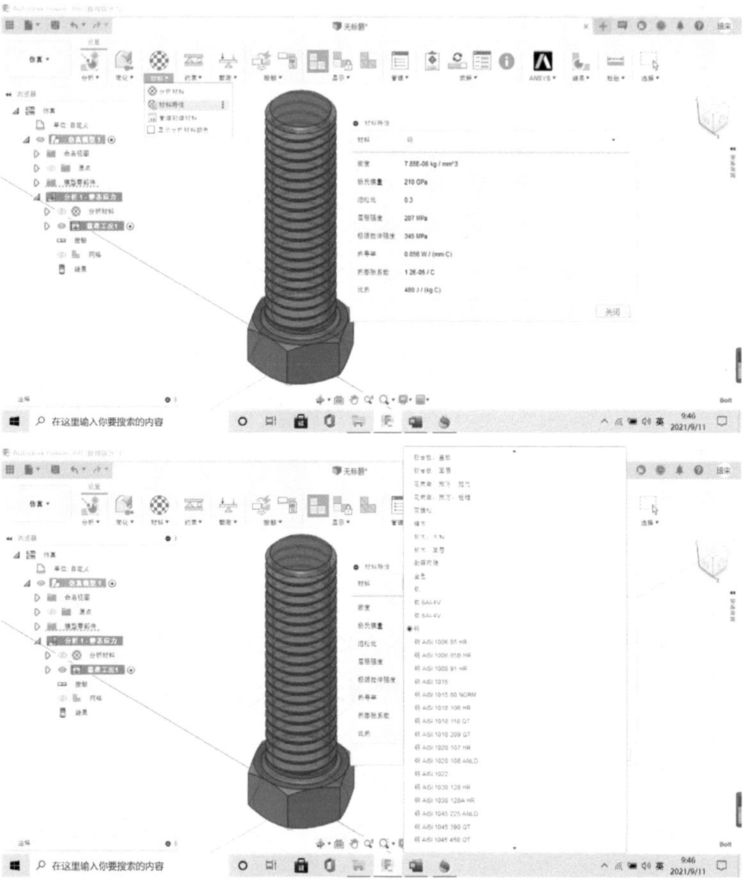

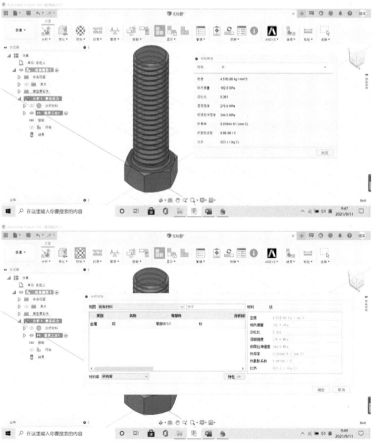

图 7-16

这里提供了材料的密度、杨氏模量、泊松比、屈服强度、极限拉伸强度、热导率、热膨胀系数和比热等参数，如图 7-17 所示。

图 7-17

（3）**管理物理材料**

选择"材料"—"命令物理材料"命令，弹出"材料浏览器"对话框，选择所需要设置的材料，并观察该材料的各项参数，如图 7-18 所示。

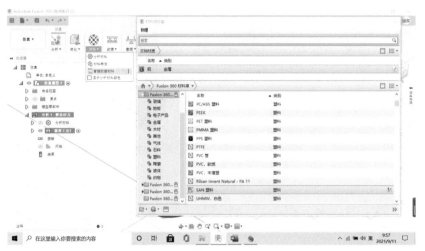

图 7-18

"标识"选项卡下是材料的说明信息，如图 7-19 所示。

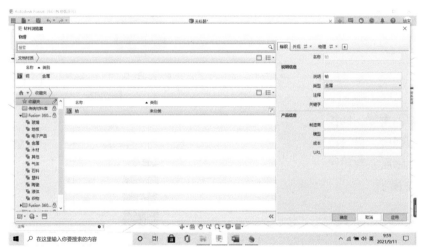

图 7-19

"外观"选项卡下是材料的视觉参数，原始的模型外观信息都在此界面中，如图 7-20 所示。

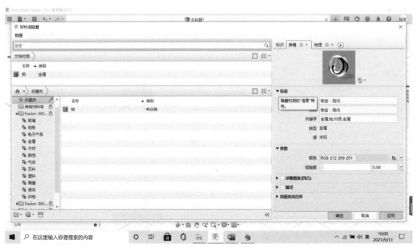

图 7-20

"物理"选项卡中都是一些仿真所应用到的材料基本特征,如图 7-21 所示。

图 7-21

7.1.3 约束

约束命令集中包括结构约束、螺栓连接件和刚体连接件三个命令,如图 7-22 所示。

图 7-22

- **结构约束**:将固定、孔销连接、无摩擦或规定位移约束应用到选定的几何图元。用户可以将约束应用于选定的多个实体,如图 7-23 所示。

- **螺栓连接件**:在两个实体之间创建螺栓连接。使用螺栓连接件以数学方式表示将部件紧固在一起的螺纹紧固件,避免花费时间和精力对紧固件零件的实体模型进行生产、网格化和求解。

将子类型指定为螺母或螺纹孔、螺栓连接类型。用户可以在任一末端包含一个可选垫片。输入螺栓的尺寸、预载荷和材料以确保准确表示连接,如图 7-24 所示。

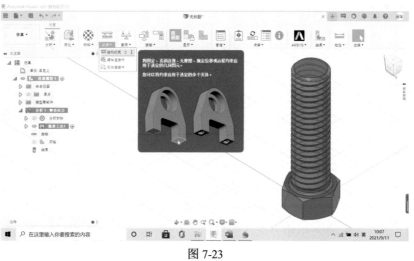

图 7-23

- **刚体连接件**:将一个实体上的顶点以刚性方式连接到另一个实体上的面、边或顶点,如图 7-25 所示。

有两种子类型的刚体连接件,应该首先指定。第二项选择将是顶点。第三项选择可以包含一个或多个面、边或顶点。

- **刚体**:选择的第一个顶点是锚点,它是独立顶

图 7-24

点。第二个集合中实体的运动依赖于锚点的运动。当独立顶点运动时，从属实体也将准确地运动。

- **插值**：用户选择的第一个顶点是参考点。第二个选择集中的项目是要平均分配的独立实体。在这种情况下，参考点是从属实体（其运动由独立实体的运动控制）。独立实体的位移加权平均值将应用到该参考点。

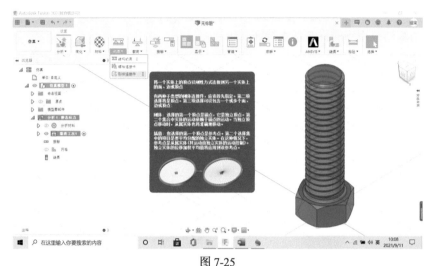

图 7-25

在约束中有一个自由度的概念。自由度就是有一个方盒子站在一个桌上，假设在它底部约束了六个方向的自由度。我既不让它上下左右前后地动，也不让它绕着 XYZ 三个方向的坐标轴旋转，我们就认为这个物体被完全约束了。当物体完全被约束的时候，用绿颜色显示；蓝色表示部分约束住了，或者是可能性的一个约束；黄色表示部分固定；红色表示自由的，可以运动。

7.1.4 载荷

载荷命令集中包含了结构载荷、热载荷（只有在热分析时才有此命令）、线性全局载荷、角度全局载荷、启用重力、编辑重力、点质量（自动）、点质量（手动）7 个命令，如图 7-26 所示。

- **结构载荷**：将结构载荷应用于选定的几何图元。逐个选择或一次性选择面、边或顶点并指定载荷的大小和方向，选择集中的几何图元类型必须一致，并且某些载荷类型仅适用于特定几何图元类型，例如，力矩仅适用于面，如图 7-27 所示。

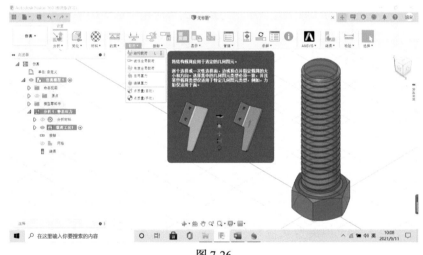

图 7-26

- **热载荷**：对选定的几何图元应用热载荷。逐个选择或一次性选择多个面、边或顶点，然后应用一个或多个热载荷。用户不能在选择集中混合几何图元类型，也不能将温度载荷与其他热载荷（热源、辐射或对流）合并在一起，如图 7-28 所示。

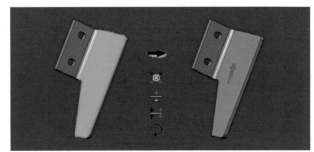

图 7-27

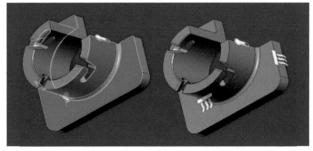

图 7-28

- **线性全局载荷**：使用线性体载荷向零件应用线性加速度。通过选择与载荷方向垂直的面或通过指定角度或矢量来指定加速度方向，如图 7-29 所示。
- **角度全局载荷**：使用角度体载荷向零件应用角度速度或角加速度。选择面或边以定义所应用载荷的方向和位置参考，如图 7-30 所示。

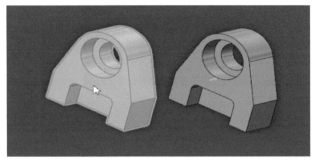

图 7-29

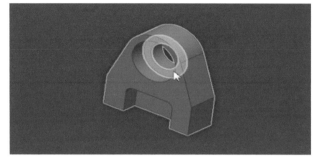

图 7-30

- **启用重力**：允许解除抑制重力载荷。默认情况下，重力作用于 Y 轴方向，模型原点处的符号指示了重力的方向。若要修改重力大小或方向，可使用"启用重力"命令，如图 7-31 所示。
- **编辑重力**：修改重力的大小和方向。若要指定重力的方向，可指定矢量、输入角度或选择几何参考，如图 7-32 所示。

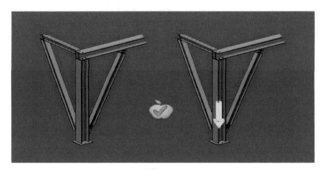

图 7-31

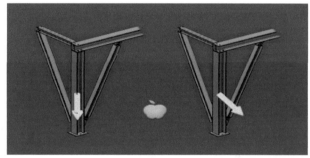

图 7-32

- **点质量（自动）**：可使用"自动点质量"来表现仿真模型中现有零部件的影响，这有助于简化仿真模型。若要指定点质量，可选择点质量作用的几何项，如图 7-33 所示。
- **点质量（手动）**：可使用"手动点质量"来表现未包含在仿真模型中的零部件或质量的影响，此类零部件对模型刚度的影响应该微乎其微。先在模型上指定位置，然后指定其质量。点质量对于降低模型复杂性很有帮助，如图 7-34 所示。

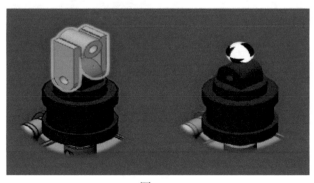

图 7-33

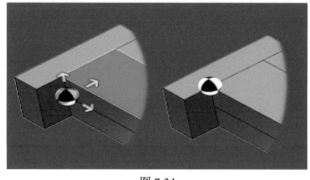

图 7-34

值得一提的是限制区域载荷加载。这是 Fusion 360 中的一个新功能，在模型上加了一个载荷，它可以把这个载荷约束在小区域里面，我们可以自定义这个小区域的大小、形状及位置。在这个面上可以通过拖动箭头来选择加载在什么位置，这样就不会仅局限在整个面上加载载荷，而且可以有针对性地加载载荷在限制的一个地方。

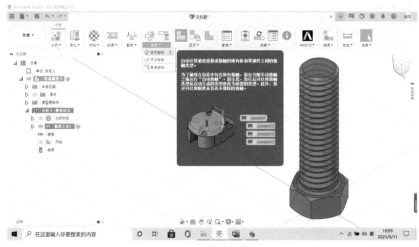

图 7-35

7.1.5 接触

Fusion 360 中的接触命令集下包括了自动接触、手动接触和管理接触 3 个命令，如图 7-35 所示。

（1）**自动接触**：自动计算彼此重叠或接触的所有体和零部件之间的接触类型。为了确保在仿真中包含所有接触，要在分配手动接触前运行"自动接触"。请注意，用户可以将接触类型从自动生成的类型更改为所需的类型。此外，还可以抑制要从仿真中排除的接触，如图 7-36 所示。

Fusion 360 自动建立接触，并提供多种接触类型，如粘合、分离、滑动、分离和滑动。

- **粘合**：两个零部件会相互接触，在它们接触的时候，在法线方向和切线方向上都是无法运动的，相当于两个零件被焊接在一起了，我们称之为粘合。
- **分离**：在法线方向上是可以拖动的，但无法在切线方向上运动。

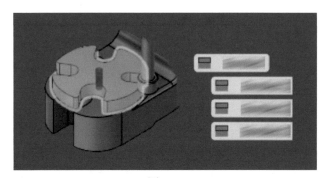

图 7-36

- **滑动**：两面只支持切向运动，不支持法向运动，比如轴承在轴承套中运动的时候，是一个滑动模式，这时就可以用滑动来仿真。
- **分离和滑动**：既可以支持法线方向的运动，又可以支持切向方向的运动。

（2）**手动接触**：将接触条件应用于零部件几何图元，通过手动修改参数加以修改。检测到所有自动接触后，用户可以在零部件之间创建额外的接触。仿真类型决定了接触类型的可用性。

用户可以做一个自定义的手动接触，如果感觉自动接触类型不符合实际情况，可以对它进行修改。也可以增加各种参数，例如它的滑动摩擦力，当它在多少距离内接触开始计算产生效果，如图 7-37 所示。

（3）**管理接触**：查看所有接触的列表。该列表允许用户对接触进行排序、编辑、重命名、抑制和隔离。

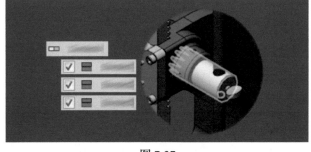

图 7-37

7.1.6 显示

显示命令集中包括了模型视图、网格视图、结果视图、自由度视图和组视图 5 个命令，如图 7-38 所示。

（1）**模型视图**：使用材料颜色显示模型，如图 7-39 所示。

（2）**网格视图**：使用计算的网格显示模型，如图 7-40 所示。

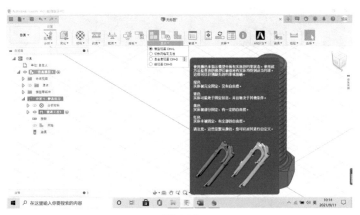

图 7-38

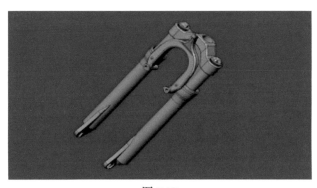

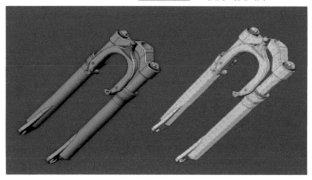

图 7-39　　　　　　　　　　　　　　　　　　　　图 7-40

（3）**结果视图**：使用计算结果显示模型，如图 7-41 所示。

（4）**自由度视图**：使用颜色来指示模型中所有实体的约束状态。使用此方法检查模型可确保所有实体均受到适当约束，以识别缺失的约束或接触，如图 7-42 所示。

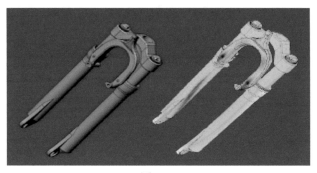

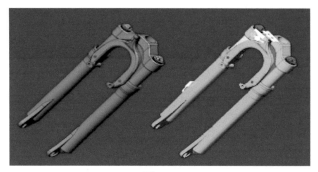

图 7-41　　　　　　　　　　　　　　　　　　　　图 7-42

- **绿色**：实体被完全固定，没有自由度。
- **青色**：实体可能处于固定状态，并且取决于其他条件。
- **黄色**：实体被部分固定，有一定的自由度。
- **红色**：实体未被固定，有全部的自由度。

这些颜色是软件默认的，用户可以对其进行自定义。

（5）**组视图**：显示使用粘合接触的实体组。每个组的颜色各不相同，未分组时实体（没有粘合接触的实体）以灰色显示，这样可以识别缺失的粘合接触，如图 7-43 所示。

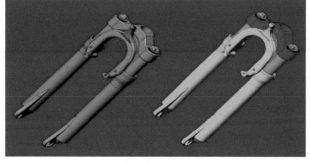

图 7-43

7.1.7　求解

求解命令集包括求解、求解状态、生成网格、预检查和求解详细信息 5 个命令，如图 7-44 所示。

（1）**求解**：根据指定的设置执行仿真。用户可以在云端或者在本地进行仿真求解，首先生成自动接触和网格，进度条将会显示以查看求解状态，如图 7-45 所示。

（2）**求解状态**：查看与所有打开的文档相关的正在进行的或者

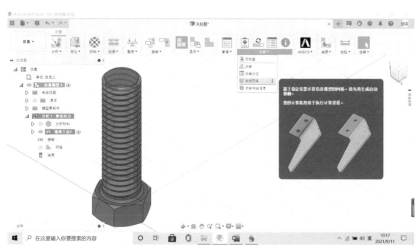

图 7-44

233

已经完成的仿真求解列表。通过可用列表，用户可以跟踪求解的进度，取消正在进行的求解，或者查看已经成功求解的结果。

（3）**生成网格**：基于指定设置计算仿真模型的网格。首先生成自动接触，计算机会将其用于执行计算进程，如图 7-46 所示。

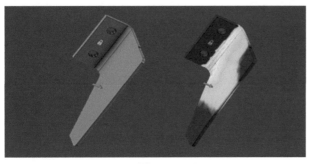

图 7-45

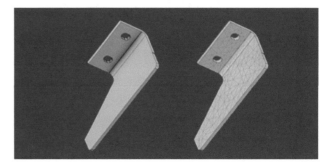

图 7-46

（4）**预检查**：检查活动仿真分析以确保其具有对给定分析类型进行求解所需的所有数据。图标会根据分析状态改变颜色。

- **红色**：由于缺少一些重要的输入（例如，对静态应力仿真，未应用载荷。对于热分析，缺少温度载荷。或者对于任何分析，材料数据存在问题），无法对该分析进行求解。
- **橙色**：该分析存在一些潜在的问题，但它仍然可以求解。例如，该设计未完全受约束（没有足够的约束），或者缺少接触。
- **绿色**：该分析不包含可预测的问题，因此可以求解。

（5）**求解详细信息**：查看与一个或多个分析有关的求解器信息和统计信息。可用的信息包括节点数和元素数、求解状态和警告。用户可以将此信息保存到日志文件，也可以通过电子邮件共享。

7.1.8 管理

管理命令集包括了设置、载荷工况属性、局部网格控制、自适应网格优化 4 个命令，如图 7-47 所示。

（1）**设置**：查看和修改当前仿真分析的所有设置。

（2）**载荷工况属性**：查看某个位置的分析属性（载荷和约束）并对其进行修改。

（3）**局部网格控制**：通过在面和边上修改网格分布，优化特定位置中的网格。为了提高结果的保真度，可按照策略优化某些位置处的网格。优化具有较大结果梯度变

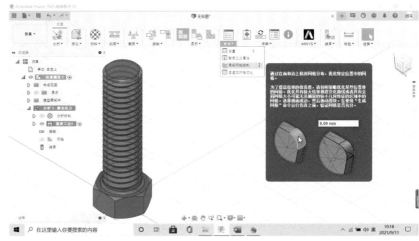

图 7-47

化的曲线或者具有全局网格大小可能无法捕获的较小几何特征的区域中的网格。选择曲面或边，然后拖动滑块。在使用"生成网格"命令运行仿真之前，验证网格是否充分。

（4）**自适应网格优化**：启用"自适应网格优化"并进行修改。"自适应网格优化"可基于计算结果反复优化网格，目标是得到一个不会随进一步的网格优化而变化的解决方案，如图 7-48 所示。

本地及云计算的支持，假设一个分析计算的比较久，一天两天或者一周，又不想人来盯着，就可以选择上传到云端计算。在任务完成以后，你下一次打开电脑，就会发现，云端的计算结果已经下载到你的计算机上，你就可以对分析结果直接进行查看。同时，Fusion 也支持多任务的提交，多任务的同时计算，非常方便。

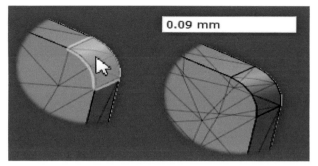

图 7-48

7.1.9　结果 ▼

结果工作空间中包括变形、动画演示、切换线框可见性、图例选项、最大最小图例、报告、求解器数据和完成结果等命令，如图 7-49 所示。

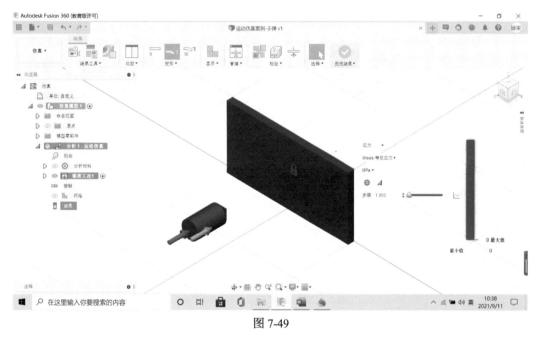

图 7-49

（1）**变形**：包括了未变形、实际、调整后的 0.5、已调整、已调整 2X、调整 5X。实际变形可能非常小，以至模型形状没有变化。若要查看变形的形状，请选择缩放选项，如图 7-50 所示。

- **未变形**：显示原始模型形状。
- **实际**：显示通过计算得出的变形。

使用以下选项可显示最大变形占模型大小的百分比。

- 调整后的 0.5X：2.5%。
- 已调整：5%。
- 已调整 2X：10%。
- 调整 5X：25%。

（2）**动画演示**：基于载荷系数（静态应力分析、热应力分析）或基于观察模式（模态分析）的周期插入结果值。

（3）**切换网格可见性 / 切换线框可见性**：切换网格和线框的可见性，如图 7-51 所示。

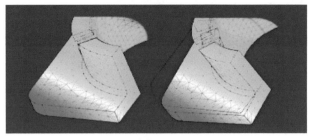
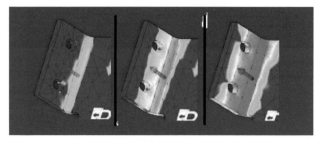

图 7-50   图 7-51

（4）**图例选项**：自定义图例外观。指定形状、大小、色彩过渡和打印着色。图例外观在每个显示的视图中可以各不相同，如图 7-52 所示。

（5）**最大最小图例**：通过修改图例范围，重点关注特定的结果值，如图 7-53 所示。

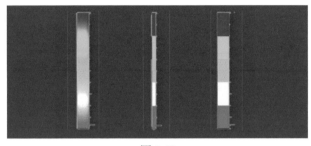

图 7-52   图 7-53

（6）**报告**：生成汇总仿真设置和结果报告。选择报告类型、格式和一般信息，选择要包含在报告中的模型详细信息和仿真结果。

（7）**求解器数据**：查看与当前分析有关的求解器信息和统计信息。

（8）**完成结果**：单击"完成结果"按钮，结束查看，切换回仿真分析工作空间。

7.2 仿真分析案例

7.2.1 搭扣的静态应力仿真分析

概述：搭扣的设计要追溯到二战时期。德国为了战略意图的扩张，军需后备需的运输量很大。庞大的机械运输需要大量的箱子，箱子需要安装一种既方便又快捷，能反复开启和关闭，同时安全性非常稳定的锁扣件。此时，一种不为人知的机械配件——搭扣被设计出来，搭扣的发明推动着人类进步，从军事领域到航天航空，船舶海运，医疗科技，再到民生民用，搭扣起到了不可或缺的作用。我们就用搭扣这件很具有受力特征的设计品，来给大家讲解一下 Fusion 360 仿真中的静态应力仿真分析。

> **学习要点**
>
> - **指定材料**：熟悉材料的设置修改与保存。
> - **应用约束与载荷**：约束的设定和加载载荷。
> - **定义接触集合**：了解滑动接触以及模型中接触对的位置。
> - **求解与结果查看**：了解求解的方式，熟悉位移云图、应力云图和网格的查看。

1. 打开模型

打开一个搭扣模型，模型格式为 step。然后进入仿真工作环境，如图 7-54 所示。

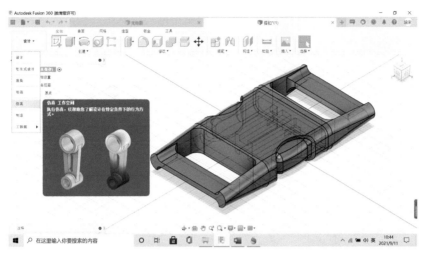

图 7-54

2. 创建新仿真分析

单击"分析"按钮，打开"新建分析"对话框，并选择"静态应力"分析类型，如图 7-55 所示。

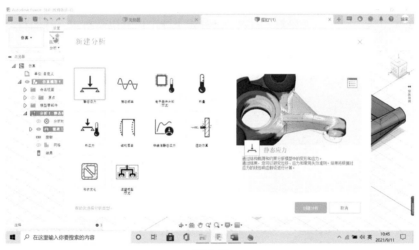

图 7-55

3. 指定材料

单击"材料"按钮，在弹出的下拉菜单中有 3 个命令，第一个是分析材料，第二个是材料特征，第三个是管理物理材料，如图 7-56 所示。

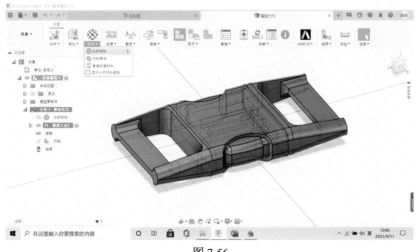

图 7-56

（1）分析材料可以选择需要的模型材料，默认与模型相同，也就是建模的时候默认的材料，如图 7-57 所示。

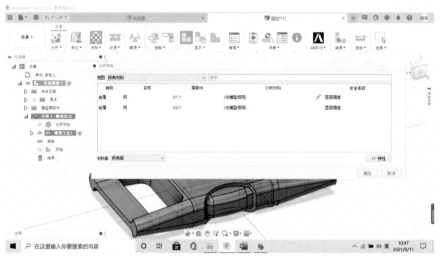

图 7-57

这里我们把模型定义为一个"ABS 塑料"材料。从外观上就可以看出它是不一样的材料，如图 7-58 所示。

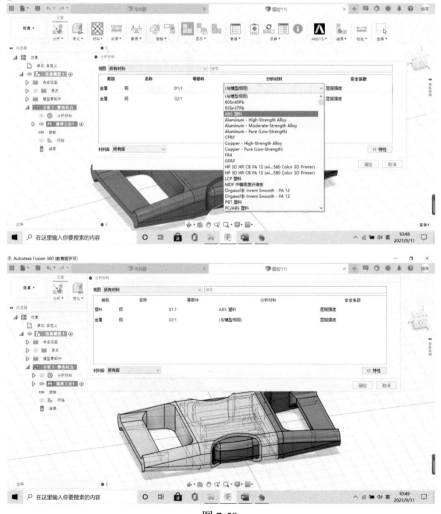

图 7-58

（2）单击"特性"按钮，我们就可以看到密度、杨氏模量、泊松比等这些在仿真中所应用到的数据，如图 7-59 所示。

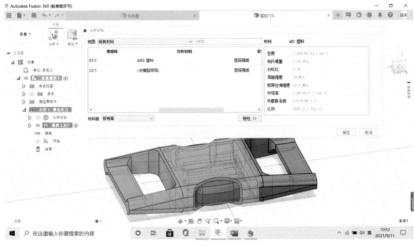

图 7-59

（3）管理物理材料，可以看到有一个文档材质，文档材质里显示的就是当前仿真中一些现有的可以应用到的材料：一个是 ABS 塑料，一个是钢，如图 7-60 所示。

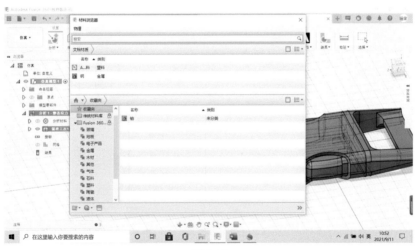

图 7-60

同时，Fusion 360 也支持文档材料的编辑工作，在每一项的最后都有一个编辑按钮，如图 7-61 所示。

图 7-61

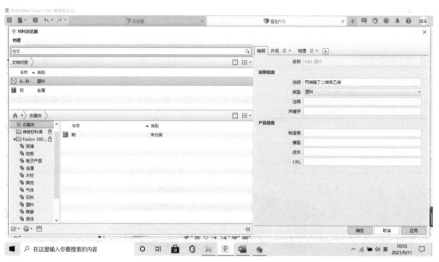

图 7-61（续）

（4）"标识"选项卡下都是一些说明信息；"外观"选项卡下都是一些模型信息，原始的模型外观信息都保留；"物理"选项卡下都是一些仿真中所应用到的物理属性，我们也可以对参数进行一个修改，把"机械"选项组中的"泊松比"参数由 0.38 设置为 0.30；"杨氏模量"的参数由 2.240 Gpa 设置为 2.3 Gpa，如图 7-62所示。

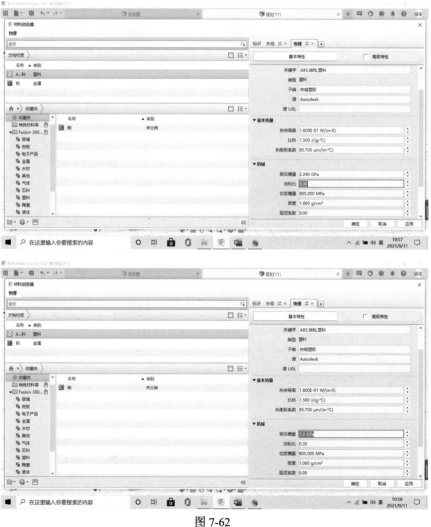

图 7-62

"密度"由 1.060 设置为 8.000，如图 7-63 所示。

图 7-63

"屈服强度"由 20.000Mpa 设置为 30.000 Mpa。当我们把所有参数设置好以后，单击"应用"按钮，如图 7-64 所示。

图 7-64

这个材料就修改好了，在材料的类别后面会有一个感叹号，表示已经对这个材料进行了修改，和原始材料不一样了。

在左边主视图的面板里，还有一个 Fusion 360 材料库，如图 7-65 所示。

图 7-65

（5）单击左下角的"新建材质"按钮，建立一个新的材料库。我们可以把刚才修改过的材料放置进来，如图 7-66 所示。

图 7-66

在文档材料库里的金属材料上右击，在弹出的快捷菜单中选择"添加新建材料"命令，将新设置的材料放置在新库中，方便以后我们应用的时候可以直接从库中选取，如图 7-67 所示。

图 7-67

搭扣分为内搭扣和外搭扣，每个搭扣还有背带层，两个背带层作用在搭扣上，产生一个挤压的过程并扣住。当两端同时受力，向外拉扯的时候，其实在力学上我们可以设定，一端固定，一端受力。下面我们就按照这个设计思路来分析这个案例。

在视图底部单击"显示设置"按钮，在弹出的下拉菜单中选择"视觉样式"→"仅带可见边着色"命令，使场景中的模型为有边线着色，方便查看加载载荷，如图 7-68 所示。

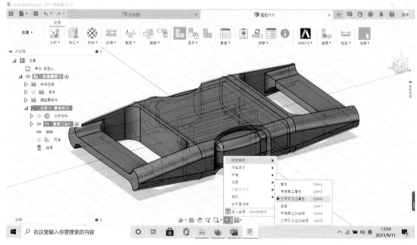

图 7-68

然后把内搭扣和外搭扣都定义为 ABS 塑料，如图 7-69 所示。

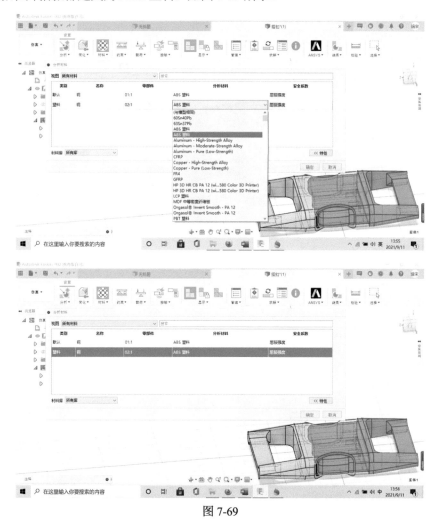

图 7-69

4. 应用约束

在内搭扣与背带接触面的位置建立一个约束，不让它运动，如图 7-70 所示。

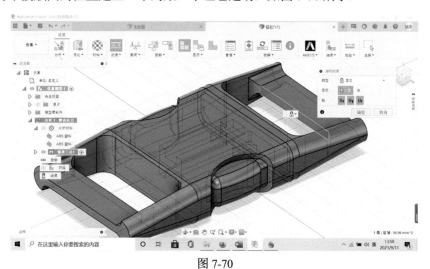

图 7-70

5. 应用载荷

在外搭扣与背带接触面的位置 Y 方向增加一个 10 牛顿的载荷，如图 7-71 所示。

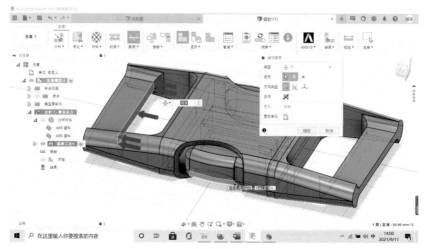

图 7-71

6. 定义接触集合

（1）定义一个手动接触，如图 7-72 所示。

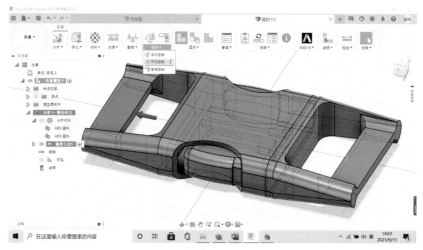

图 7-72

（2）先选择内搭扣，再选择外搭扣，如图 7-73 所示。

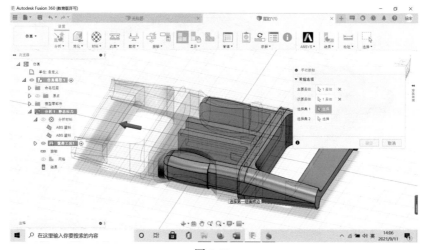

图 7-73

（3）内搭扣的着力点就是接触的区域，总共有四个面，如图 7-74 所示。

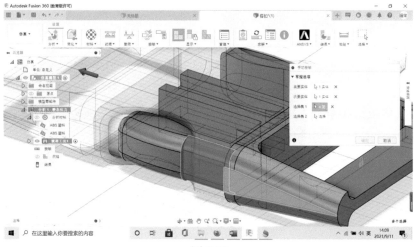

图 7-74

现在选择外搭扣接触的六面，这些倒角区域刚好和内搭扣的面属于接触对的接触范围，如图 7-75 所示。

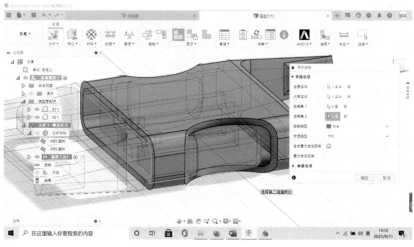

图 7-75

（4）当这些接触面选择完以后，设置一个接触类型：滑动，最大的激活距离是 0.05mm。单击"确定"按钮，如图 7-76 所示。

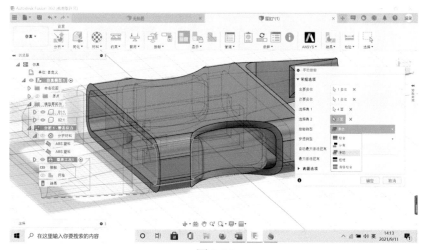

图 7-76

（5）在搭扣的另一侧建立同样的手动连接。它的选择是有顺序的，先选内搭扣，再选外搭扣。当一个物体挤压另一个物体时，主动的物体称为主实体。主实体要先选择，再选择从属的实体。

选择集 1 是主实体上的接触面，如图 7-77 所示。

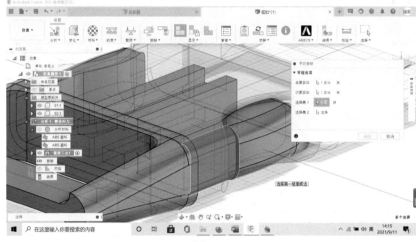

图 7-77

选择集 2 是从属实体上的接触面，如图 7-78 所示。

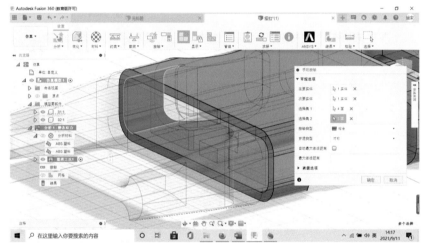

图 7-78

（6）接触类型滑动，最大激活距离为 0.05mm。这里设置最大激活距离为 0.05mm 是因为模型导入到 CAE 仿真分析以后，接触距离不一定符合仿真需要，肉眼可能难以分辨，如果这个面有点粗糙，或者有些破面的话，它是无法识别的，我们就会给它设置最大的激活距离。这样它就会选择区域内所有的地方，认为这些地方已经接触了，认为接触产生，这样就不会遗漏某些区域。

下面设置"连杆摩擦刚度"，也就是滑动摩擦系数。假设是 0.01，如图 7-79 所示。

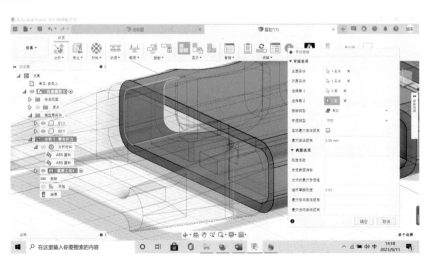

图 7-79

7. 对分析求解

当把分析参数设置好后，预检查现在是绿色，说明参数设置正确，可以求解。单击工具栏中的"求解"按钮，弹出"求解"对话框，如图7-80所示。

> 🔊 **注意**
>
> 求解前要先保存设计。

图 7-80

单击"对1个分析求解"按钮，软件会把数据保存在左侧的数据面板中。然后开始求解。求解结束后计算结果会从云端传输回来。Fusion 360 会根据求解结果进行信息说明和建议，如图7-81所示。

图 7-81

8. 查看结果

求解完成后可以看到一个载荷工况的云图，用户可以查看安全系数。从数值来判断，数值在1以下的材料承载这个载荷是比较危险的；数值在1～3之间，材料承载这个载荷勉强满足设计需求；数值在3～6之间，材料承载这个载荷满足设计需求；数值在6～8之间，绝对安全。现在分析结果最小值是11.19，最大值是15，数值超出了8，证明 ABS 塑料承受 10 牛顿的拉力是绝对安全的，如图7-82所示。

图 7-82

可以切换其他云图进行结果查看，例如应力云图、位移云图、反作用力等，如图 7-83 所示。

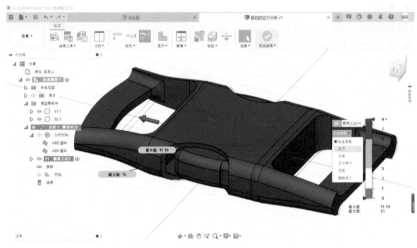

图 7-83

切换为应力云图，用来确定这个物体的出载、收载情况，如图 7-84 所示。

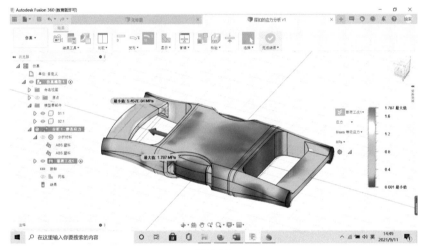

图 7-84

最大值区域为 5.457E~04MPa，最小值区域为 1.787MPa，最大值区域呈现黄色，有的点是红色，这是偏大的一个值。这个区域的载荷大于其他区域，表示这个区域受载相对严重，如图 7-85 所示。

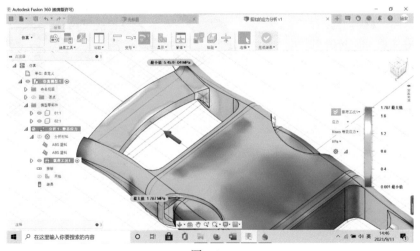

图 7-85

两个黄色区域刚好是受背带挤压后的受力点，所以这个图比较符合我们理想中模型的受载情况。

切换为位移云图进行查看，如图 7-86 所示。

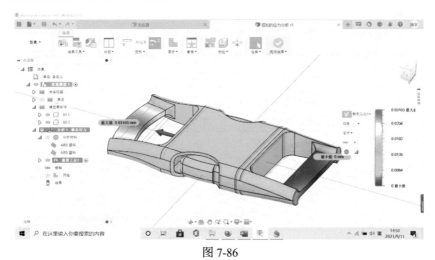

图 7-86

我们还可以将网格显示出来观察模型。不同区域，网格的大小不同，如图 7-87 所示。

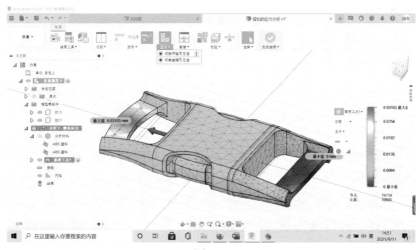

图 7-87

这是因为对模型变化较大、比较剧烈的区域需要进行特殊的处理。网格更细更密可以达到提高求解精确度的效果，表面上看网格呈三角形，其实它是四边形的网格，如图 7-88 所示。

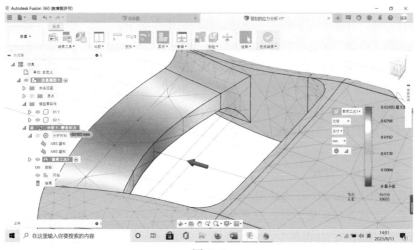

图 7-88

最终我们可以选择"完成结果"→"动画演示"命令，播放录制动画，观察材料应力变形情况，如图 7-89 所示。

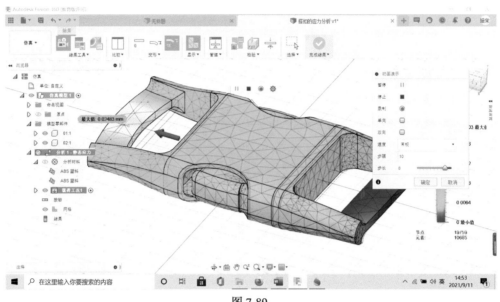

图 7-89

7.2.2 连杆组件的静态应力分析

概述：静态应力仿真分析是仿真中最常用到的分析类型之一，我们再用一个连杆组件模型来让大家了解一下 Fusion 360 仿真中的静态应力仿真分析。

学习要点

- **基本仿真流程：熟悉基本的静态应力仿真流程。**
- **克隆分析并更改设置：了解复制分析和对设置的修改。**
- **定义其他接触与载荷：了解不同的接触类型和载荷。**
- **求解结果的比较：了解不同的求解方式而带来的分析结果的不同，比较结果之间的优劣。**

1. 打开模型

（1）打开结合杆部件，并在个人文件夹中创建该部件的工作副本。

（2）在数据面板的"样例"部分，打开 Basic Training → 11 - Simulation → Connecting Rod Assembly，如果当前未显示数据面板，可单击屏幕顶部的"显示数据面板"按钮。数据面板显示在程序窗口的左侧。

数据面板的顶层（主视图）分为两个子部分："项目"和"样例"。滚动到"项目"列表底部（如有必要），查看"样例"列表。

（3）找到"样例"下的 Basic Training 条目，然后双击它。数据面板会显示一个文件夹列表，其中包含培训课程模型。

（4）双击 11 - Simulation 文件夹。

（5）双击或者右击模型 Connecting Rod Assembly。

当在 Fusion 中第一次打开样例模型时，它将会显示在"模型"工作空间中。该模型为只读模式，必须将该模型的副本保存到个人项目中。在屏幕左上角，选择"文件"→"另存为"命令。

（1）创建项目以存储培训模型。单击"新建项目"按钮，指定项目名称，按 Enter 键。

（2）在项目中创建文件夹模型。单击"新建文件夹"按钮，指定文件夹名称，按 Enter 键，双击新文件夹使其成为当前文件保存位置。

（3）单击"保存"按钮。

2. 创建新仿真分析

在此步骤中，我们将选择所需的单位制，创建静态应力仿真分析，并定义网格大小。

（1）访问"仿真"工作空间，从位于工具栏左端的"更改工作空间"下拉菜单中选择"仿真"。

（2）选择用于仿真的单位。在安装 Fusion 360 时，系统会指定默认单位，之后可以对该单位系统进行更改。此外，仿真环境中的单位独立于"模型"工作空间中指定的单位。因此，当切换到"仿真"工作空间时，单位可能会发生变化。因此，请确认是否指定了正确的单位，以与本教程保持一致。

（3）当光标指向浏览器中的"单位"节点时，单击"编辑"按钮✎。从"默认单位集"下拉列表框中选择"公制（SI）"，单击"确定"按钮。

（4）在"仿真"工具栏中，单击"新建仿真分析"按钮🗂。请注意，在创建分析之后，其他仿真命令才可用。

（5）在"分析"对话框中，选择"静态应力"选项。

（6）对话框左下角有"设置"选项，单击其左侧箭头，展开对话框的设置框。

（7）在"常规"设置中，确保"删除刚体模态"选项未被激活。此选项仅适用于未受全约束的模型。在分析 1 中，我们涵盖此类约束。

（8）从对话框的左侧框中选择"网格"以显示网格设置。

（9）选中"绝对大小"单选按钮，并设置 3mm。

（10）单击"确定"按钮，现在"仿真"工作空间中其余的命令可用。

3. 指定材料

默认情况下，仿真分析材料与"模型"工作空间中定义的材料相同。在此步骤中，我们将确认分析材料是否是我们所需的材料。

（1）在"仿真"工具栏的"材料"面板中，单击"分析材料"按钮⬡，这是此面板中的默认命令。

（2）在"应用材料"对话框中，确认"分析材料"列中的值是否按照如下定义。

- **连杆**（Connecting Rod）：连杆使用铝 5052 H32 材料。如果不是，需要从下拉列表框中选择此材料。
- **大型销**（Large Pin）和**小型销**（Small Pin）：两个销使用钢 AISI 1020 107 HR 材料。如果不是，需要从下拉列表中选择此材料。

（3）单击"确定"按钮。

4. 应用约束

模型需保持静态稳定，但又不会阻碍预计变形所需的全部约束。通常，静态应力分析模型需要在三个全局方向上保持静态稳定。稍后，我们将查看备选解决方法。现在，我们添加必要的 X、Y 和 Z 约束。

（1）约束小型销，完全固定小型销的端面。

在"仿真"工具栏的"约束"面板中，单击"结构约束"按钮⬛（它是此面板中的默认命令）。约束的默认类型为"固定"（第一个固定命令），默认情况下所有三个方向均被约束（轴 Ux、Uy 和 Uz），这是我们所希望的情形。

选择小型销的顶部（+Y）端面，再单击屏幕右上角视图块（ViewCube）的最底部角点，即右面、前面和底面相交的角点（当光标位于该角点附近时，角点将变为浅蓝色），此操作可生成模型的不同等轴侧视图，此时底面可见。按住 Ctrl 键的同时单击小型销的底部（-Y）端面以将其选中，如图 7-90 所示。单击"确定"按钮。

（2）约束大型销。大型销的圆柱面已经被分割，以提供用于应用约束的边。在直边上需要 Z 向约束，以防止销在大口径孔内旋转。这些边位于连杆部件的 XY 对称平面中，在垂直于该对称平面的方向（在本例中为 Z 方向）上不能发生位移。因此，我们沿着 XY 对称平面的任何位置应用 Z 向约束，不会妨碍此零件在载荷作用下的自然变形。

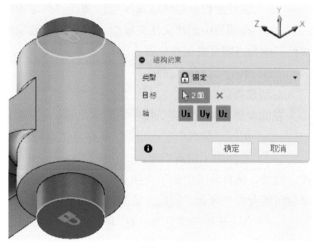

图 7-90

在销的长度中间位置处围绕有一条圆形边，此边位于 XZ 对称平面中（模型、载荷和约束均以 XY 和 XZ 这两个平面为对称平面），在此边上应用 Y 向约束可防止销进行轴向移动。此外，由于此边位于对称平面中，因此法向方向上的约束不会妨碍零件的自然变形。

在浏览器中，展开"模型零部件"分支，然后展开 Connecting Rod Assembly（连杆部件）子分支。单击 Connecting Rod：1 零部件名的灯泡图标 💡 以隐藏连杆。在仿真图形窗口中单击鼠标右键，然后从弹出的快捷菜单中选择"重复结构约束"命令。在"结构约束"对话框中的"轴"区域，取消激活 Ux 和 Uy，即只约束 Z 方向。

单击大型销上的两条可见直边，将其选中（每条边长度均为销的一半），单击屏幕右上角 ViewCube 的左上方角（该角为前面、左面与顶面相交处）。单击大型销上其余的两条可见直边。"结构约束"对话框中的"目标"项表明 4 条边处于选中状态，并且模型应类似于图 7-91 所示。单击"确定"按钮。

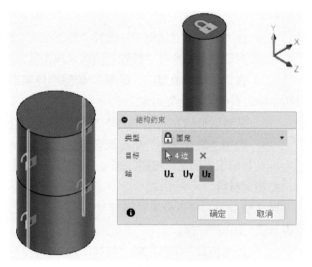

图 7-91

在仿真图形窗口中单击鼠标右键，然后在弹出的快捷菜单中选择"重复结构约束"命令。在"结构约束"对话框中的"轴"区域，取消激活 Ux 和 Uz，即只约束 Y 方向。

单击位于大型销中间长度位置处的两条半圆形边，将其选中（如果不小心选择了面，再次单击可取消选择它）。"结构约束"对话框中的"目标"项表明 2 条边处于选中状态，并且模型应类似于图 7-92 所示。单击"确定"按钮。

大型销仅靠与连杆接触，在 X 方向上受到约束。反过来，连杆靠与小型销接触仅在 X 方向上受到约束，即它完全被约束。当销被折弯并且连杆在载荷作用下拉伸时，连杆和大型销可以自由地在 X 方向上移动。

（3）约束连杆。若要使部件保持静态稳定，还需要一个约束。我们必须防止连杆在 Y 方向上的刚体

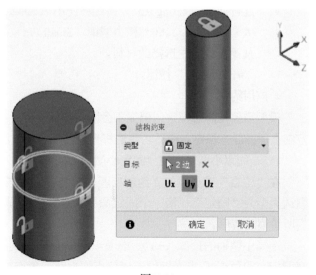

图 7-92

运动。此外，沿 XZ 对称平面约束边，在这种情况下应该不会发生法向（Y） 平动。

在浏览器中，单击 Large Pin：1 零件名中的灯泡图标 💡 以隐藏大型销。单击 Connecting Rod：1 零件名中的灯泡图标 💡 以显示 连杆。

在仿真图形窗口中单击鼠标右键，从弹出的快捷菜单中选择"重复结构约束"命令。在"结构约束"对话框中的"轴"区域，取消激活 Ux 和 Uz，即只约束 Y 方向。单击位于连杆大口径孔中间深度位置处的圆形边，模型应类似于图 7-93 所示。单击"确定"按钮。

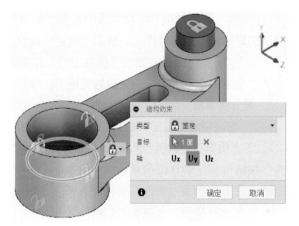

图 7-93

5. 应用载荷

现在，我们在 -X 方向上对大型销的端面施加总计 2000 牛顿（每个端面 1000 牛顿）的力。

（1） 在浏览器中，单击 Large Pin：1 零部件标题中的灯泡图标 💡 以显示大型销。

（2） 在"仿真"工具栏的"载荷"面板中，单击"结构载荷"按钮 ⟱ （它是此面板中的默认命令）。载荷的默认类型为"力"，这是我们所需要的。

（3） 单击大型销的顶部（+Y） 端面以将其选中。

（4） 单击屏幕右上角视图块 ViewCube 最下方的一角（该角为前面、右面与底面相交处）。此操作会产生不同的等轴侧视图，在该视图中，可以看到部件的底侧。

（5） 单击大型销的底部（-Y） 端面，以将其选中。

（6） 在"结构载荷"对话框中，将"方向类型"设置为 🔺。

（7） 在 Fx 文本框中输入 -2000N。由于我们没有激活"每实体的力"选项，因此将在选定的面之间分割 -2000 牛顿的力。由于两个面的面积相等，故每个面接收总载荷一半的载荷（1000 牛顿）。此时模型应类似于图 7-94 所示。

（8） 单击"确定"按钮。

（9） 单击光标附近的视图块 ViewCube 上方显示的"主视图"按钮 🏠，将恢复为模型的默认等轴侧视图。

6. 定义接触集合

下面自动检测接触集合，并将接触类型从"粘合"更改为"分离"。

无论零件或连杆部件彼此在何处接触，都需要定义分离接触。我们可以使用"自动接触"命令查找所

图 7-94

有接触集合。但是因接触集合已被指定默认接触类型（"粘合"），运行"自动接触"之后，要编辑接触类型。分离接触允许两个实体沿着彼此滑动，或者自由地彼此分离开来。但是，实体不能彼此穿透。此接触类型代表我们的模型所表示的实际连杆部件的行为。

（1） 在"仿真"工具栏的"接触"面板中，单击"自动接触"（面板中的默认命令）。

（2） 在"自动接触"对话框中，"实体"默认"接触检测公差"为 0.10mm。请保留此值。单击"生成"按钮，已检测到接触集合，并且对话框已关闭。

（3） 在浏览器的"接触"节点处，当光标悬停在名称上时显示的"编辑"按钮 🖉，单击该按钮，打开"接触管理器"对话框。

（4） 单击表的第一行以将其选中；按住 Shift 键的同时，单击表的最后一行，表的所有行现在均处于选中状态。

（5）在"接触类型"下拉列表中选择"分离"选项，此接触类型将应用于表中列出的每个接触集合。保留默认的穿透类型为"对称"。单击"确定"按钮。

（6）定义完接触后即完成了仿真设置。保存模型，单击屏幕顶部的"保存"按钮💾，在显示的提示"版本说明"文本框中输入"分析 1 设置完成"，单击"确定"按钮。

7. 对分析求解

（1）在云中或本地运行仿真。

（2）"仿真"工具栏"求解"面板中的"预检查"图标是一个金黄色的感叹号▣，表示存在警告。单击"预检查"按钮▣以了解详细信息。该警告指示模型中包含一个或多个部分约束的组。我们料到会有此警告，因为大型销未应用 X 约束，而连杆未应用 X 或 Y 约束。不应担心这个问题，原因如下。

- 与连杆接触，可限制大型销的 X 位移。
- 与小型销和大型销接触，可限制连杆的 Y 位移。
- 与小型销接触，可限制连杆的 X 位移。

（3）单击"关闭"按钮以关闭警告。

（4）在"仿真"工具栏的"求解"面板中单击"求解"按钮🖩。

（5）指定计算位置，并选择在云中还是在本地求解（在云中求解会消耗云积分）。

（6）单击"求解"按钮。此模型的求解可能需要几分钟时间才能完成。求解器会确定在模型接触面上哪里相互接触以及哪里相互分离。

8. 查看结果

查看位移、应力和接触压力结果。在使用另一种设置方案运行仿真后，我们将通过并行比较，更深入地了解每个分析的结果。

（1）查看总位移结果。在求解完成时，最初会显示总位移结果。位移结果如图 7-95 所示。

（2）查看 Mises 等效应力结果。在图例旁边的"结果"下拉列表中选择"应力"选项。默认情况下最初显示的应力结果类型为 Mises 等效应力。

在"仿真"工具栏中，选择"检验"→"显示最小值 / 最大值"命令，以在最小和最大 Mises 等效应力结果发生处显示标记。按住 Shift 键的同时，单击鼠标中键并拖动鼠标旋转模型。定位视图，可以清楚地看到最大和最小应力点。可以根据需要单击最小值和最大值引出序号并将其拖至其他位置，如图 7-96 所示。

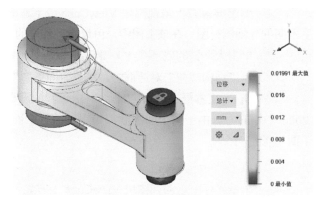

图 7-95

（3）恢复默认位移结果和等轴测视图。在"仿真"工具栏中，选择"检验"→"隐藏最小值 / 最大值"命令。在图例旁边的"结果"下拉列表中选择"位移"选项，总位移结果将再次显示。单击 ViewCube 上方显示的

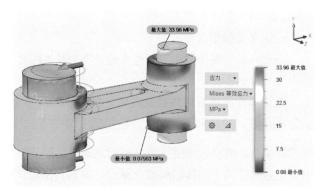

图 7-96

"主视图"按钮🏠，视图将恢复为模型的默认等轴侧视图。

9. 克隆分析并更改设置

创建分析 1 的副本，但对于分析 2 启用"删除刚体模态"选项。

（1）在浏览器中的"分析 1 - 静态应力"名称上单击鼠标右键，然后从弹出的快捷菜单中选择"克隆分析"命令。"分析 2 - 静态应力"节点显示在浏览器中，新的分析将变为激活状态。

（2）在"仿真"工具栏的"管理"面板中，选择"设置"命令（此面板中的默认命令）。

（3）在"常规"设置中，激活"删除刚体模态"复选框。

（4）单击"确定"按钮。

10. 删除约束"固定1"

当激活"删除刚体模态"选项时，求解器将应用全局加速度载荷以达到系统平衡状态。此全局加速度会抵消作用在模型上的任何不平衡的载荷，使之实现平衡（因而不再需要任何约束）。此时要求模型必须不受完全约束，或者仅在应用平衡载荷（或无载荷）的方向上受约束。在本练习中，我们将仅删除之前应用于小型销末端的完全固定约束。

（1）展开分析2中浏览器的"载荷工况：1"分支。

（2）展开"载荷工况：1"下面的"约束"子分支。

（3）在"约束"下面的"固定1"名称上单击鼠标右键，然后从弹出的快捷菜单中选择"删除"命令。在删除此约束后，现在模型上的任何位置都没有X约束。在接下来的步骤中，我们将平衡应用于模型X向的载荷，Y和Z向约束保持不变，这是可接受的，因为在Y或Z方向上没有定义其他载荷。

11. 添加其他载荷

当激活完全或部分未受约束模型的"删除刚体模态"选项时，求解器不需要平衡在未受约束方向上作用的应用载荷。但是，如果您知道作用在模型上的相反力，应该添加它们，这样可确保获得更准确的应力和位移结果。求解器仅需要应用很小的全局加速度，来抵消将模型分割为有限元素时出现的轻微失衡状态。

首先在小型销的末端添加与大型销载荷大小相等但方向相反的载荷。

（1）在"仿真"工具栏的"载荷"面板中，单击"结构载荷"按钮 ⚒。载荷的默认类型为"力"，这是我们所需要的。

（2）单击小型销的顶部（+Y）端面，将其选中。

（3）单击ViewCube最下方的一角（该角为前面、右面与底面相交处）。此操作会产生不同的等轴侧视图，在该视图中，可以看到部件的底侧。

（4）单击小型销的底部（-Y）端面，将其选中。

（5）在"结构载荷"对话框中，将"方向类型"设置为 ⬛。

（6）在Fx文本框中输入2000N，如图7-97所示。

（7）单击"确定"按钮。

（8）单击ViewCube上方显示的"主视图"按钮 ⌂，视图恢复为模型的默认等轴侧视图。

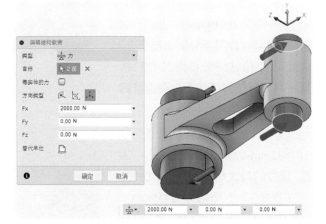

图 7-97

12. 对第二个分析求解

（1）在云中或在本地对分析2运行仿真。

（2）"仿真"工具栏"求解"面板中的"预检查"图标是一个金黄色的感叹号 ⚠，表示存在警告，单击"预检查"按钮 ⚠ 了解详细信息。警告表示未定义结构约束。我们料到会出现此警告，因为我们是使用"删除刚体模态"功能来使模型保持稳定，而非使用约束。

（3）单击"关闭"按钮以关闭警告。

（4）在"仿真"工具栏的"求解"面板中单击"求解"按钮 ⚙。

（5）指定计算方式，选择在云中或在本地求解。请注意，分析1未被选中，因为它已求解（在云中求解会消耗云积分）。

（6）分析2已被选中，单击"求解"按钮，对分析2运行仿真。此模型可能需要几分钟时间才能完成求解。求解器会确定模型在接触面上哪里会接触在一起以及在哪里分离。

13. 比较分析结果

使用"比较"工作空间，在平铺窗口中查看最多四个仿真分析结果。在此使用该工作空间比较分析1和分析 2 的结果。

请注意，在软件的不同版本之间，所生成的网格或接触迭代方面存在微小的差别是很常见的，即使在不同计算机平台上对模型进行求解，也是如此。您的结果应该与此页面上显示的结果类似，但可能不完全相同。您可以忽略结果中这些细小的差别。

在求解完成并显示分析 2 的位移结果后，访问"比较"工作空间并选择要显示的分析，执行以下步骤。

（1）从工具栏左端的"更改工作空间"下拉菜单中选择"比较"命令，工具栏将更改为包含特定用户比较结果的命令，将会显示两个并排的等值线图。通常情况下，分析 1 显示在左侧窗口中，分析 2 显示在右侧窗口中，这是我们所希望的情形。

（2）如有必要，使用每个窗口左下角的下拉菜单选择要显示的不同分析。结果选项、分析选择器、ViewCube 和导航工具栏仅对激活的窗口可见。

（3）访问"比较"工具栏中的"同步"下拉菜单，确保已设置以下选项：

- **同步相机**：已启用。
- **同步结果类型**：已启用。
- **同步最小值 / 最大值**：已禁用。

（4）左侧窗口单击以将其激活。

（5）使用图例旁边的下拉菜单，将位移类型从"总计"更改为"X"。X 位移将显示在两个窗口中，分析结果如图 7-98 所示。

因为分析 1 模型的一端已固定，并且力沿 -X 方向拉伸部件，所以所有 X 位移结果均为负。

对于分析 1，部件的最大相对 X 位移约为 0.0199mm。由于 +X 和 -X 力同时作用于分析 2 模型上，因此正 X 位移结果和负 X 位移结果并存。零位移区域发生在连杆跨距的中间位置附近。

分析 2 的位移变化在 0.01632mm-0.00823mm 之间，因此，部件的最大相对位移为 0.01632 -（-0.00823），即约 0.02455mm。部件的变形在分析 2 中更大，这并不奇怪。在端面上没有固定约束时，小型销可自由折弯更大幅度。

（6）使用图例旁边的下拉菜单，将结果类型从"位移"更改为"应力"。Mises 等效应力将显示在两个窗口中，分析结果类似于图 7-99 所示。

（7）使用图例旁边的下拉菜单，将结果类型从"应力"更改为"安全系数"，如图 7-100 所示。

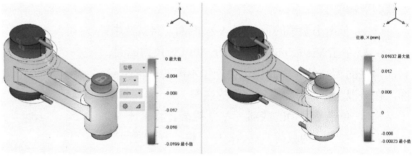

图 7-98

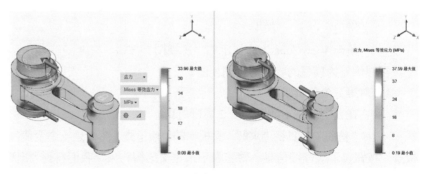

图 7-99

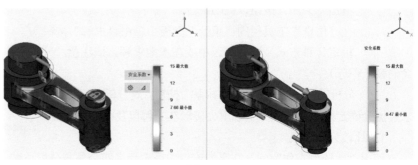

图 7-100

此时，分析 1 的最大 Mises 等效应力约为 34MPa。如之前所见，位置位于短销的边上。此销作为一个固定梁，最大力矩位于末端支撑处。

分析 2 的最大 Mises 等效应力介于 37MPa 到 38MPa 之间。它出现在小型销中间长度位置的曲面上。如果需要，可以暂时返回到"仿真"工作空间以隐藏零件并显示最小值 / 最大值探头，这在"比较"工作空间无法实现。当最大结果位于隐藏面上时，执行此操作可以找到最大结果。

分析 2 的应力超出分析 1 的应力约 11%；安全系数结果反映了分析 2 中增加的应力级别，其中安全系数比分析 1 小 16%。

（8）使用图例旁边的下拉菜单，将结果类型从"安全系数"更改为"接触压力"，如图 7-101 所示。此时，分析 2 中小型销折弯变形的量更大，导致在连杆孔的边附近有更大的局部接触区域。最终结果是分析 2 的接触压力增加 38%。

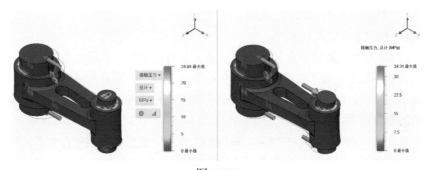

图 7-101

7.2.3 散热器的热分析

概述： 热分析是指用热力学参数或物理参数随温度变化的关系进行分析的方法，这也是在产品研发中常用到的分析方法。在这个案例中，我们做了两次热分析，第一次和第二次热分析的设计方案不同。通过设计的变更进行快速仿真，检验第二次的分析结果，可以查看是否达到了设计要求。

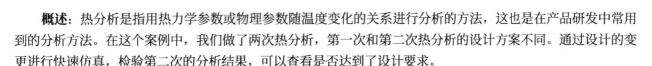

学习要点

▪▪ **建立热分析：** 了解热分析仿真流程。

▪▪ **指定材料：** 了解检查材料是否具有适合分析类型的必要材料特性。

▪▪ **抑制不必要的实体：** 优化仿真网格数量，节省仿真计算时间。

▪▪ **应用热载荷：** 掌握选择并应用热载荷的一些技巧。

▪▪ **求解和查看结果：** 掌握求解的步骤和查看分析的结果，检查第二次分析是否达到了设计要求。

1. 打开模型

（1）在数据面板的"样例"部分中，浏览到以下位置：Basic Training → 11 - Simulation → Radiator。

（2）如果数据面板未显示，单击位于屏幕顶部的"显示数据面板"按钮▦，数据面板会显示在程序窗口的左侧。数据面部的顶层（主视图）分为两个子部分："项目"和"样例"。滚动到"项目"列表底部（如有必要），查看"样例"列表。

（3）找到"样例"下的 Basic Training 选项并双击，数据面板会显示一个文件夹列表，其中包含培训课程模型。双击 11 - Simulation 文件夹，双击打开 Radiator 模型。

当第一次打开样例模型时，Fusion 中的工作空间为"建模"工作空间，模型为只读模式，因此需要保存到个人项目中。

（1）选择"文件"→"另存为"命令。

- **创建项目以存储培训模型**：单击"新建项目"按钮，指定项目名称，按 Enter 键。
- **在项目中创建文件夹以存储模型**：单击"新建文件夹"按钮，指定文件夹名称，按 Enter 键，双击新文件夹使其成为当前文件保存位置。

（2）单击"保存"按钮。

2. 创建新的热分析

（1）单击左上角的工作空间，从下拉列表中选择"仿真"工作空间，工具栏将更改为包含用于仿真的命令。

（2）选择用于仿真的单位。在安装 Fusion 360 时，系统会指定默认单位，之后可以对该单位系统进行更改。此外，仿真环境中的单位独立于"模型"工作空间中指定的单位。因此，当切换到"仿真"工作空间时，单位可能会变化。因此，需要确认是否指定了与本教程一致的单位。

当光标指向浏览器的"单位"节点时，显示的"编辑"按钮，单击该按钮，从"默认单位集"下拉列表中选择"公制（SI）"选项，单击"确定"按钮。

（3）创建新的热仿真分析并定义其参数。

在"仿真"工具栏中，单击"新建仿真分析"按钮（此时它是唯一可用的命令）；在"分析"对话框中，选择"热量"选项。对话框左下角有"设置"选项，单击其左侧箭头，展开对话框的设置框。从对话框的左侧中选择"网格"以显示网格设置；选中"绝对大小"单选按钮，并输入 10 mm。单击"确定"按钮。此时"仿真"工作空间中其余的命令可用。

仿真的最终目标是获得不依赖于网格的结果。典型的工作流可能包括网格依存关系分析，更改网格以查看对结果的影响。本教程将使用相对粗糙的网格来减少计算时间。

3. 指定材料

在 Fusion 的其他工作空间中定义的材料将自动继承，请检查材料是否具有适合分析类型的必要材料特性（如材料传导系数）。

（1）从"工作空间"工具栏的"材料"面板中选择"分析材料"命令。

（2）单击左下角的"全部选择"按钮，选择所有零部件。

（3）将其中一个下拉菜单的"分析材料"更改为"铝"。

（4）单击"确定"按钮。

4. 抑制不必要的实体

仿真需要的计算时间很大程度上取决于网格数量，因而对不必要的对象，最好通过抑制将其从仿真网格化中删除（该操作不会影响模型空间中的结构）。

（1）展开浏览器的"模型零部件"部分。

（2）在浏览器中的 Water 节点上单击鼠标右键，在弹出的快捷菜单中选择"抑制"命令，使其从网格设置和图形窗口中删除。

（3）选中浏览器 Fittings 节点旁的复选框。对于配件（Fittings），浏览器显示的内容与水（Water）相同。Fusion 具有很大的灵活性，允许按照个人偏好来设计工作流，如图 7-102 所示。

5. 应用热载荷

每个分析需要被正确约束。在此步骤中，我们将使用一些技巧来进行选择并应用热载荷。

对管道应用温度载荷，载荷基于这样的假设：对于散热器，可以假设管道内壁的温度与流经散热器的水流的温度相同；还假设流速足够高，因水流而导致的温度不均是可以忽略不计的。

（1）在浏览器中，单击 Fins 旁边的灯泡以隐藏它们。

（2）单击屏幕右上角导航立方体 ViewCube 的右侧面。

（3）在工具栏中单击"热载荷"按钮。

（4）将"类型"设置为"应用温度"，这样能阻止将不兼容的载荷放在同一曲面上。

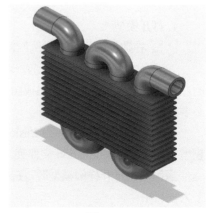

图 7-102

（5）单击"选择所有面"按钮 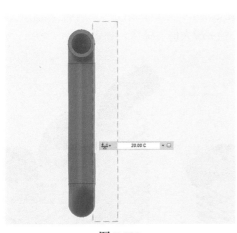，允许选择所有管道曲面。

（6）单击"管道"。

（7）再次单击"选择所有面"按钮 ，允许使用标准选择来取消选择管道的外部面。

（8）在模型的右下方单击鼠标左键，拖动鼠标至左上以完成框选，如图 7-103 所示（使用 ViewCube 调整模型的视图，可以使选择变得容易些）。

（9）单击"替代单位"按钮 ，从下拉列表中选择"C"。在"温度值"文本框中输入 75 ℃（该温度实际上取决于热水器或锅炉，最好进行保守的假设）。

（10）单击"确定"按钮。

图 7-104 所示是应用温度曲面的主视图。

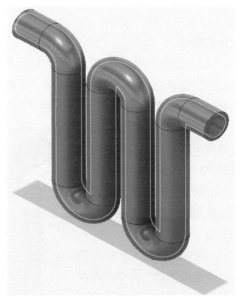

图 7-103　　　　　　　　　　　　　　　　图 7-104

对散热片 Fins 应用载荷，散热片会通过自然对流和辐射方式将热量散发到环境中。

（1）在浏览器中，单击散热片 Fins 旁边的灯泡以显示它们。

（2）在浏览器中，单击管道 Pipe 旁边的灯泡将其隐藏。

（3）如果方向已更改，单击导航立方体 ViewCube 的右侧面。

（4）在"工作空间"工具栏中单击"热载荷"按钮 。

（5）将"载荷类型"更改为"辐射"，保留发射率 / 吸收率数值 1 和环境温度值 293.15 K（即 20 ℃）的默认值。

（6）单击鼠标左键，然后拖动窗口以围绕所有散热片，选中 140 个面。

（7）单击导航立方体 ViewCube 上方的箭头。

（8）在散热片顶部孔的左上方单击鼠标左键，并将窗口拖至最底部孔的右下方。务必将选择窗口拉向右下侧，才能正确地仅取消选择完全被窗口包围的曲面。现在有 84 个面被选中，如图 7-105 所示。

（9）单击"确定"按钮。

（10）在功能区中单击"热载荷"按钮 。

（11）将"载荷类型"更改为"对流"。

（12）重复步骤（6）～（8）以选择相同的曲面。

（13）在"对流值"文本框中输入"5 E-6 W/mm2"。

（14）在"环境温度值"文本框中输入"293.15 K"（即 20℃）。

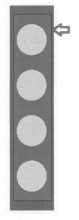

图 7-105

热载荷的环境参数应相同，否则会造成载荷间的冲突。

（15）单击"确定"按钮。

（16）在浏览器中展开"载荷工况"和"载荷"节点，验证三个载荷在浏览器中是否显示为节点。

6. 创建接触

（1）在"工作空间"工具栏中单击"自动接触"按钮 ，因所有零件接触处的间隙为 0，故默认公差是可接受的。

（2）单击"生成"按钮。

7. 对分析求解

设置求解器并对分析求解。

（1）在"工作空间"工具栏中单击"求解"按钮 。

（2）指定使用"在云中"或"本地"单选按钮（在云中求解会消耗云积分）。

（3）单击"求解"按钮。

8. 查看结果

（1）检查温度结果。在浏览器的"模型零部件"节点上单击鼠标右键，在弹出的快捷菜单中选择"显示所有零部件"命令。单击 ViewCube 上的"主视图"按钮 ，温度显示的是默认结果（如不是，请从图例旁边的结果下拉列表中选择"温度"），选择"检验"→"显示最小值 / 最大值"命令。

由于网格划分的较粗糙，温度可能会稍有不同。此例中最小温度仍然超过 70 ℃，这可以在一秒钟之内烫伤皮肤。还可以看到距离管道最近的散热片上的高温线，如图 7-106 所示。

（2）探测高温。选择"检验"→"曲面探测器"命令，在高温度区域内，单击几处散热片模型边的附近点，如图 7-107 所示。选择"检验"→"隐藏所有探测器"命令，隐藏所有探测器。

（3）检验热通量。从"结果"下拉菜单中选择"热通量"命令。查看能量可高效转移的地方。我们注意到，最高的热通量位于模型远离热管道的位置，也是模型中温度最低的地方，如图 7-108 所示。

可以看出，整个模型中温度过高，最高热通量出现在散热片距离管道最远位置的末端。增加散热片的曲面面积，可降低模型的温度。仿真真正的优势在于，对几何模型进行更改后，我们可以快速了解其效果。

成功完成热分析后，我们将在已经增大散热片的模型上使用相同的设置。

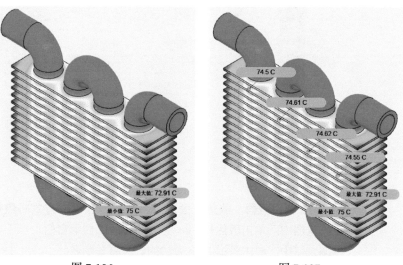

图 7-106　　　　　　　　　　图 7-107

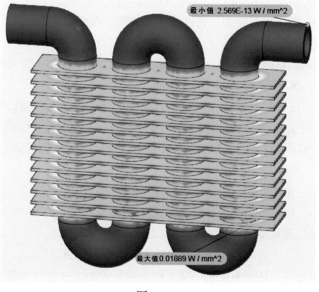

图 7-108

9. 打开模型

在数据面板的"样例"部分中，浏览到以下位置：Basic Training → 11 - Simulation → Radiator Extended Fins。如果数据面板当前未显示，单击屏幕顶部的"显示数据面板"按钮█，数据面板显示在程序窗口的左侧。

（1）数据面板的顶层（主视图）分为两个子部分："项目"和"样例"。滚动到"项目"列表底部（如有必要），查看"样例"列表。

（2）找到"样例"下的 Basic Training 选项并双击。数据面板会显示一个文件夹列表，其中包含培训课程模型。

（3）单击 11 - Simulation 文件夹。

（4）选择 Radiator Extended Fins 模型。

当第一次打开样例模型时，Fusion 中的工作空间为"建模"工作空间。模型为只读模式，需要保存到个人项目中。

（1）选择"文件"→"另存为"命令。

（2）导航至保存第一个散热器模型的项目和文件夹位置。

（3）单击"保存"按钮。

10. 创建新的热分析

（1）单击左上角的工作空间，从下拉列表中选择"仿真"工作空间。

（2）当光标指向浏览器的"单位"节点时，显示"编辑"按钮✐，单击该按钮，从"默认单位集"下拉列表框中选择"公制（SI）"选项，单击"确定"按钮。

（3）在"仿真"工具栏中，单击"新建仿真分析"按钮⬚（此时它是唯一可用的命令）。

（4）在"分析"对话框中，选择"热量"选项。

（5）对话框左下角有"设置"选项，单击其左侧箭头，展开对话框的设置框。

（6）从对话框的左侧选择"网格"以显示网格设置。

（7）单击"绝对大小"单选按钮，并在文本框中输入 10 mm。通过使用绝对网格大小，可确保结果基于可比较的网格大小，并且未根据几何图元进行修改。

（8）单击"确定"按钮，现在"仿真"工作空间中其余的命令可用。

11. 指定材料

为修改后的模型指定材料。

（1）在"工作空间"工具栏中选择"分析材料"命令。

（2）单击位于左下角的"全部选择"按钮，选择所有零部件。

（3）将其中一个下拉菜单的"分析材料"更改为"铝"。

（4）单击"确定"按钮。

12. 抑制不必要的实体

抑制在仿真中不起作用的零部件或实体。对模型所做的更改仅限于散热片，与第一个分析抑制相同的零部件，才能确保进行有效的比较。

（1）展开浏览器的"模型零部件"部分。

（2）在浏览器中的 Water：1 节点上单击鼠标右键，在弹出的快捷菜单中选择"抑制"命令。

（3）选中浏览器中配件 Fittings 节点的复选框。

结果如图 7-109 所示。

13. 应用热载荷

对管道应用温度载荷，载荷基于这样的假设：对于散热器，假设管道内壁的温度与流经散热器的水流的温度相同；还假设流速足够高，因此水流导致的温度不均是可以忽略不计的。

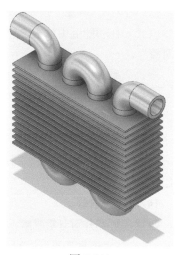

图 7-109

（1）在浏览器中，单击散热片 Fins 旁边的灯泡隐藏它们。

（2）单击导航立方体的右侧面。

（3）在功能区中单击"热载荷"按钮，确保"类型"设置为"应用温度"（Fusion 会将不兼容的载荷放在同一曲面上）。

（4）单击"选择所有面"按钮以允许选择所有管道曲面。

（5）单击"管道"。

（6）再次单击"选择所有面"按钮以允许使用标准选择来取消选择管道的外部面。

（7）在模型的右下方单击鼠标左键，拖动鼠标至左上方以完成框选，如图 7-110 所示（使用 ViewCube 调整模型的视图，可以使选择变得容易些）。

（8）在"温度值"文本框中输入 75℃（该温度实际上取决于热水器或锅炉，最好进行保守的假设）。

（9）单击"确定"按钮。

如图 7-111 所示，是曲面定义了温度的主视图。

对散热片应用载荷，散热片会通过自然对流和辐射方式将热量散发到环境中。

（1）在浏览器中，单击散热片"Fins"旁边的灯泡以显示它们。

（2）在浏览器中，单击管道"Pipe"旁边的灯泡以将其隐藏。

图 7-110　　　　　　　　图 7-111

（3）如果方向已更改，单击导航立方体的右侧面。

（4）在功能区中单击"热载荷"按钮。

（5）将"载荷类型"更改为"辐射"，保留发射率/吸收率数值 1 和环境温度值 293.15 K（即 20 ℃）的默认值。

（6）单击鼠标左键，然后拖动窗口以围绕所有散热片，选中 140 个面。

（7）单击导航立方体上方的箭头。

（8）在散热片顶部孔的左上方单击鼠标左键，并将选择窗口拖至最底部孔的右下方。将选择窗口拖动至右下侧，才能正确地仅取消选择完全被窗口包围的曲面。现在有 84 个面被选中，如图 7-112 所示。

（9）单击"确定"按钮。

（10）在功能区中单击"热载荷"按钮，将"载荷类型"更改为"对流"。

（11）重复步骤（6）～（8）。

（12）在"对流值"文本框中输入"5 E-6 W/mm2"，在"参考温度"文本框中输入"20 ℃"。

（13）单击"确定"按钮。

（14）在浏览器中展开"载荷工况"和"载荷"节点，验证三个载荷已全部输入。

14. 对分析求解

设置求解器并对分析求解，步骤如下。

（1）在"仿真"工具栏的"求解"面板中单击"求解"按钮。

图 7-112

若"预检查"图标为 ，可以单击"修复"链接来了解问题，本例是因为没有定义接触。由于接触的探测是基于默认值，所以可以直接单击"求解"按钮，接触将会自动创建。

（2）选择在云中或在本地求解（在云中求解会消耗云积分）。

（3）单击"求解"按钮。

15. 查看新结果

查看结果以确定是否已满足更改设计的目标：修改了散热片的大小，期望将散热片外部边缘的温度降到 70 ℃以下。

（1）选择"检验"→"曲面探测器"命令。

（2）在高温度区域内，单击几处散热片模型边的附近点。此时可以清晰地看到新设计的散热片，对比原始设计，散热片边缘的温度降了，如图 7-113 所示。

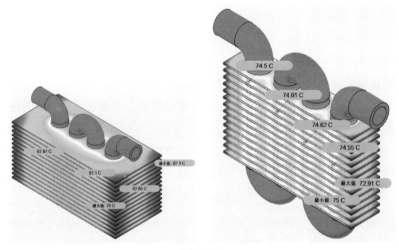

图 7-113

该零部件因温度分析的改进增加了成本，即散热片重量增大了。为了满足最终的设计要求，可能需要执行几个分析。

7.2.4　子弹射击板材的运动仿真案例

概述：在本节中，将以钛材料的子弹射击铝板为案例介绍运动仿真分析。以中国制造的 7.62 毫米五四式手枪子弹为例。7.62 毫米五四式手枪是一种供基层指挥员使用的自卫武器，可杀伤 50m 内有生目标。该枪子弹发射初速为 420 ～ 440m/s，发射力度假设为 1000N。在运动仿真分析实验中，钛材料的子弹在 100mm 的近距离内以 420m/s 的速度、1000N 发射力射击 5mm 厚的铝板。再将子弹移动至 400mm 的位置射击铝板，查看对比运动仿真分析结果，如图 7-114 所示。

学习要点

■■ **指定材料**：熟悉材料的设置、修改与保存。

■■ **应用约束与载荷**：了解约束的设定和加载载荷。

■■ **定义接触集合**：了解管理接触以及模型中接触对的位置。

■■ **求解与结果查看**：了解求解的方式，熟悉位移云图、应力云图和网格的查看。

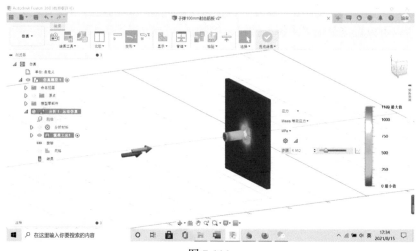

图 7-114

1. 建造模型

在设计环境下的实体模型部分中，建造铝板和子弹模型。

（1）进入草图环境，选择"创建"→"矩形"→"中心角点"命令，选择 XZ 为建造平面，以坐标原点为中心绘制一个长宽都为 100mm 的方形。

（2）完成草图，选择"修改"→"拉伸"命令，拉伸 5mm 厚度。

（3）再次进入草图环境，选择"创建"→"直线"命令，选择 YZ 为建造平面，以坐标原点为中心绘制一条 130mm 的直线，再由直线端点绘制子弹的轮廓，具体数值参考图 7-115。

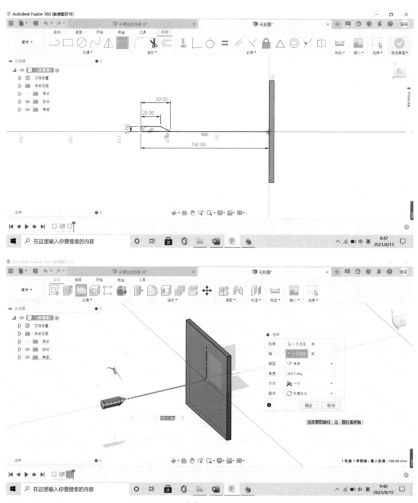

图 7-115

（4）单击"完成草图"按钮，选择"修改"→"旋转"命令，旋转子弹轮廓，生成实体。

这样就建造了一个距离100mm的子弹与铝板的模型场景。

当第一次打开样例模型时，Fusion中的工作空间为"建模"工作空间。模型为只读模式，需要保存到个人项目中。

（1）选择"文件"→"另存为"命令。

- **创建项目以存储培训模型**：单击"新建项目"按钮，指定项目名称，按Enter键。
- **在项目中创建文件夹以存储模型**：单击"新建文件夹"按钮，指定文件夹名称，按Enter键，双击新文件夹使其成为当前文件保存位置。

（2）单击"保存"按钮。

2. 创建分析

（1）单击左上角的工作空间按钮。

（2）从下拉列表中选择"仿真"工作空间，工具栏将更改为包含用于仿真的命令。

（3）选择"分析"→"新建仿真分析"命令。

（4）选择"运动仿真"分析类型，然后单击"确定"按钮。

3. 设置材料

基于子弹射击铝板，下面设置两种材料用作实验——钛材料的子弹与铝材料的板材。

（1）选择"材料"→"分析材料"命令。

（2）实体1为方形板材，实体2为子弹，将"分析材料"实体1材料切换为Aluminum-Moderate-Strength Alloy。

（3）将"分析材料"实体2材料切换为Titanium-High-Strength Alloy，如图7-116所示。

（4）单击"确定"按钮。

4. 应用约束

（1）选择"约束"→"结构约束"命令。

（2）将"类型"设置为"固定"（"类型"下拉列表中的第1个选项）。

（3）选择铝板背面的曲面，如图7-117所示。

（4）确保Ux、Uy和Uz方向已被约束。

（5）单击"确定"按钮。

图 7-116

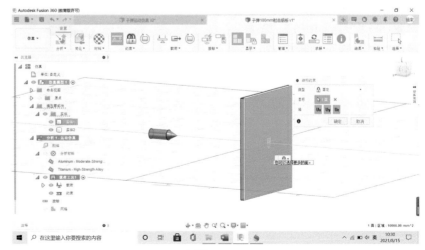

图 7-117

5. 应用载荷

子弹射击铝板需要两个载荷，一个是初始线性速度，另一个是瞬态力，我们以 7.62 毫米五四式手枪为例，子弹初速为 420～440m/s，瞬态力假设为 1000N。

（1）选择"载荷"→"结构载荷"命令。

（2）将"类型"设置为"力"。

（3）选择"载荷"→"初始线性速度"命令，选择子弹后部的面，设置 Y 为 420m/s，如图 7-118 所示。

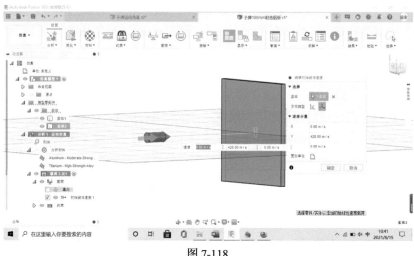

图 7-118

（4）选择"载荷"→"瞬态力"命令，选择子弹后部的面，设置 Fy 为 1000N，单击"确定"按钮，如图 7-119 所示。

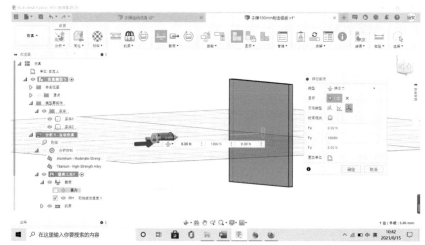

图 7-119

6. 接触

选择"接触"→"管理接触"命令，选择实体 2，右击，在弹出的快捷菜单中选择"切换接触类型"命令，将"分离"切换为"粘合"，单击"确定"按钮，如图 7-120 所示。

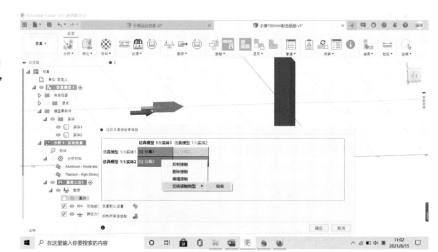

图 7-120

7. 对分析求解

现在，我们已准备好对分析进行求解并生成运动仿真动画。

（1）选择"预检查"命令，对分析条件是否齐备、是否设置正确进行检查。

（2）选择"求解"→"求解"命令。

（3）确保"在云中"处于选中状态，然后单击"对 1 个分析求解"按钮（运动仿真分析仅适用于云求解）。本次运动仿真分析需要消耗 15 个积分，如图 7-121 所示。

（4）分析完成后，查看子弹运动仿真的云图，可以切换应力云图、位移云图、反作用力、速度以及加速度等，如图 7-122 所示。

图 7-121

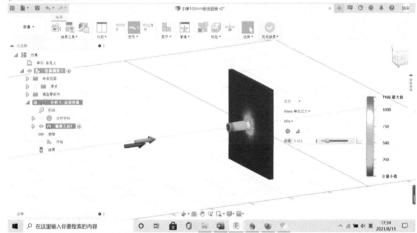

图 7-122

8. 查看运动仿真分析结果

目前已经生成了运动仿真，选择"动画"命令可演示子弹以 420m/s 向铝板射击变形的动画，如图 7-123 所示。

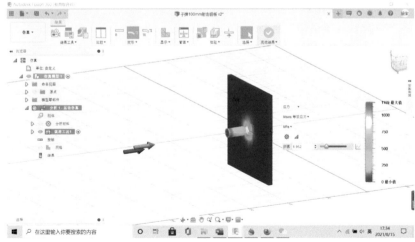

图 7-123

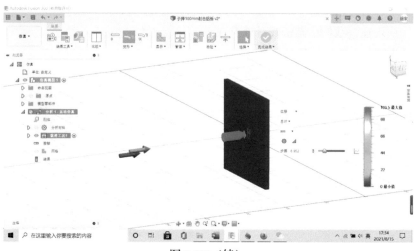

图 7-123（续）

9. 将子弹的距离移动至400mm 外射击

（1）切换设计工作环境，选择"修改"→"移动 / 复制"命令，将子弹沿 Z 方向移动 -300mm，如图 7-124 所示。

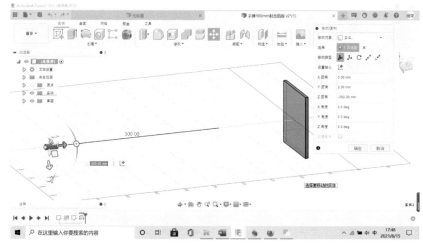

图 7-124

（2）切换仿真工作环境，选择"求解"→"求解"命令。

（3）确保"在云中"处于选中状态，然后单击"对 1 个分析求解"按钮，如图 7-125 所示。

图 7-125

（4）分析完成后，查看运动仿真的结果，选择"动画"命令查看运动仿真动画，并单击"录制"按钮把仿真动画保存为 AVI 格式，如图 7-126 所示。

🔊 **提示**

　　仿真结果动画可到教材配套资源下载观看。

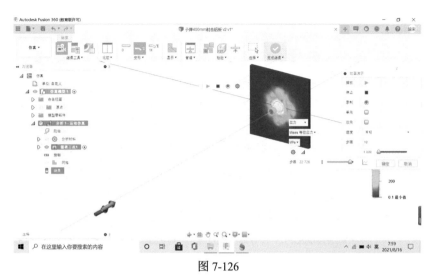

图 7-126

（5）选择"比较"命令，查看运动仿真的比较结果，如图 7-127 所示。

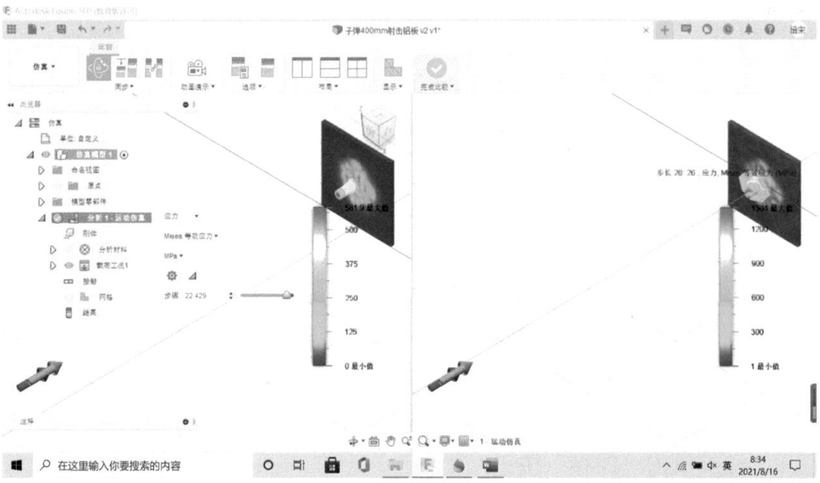

图 7-127

7.2.5 ▶ 形状优化案例 - 机器人夹持臂的轻量化设计 ▼

概述： 在本节中，我们将执行形状优化分析以减小机器人夹持臂的重量，目标是将重量减小到原始设计的 40%；同时，在特定大小载荷作用下，安全系数大于 2.0。夹持臂由钢材料制成，旨在承受抓取面上的压缩载荷。轻量化设计中使用到的分析类型为形状优化功能，如图 7-128 所示。

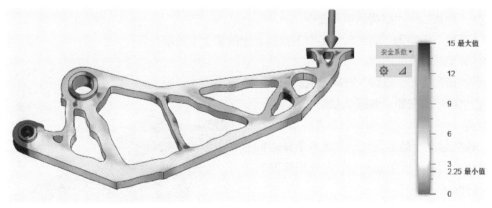

图 7-128

- 指定材料：熟悉材料的设置、修改与保存。
- 应用约束与载荷：了解约束的设定和加载载荷。
- 定义接触集合：了解滑动接触以及模型中接触对的位置。
- 求解与结果查看：了解求解的方式，熟悉位移云图、应力云图和网格的查看。

1. 打开模型

打开"夹持臂"模型的步骤如下。

（1）在数据面板的"样例"部分中，浏览到以下位置：Basic Training → 11 - Simulation → GripperArm。如果数据面板当前未显示，单击屏幕顶部的"显示数据面板"按钮 ，数据面板显示在程序窗口的左侧。数据面板的顶层（主视图）分为两个子部分："项目"和"样例"。滚动到"项目"列表底部（如有必要），查看"样例"列表。

（2）找到"样例"下的 Basic Training 条目并双击，数据面板会显示一个文件夹列表，其中包含模型。

（3）双击打开 11 - Simulation 文件夹。

（4）双击打开 GripperArm 模型。

当第一次打开样例模型时，Fusion 中的工作空间为"建模"工作空间。模型为只读模式，需要保存到个人项目中。

（1）选择"文件"→"另存为"命令。

- **创建项目以存储培训模型**：单击"新建项目"按钮，指定项目名称，按 Enter 键。
- **在项目中创建文件夹以存储模型**：单击"新建文件夹"按钮，指定文件夹名称，按 Enter 键，双击新文件夹使其成为当前文件保存位置。

（2）单击"保存"按钮。

2. 创建分析

（1）单击左上角的工作空间按钮。

（2）从下拉列表中选择"仿真"工作空间，工具栏将更改为包含用于仿真的命令。

（3）选择"分析"→"新建仿真分析"命令。

（4）选择"形状优化"分析类型，然后单击"确定"按钮。

3. 应用约束

夹持臂由两个销固定住，因此将使用销轴约束。

（1）选择"约束"→"结构约束"命令。

（2）将"类型"切换为"固定"（类型下拉列表中的第 2 个选项）。

（3）选择每个螺栓孔的曲面。

（4）确保"径向"和"轴向"方向已被约束。

（5）单击"确定"按钮，如图 7-129 所示。

4. 应用载荷

夹持臂，顾名思义，是由具有一个或多个臂的机器人来抓取对象。因此，要生成一个旨在处理抓取面上压应力载荷的形状。

（1）选择"载荷"→"结构载荷"命令。

（2）将"类型"设置为"力"。

（3）选择抓取面。

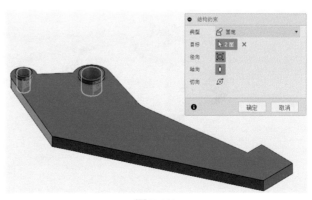

图 7-129

（4）输入 500 N 的载荷。

确保载荷以压缩方式作用在曲面上（即指向曲面内部），然后单击"确定"按钮，如图 7-130 所示。

5. 保留区域

由于夹持臂由两个销固定，因此要保留螺栓孔周围足够多的材料，以便此销可以按预期发挥作用。

（1）选择"形状优化"→"保留区域"命令。

（2）选择大号螺栓孔的曲面。

（3）将直径调整为 8 mm。

（4）对于小号螺栓孔重复步骤（1）～（3），然后将直径调整为 5.5 mm。

（5）单击"确定"按钮，如图 7-131 所示。

6. 创建对称平面

夹持臂在厚度方向上是对称的，因此可以在厚度方向上添加一个对称平面，以便优化的形状在厚度方向上也对称。

（1）选择"形状优化"→"对称平面"命令。

（2）选择夹持臂的顶面。

（3）启用"活动平面 1"，然后单击"确定"按钮，如图 7-132 所示。

7. 形状优化标准

此问题的目标是生成质量为原始质量 40% 的最终几何图元。为了实现此目标，减小默认网格大小。

（1）选择"形状优化"→"形状优化标准"命令。

（2）将"目标质量"设置为 40%。

（3）单击"确定"按钮。

（4）选择"管理"→"设置"命令。

（5）切换到"网格"面板。

（6）选中"绝对大小"单选按钮。

（7）网格大小设置为 1mm。

（8）单击"确定"按钮，如图 7-133 所示。

8. 对分析求解

目前已准备好对分析进行求解并生成优化的形状。

（1）选择"求解"→"求解"命令。

（2）确保"在云中"处于选中状态，然后单击"对 1 个分析求解"按钮（形状优化分析仅适用于云求解）。

（3）分析完成后，查看载荷路径临界状态的结果。被视为不太重要的区域将从优化的形状中删除，而重要的区域被保留下来，如图 7-134 所示。

图 7-130

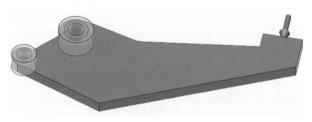

图 7-131

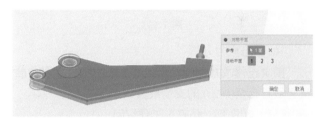

图 7-132

图 7-133

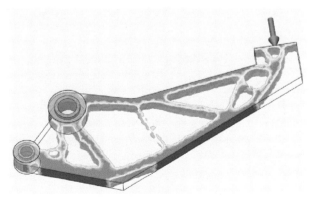

图 7-134

9. 升级网格并修改原始几何图元

目前已经生成了夹持臂的优化形状，现在可以将网格导出到"建模"工作空间以用作建模参考，从而对原始几何图元进行修改。

(1) 选择"结果"→"升级"命令，如图 7-135 所示。

(2) 选择"草图"→"创建草图"命令。

(3) 选择夹持臂的顶面作为草图平面。

(4) 使用"样条曲线"命令（"草图"→"样条曲线"）围绕要删除的材料创建闭合的草图对象。

(5) 创建所有草图后，单击"终止草图"按钮。

(6) 选择"创建"→"拉伸"命令。

(7) 选择每个草图实体，并沿着夹持臂的厚度方向进行拉伸，如图 7-136 所示。

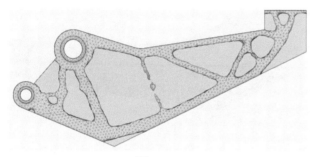

图 7-135

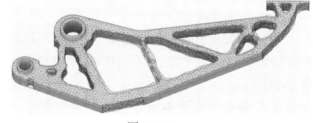

图 7-136

10. 静态应力分析

前文已修改几何图元来代表生成的形状，现在准备执行静态应力分析以满足设计目标。请记住，生成的形状必须具有至少 2.0 的安全系数。

(1) 切换到"仿真"工作空间。

(2) 在浏览器中的"分析 1 - 形状优化"选项上单击鼠标右键，然后在弹出的快捷菜单中选择"克隆分析"命令。

(3) 选择"管理"→"设置"命令，然后切换到"静态应力"分析类型。

(4) 单击"确定"按钮。

(5) 选择"求解"→"求解"命令。

(6) 查看安全系数结果，确认其是否满足设计要求，如图 7-137 所示。

图 7-137

第8章
衍生式设计

8.1 衍生式设计基础

8.1.1 衍生式设计概述

衍生式设计属于优化方法的一种，但衍生式设计与传统的优化设计方法在优化算法上有着本质的区别。传统的优化算法通常使用的是确定性方法，通过直接应用一系列已经定义的步骤来实现求解，包括直接分析法、梯度下降法、穷举法以及启发式求解法等。而衍生式设计采用的算法则是一种随机方法，在求解过程中引入一定程度的随机性。这种方法通过随机抽取一个或多个解，然后从这些解开始进行迭代计算，最终获得最优解，这种方法也被称为搜寻式设计方法。

8.1.2 Autodesk Fusion 360 衍生式设计

Autodesk Fusion 360 衍生式设计模块，可以通过计算机和云计算得出多种设计方案与结构优化，突破传统制造方法限制，得到设计最优解决方案；它的使用方式被设计为线性操作，用户只需要在工具栏上从左至右将衍生式设计工具按顺序设置相关条件即可。通常衍生式设计案例分为 8 个步骤：分析、编辑模型、设计空间、设计条件、设计标准、材料、生成和预览，如图 8-1 所示。

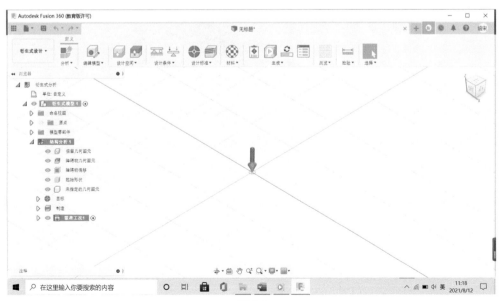

图 8-1

8.2　衍生式设计案例

概述：通过一个简单的机械零部件的设计案例来体验一下 Fusion 360 衍生式设计功能模块的强大。先将零部件模型导入 Fusion 360，通过对设计空间的指定、设计条件的设定和对设计标准的要求以及加工方法的选择，设置可使用的材料，最后提交云端计算衍生式设计方案，如图 8-2 所示。

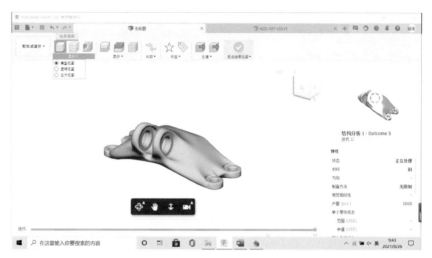

图 8-2

学习要点

- **零部件模型的导入**：Fusion 中导入零部件。
- **设计空间**：指定保留几何图元、障碍物几何图元和起始形状。
- **设计条件**：结构约束与添加载荷。
- **设计标准**：建立设计目标与选择制造方法。
- **材料**：指定可使用材料。
- **云计算**：提交云计算并查看计算结果。

衍生式设计过程

步骤 1 ⚙ 导 入 AGD-101 零件的 STEP 交换文件并查看优化条件，如图 8-3 所示。

🔊 **注意**

铝制零件质量 1.17kg，钢制零件质量 3.40kg。

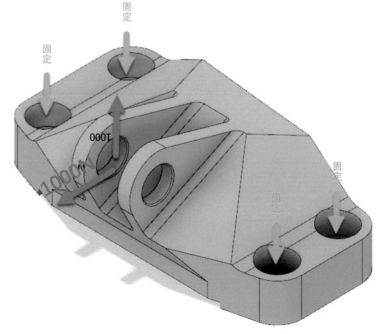

图 8-3

步骤 2 根据零件装配结构及受力情况，分隔出独立的保留图元（实体），如图 8-4 所示。

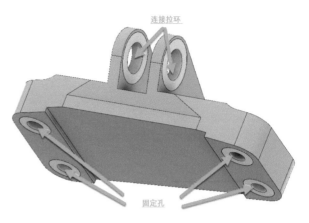

连接拉环

固定孔

图 8-4

步骤 3 根据装配关系建立零件外形衍生式设计时禁入的障碍几何图元，如图 8-5 所示。

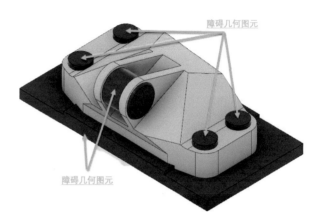

障碍几何图元

障碍几何图元

图 8-5

步骤 4 设定保留几何图元和起始形状，选择"设计空间"→"保留几何图元"命令，选择并设定保留几何图元（绿色部分）；选择"设计空间"→"起始形状"命令，选择并设定起始形状（黄色部分），如图 8-6 所示。

图 8-6

步骤 5 设定障碍物几何图元，选择"设计空间"→"障碍物几何图元"命令，选择并设定障碍物几何图元（红色部分），如图 8-7 所示。

图 8-7

步骤 6 ♂ 设定零件的固定约束，选择"设计条件"→"结构约束"命令，选择 4 个垂直孔内壁，如图 8-8 所示。

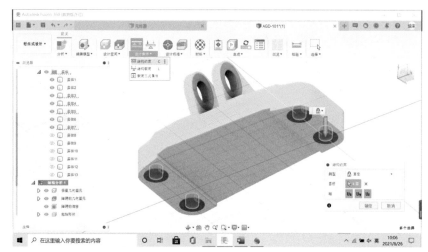

图 8-8

步骤 7 ♂ 施加零件载荷 1，选择"设计条件"→"结构载荷"命令，选择 2 个横向孔内壁，将对话框中的"方向类型"切换为向量，Fz 设置为 1000N，如图 8-9 所示。

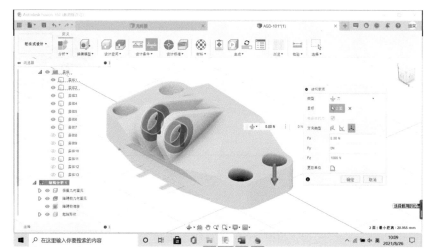

图 8-9

步骤 8 ♂ 施加零件载荷 2，再次选择"设计条件"→"结构载荷"命令，选择 2 个横向孔内壁，将对话框中的"方向类型"切换为向量，Fy 设置为 -1000N，如图 8-10 所示。

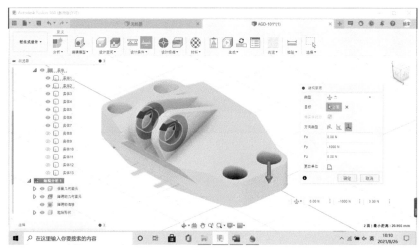

图 8-10

步骤 9 ⚙ 设置衍生式设计目标参数，选择"设计标准"→"目标"命令，在弹出的"目标和限制"对话框中，"目标"选择"最大化刚度"，设置"安全系数"为 1.5，"质量目标"为 0.2kg，如图 8-11 所示。

图 8-11

步骤 10 ⚙ 设定制造方案参数，选择"设计标准"→"制造"命令，在弹出的"制造"对话框中，选中"无限制""增材"与"铣削"3 个复选框，其他参数设置参考图中的数值，如图 8-12 所示。

图 8-12

步骤 11 ⚙ 设定材料，选择"材料"命令，设定衍生时选用的材料：铝、钛和钢，如图 8-13 所示。

图 8-13

步骤 12 预检查，分析设置是否满足分析所需（所有图元处于显示状态），如图 8-14 所示。

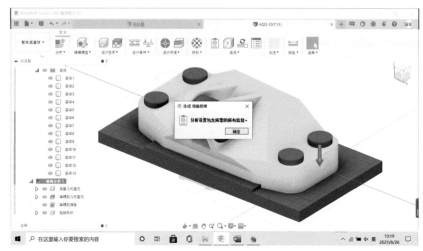

图 8-14

步骤 13 选择"预览程序"命令，使用预览功能预先查看可能的形状及趋势，如图 8-15 所示。

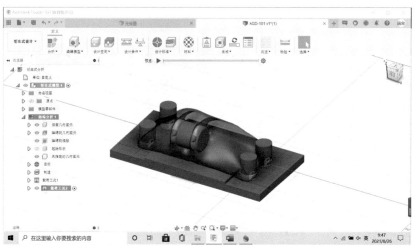

图 8-15

步骤 14 单击"生成"按钮，提交云计算，如图 8-16 所示。

图 8-16

步骤 15 数据传输完成后，弹出"作业状态"对话框，单击"确定"按钮，如图 8-17 所示。

图 8-17

步骤 16 云计算期间，可以离线，也可以使用浏览器查看处理状态和结果信息。Fusion 360 的衍生式设计空间可以用 4 种视图查看计算结果：缩略图视图、特性视图、散布图视图和表视图。此处是"缩略图视图"，如图 8-18 所示。

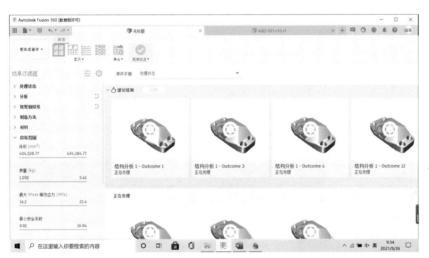

图 8-18

步骤 17 衍生的全部设计方案以"散布图视图"方式显示材料、质量及安全系数的差异分布图，如图 8-19 所示。

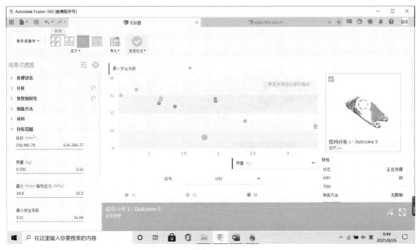

图 8-19

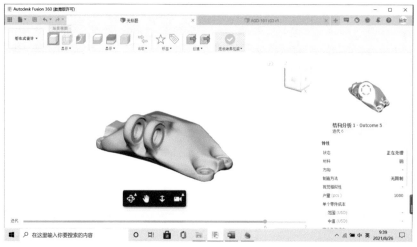

图 8-19（续）

步骤 18 衍生的全部设计方案以"表视图"方式显示计算结果的详细信息，如图 8-20 所示。

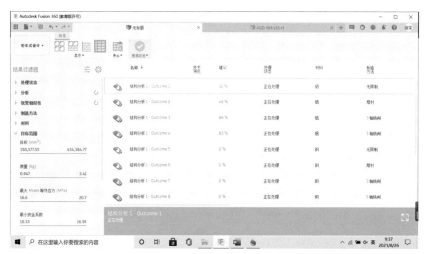

图 8-20

步骤 19 查看详细信息，包括模型查看、应力分析及设计空间占位元件，如图 8-21 所示。

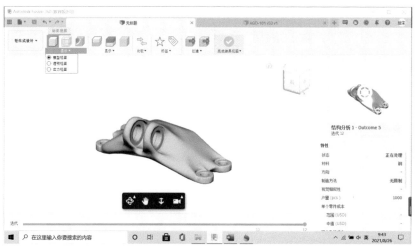

图 8-21

第9章
制造

Fusion 360 中设置了制造工作空间，它能对现实中常用的加工工艺和加工策略进行真实的再现。在制造工作空间中，还内置了加工仿真系统，能模拟和播放加工动画，帮助设计师和工程师评价加工过程。在正式讲解 Fusion 360 制造工作空间之前，先阐述现在常用的加工工艺，帮助我们建立加工的概念并区分加工的类别。

9.1 CAM 基础

9.1.1 加工工艺与加工策略

在 Fusion 360 制造工作空间中，Autodesk 提供了 2D 加工、3D 加工、钻孔、多轴、车削等加工工艺。由于 Fusion 360 尚在研发阶段，多轴加工被放在工具栏中，只有刀具侧刃加工、多轴轮廓和旋转 3 个命令，尚需融合更新。目前阶段，2D 加工、3D 加工、车削加工等都已经是非常成熟的命令了，如图 9-1 所示。

图 9-1

1.2D 加工

2D 加工包括 2D 自适应清洁、2D 挖槽、面、2D 轮廓、窄槽、追踪、螺纹、镗孔、圆形、雕刻、2D 倒角等命令，如图 9-2 所示。

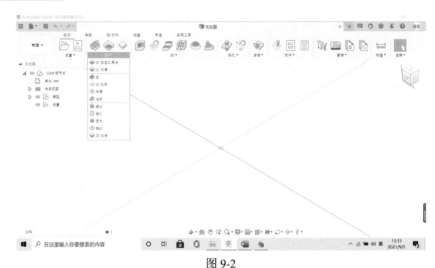

图 9-2

- **2D 自适应清洁**：创建使用更加优化的刀具路径且可避免突然改变方向的粗加工操作。可为任何壁或中心圆盘定义锥度角，如图 9-3 所示。

- **2D 挖槽**：创建使用与所选形状平行的刀具路径的粗加工操作。输入可在模型的任意位置选择，并且包含各种下刀和斜插选项，如图 9-4 所示。

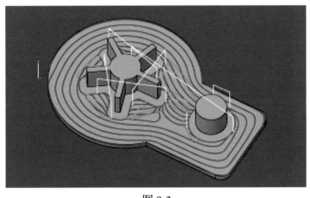

图 9-3

图 9-4

- **面**：生成快速零件面加工操作，以准备用于加工的毛坯。面加工操作会将材料从毛坯顶部移至模型顶部，如图 9-5 所示。

- **2D 轮廓**：创建基于 2D 轮廓的刀具路径。轮廓可以是开放或闭合的，且 Z 层可以不同，但每个轮廓都是平整的二维平面。可针对任何轮廓选择多个粗加工和精加工路径以及分层铣深切削，如图 9-6 所示。

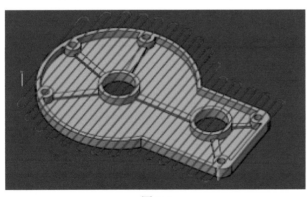

图 9-5

图 9-6

- **窄槽**：沿着窄槽的中心线对窄槽进行铣削。可以选择一个或多个进刀位置，然后指定下刀的窄槽端，如图 9-7 所示。

- **追踪**：沿着 Z 值不同且带或不带左侧和右侧补偿的轮廓进行加工，如图 9-8 所示。

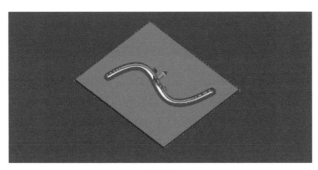

图 9-7

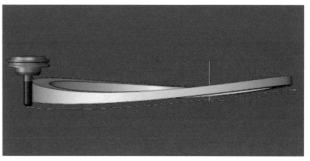

图 9-8

- **螺纹**：用于螺纹铣削圆柱形挖槽和中心圆盘。高度和深度基于所选形状自动导出，在单个操作中可加工不同的螺纹，如图 9-9 所示。
- **镗孔**：直接选择圆柱形，用于镗孔铣削圆柱形挖槽和中心圆盘。高度和深度基于所选形状自动导出，在单个操作中可以加工不同的形状，如图 9-10 所示。

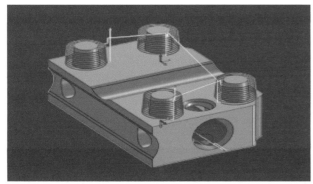

图 9-9

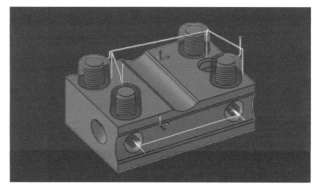

图 9-10

- **圆形**：用于铣削圆柱形挖槽和中心圆盘。高度和深度基于所选圆柱形自动导出，在单个操作中可以加工不同的形状，如图 9-11 所示。
- **雕刻**：沿带有 V 形斜面墙的轮廓进行加工，如图 9-12 所示。

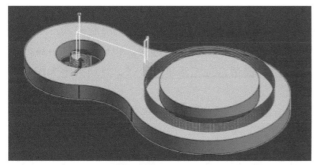

图 9-11

图 9-12

- **2D 倒角**：沿轮廓加工将创建倒角面，如图 9-13 所示。

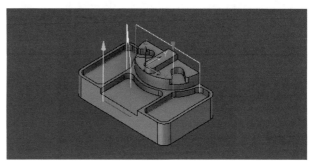

图 9-13

2.3D 加工

3D 加工包括自适应清洁、挖槽清洁、平行、轮廓、斜插、水平、交线清角、环绕等距、环切、径向、依外形环切和投影等命令，如图 9-14 所示。

图 9-14

- **自适应清洁**：一种粗加工策略，可用于有效切削大量材料。该方法的独特性在于，它会保证加工循环中的所有阶段都达到最大刀具负载，并且可以利用刀具的侧面进行深度切削，而没有断刀的风险。此加工策略会在模型的 Z 方向上生成一系列等值的平面，然后从底至上依次切削。因为切除会很深，所以往往第一次下刀就会达到刀具能承受的最大深度，然后由深至浅，从而最大限度地利用刀具，如图 9-15 所示。

- **挖槽清洁**：用于有效加工大量材料的传统粗加工策略。零件通过平滑的偏移轮廓（保持整个操作过程中顺铣）逐层加工，如图 9-16 所示。为避免下刀，刀具沿不同水平间的螺旋路径向下斜插。为维持高的进给速率，减少加工时间，可通过平滑刀具运动避免方向的急剧变化。

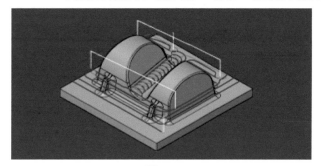

图 9-15

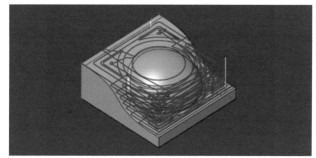

图 9-16

- **平行**：一种使用广泛的精加工策略。加工路径在 XY 平面上平行，且在 Z 方向上沿着曲面。可选择角度以及水平方向上的步距。加工路径可以按照双向样式、单向方向进行连接，也可以在向下或向上铣削截面中进行拆分，如图 9-17 所示。平行精加工路径最适合加工浅平面区域，且可限定为仅加工给定接触角以内的范围。

- **轮廓**：这是适合精加工陡峭壁的最佳加工策略，但也可以用于对零件较为垂直的区域进行半精加工和精加工，如图 9-18 所示。

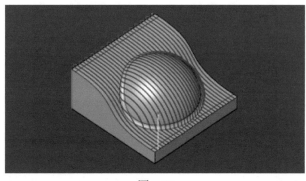

图 9-17

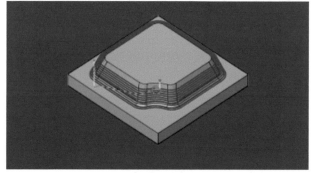

图 9-18

如果指定了斜坡角，例如 30°到 90°，则会加工陡峭面区域。30°以内的浅平面区域则另外使用更合适的加工策略进行加工。

- **斜插**：创建一个用于陡峭面区域且轮廓加工策略类似的精加工策略。但是，该加工策略会沿着壁向下斜坡加工，而不像轮廓加工策略使用恒定的 Z 值加工，如图 9-19 所示。它可确保刀具一直保持啮合状态，这对加工如陶瓷等特定材料而言非常重要。
- **水平**：自动检测所有的零件扁平区域，并使用偏移路径进行相应加工。如果扁平区域高于周边区域，则刀具会移动至扁平区域以外清洁边缘，如图 9-20 所示。通过使用可选的最大下刀步距，可以分阶段对水平面进行加工，它适用于半精加工和精加工。

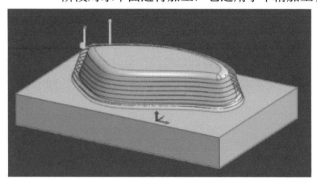

图 9-19

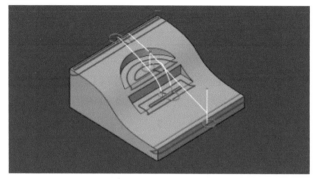

图 9-20

- **交线清角**：创建沿着内部转角和小半径圆角的刀具路径，移除其他刀具不能达到位置的材料，如图 9-21 所示。无论使用单个还是多个加工路径，该加工策略都是使用精加工策略后进行清洁的理想选择。
- **环绕等距**：创建保持恒定距离的刀具路径（通过设置沿曲面向内的偏移）。加工路径沿着斜坡和垂直壁，以保持步距，如图 9-22 所示。尽管该加工策略可用于精加工整个零件，但它通常用于组合使用轮廓加工路径和平行加工路径后加工工件残料区域。

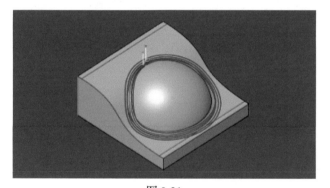

图 9-21

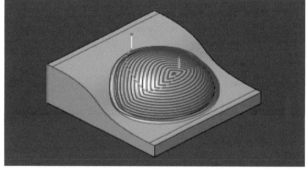

图 9-22

- **环切**：根据给定的中心点创建环切刀具路径，在给定边界范围内加工时保持恒定的接触，是使用 40°以内刀具接触角加工圆形浅平面零件（组合使用轮廓加工路径加工较为垂直的面）的理想选择。加工位置的中心点是自动定位或由用户自定义的。该加工策略同样支持刀具接触角，如图 9-23 所示。

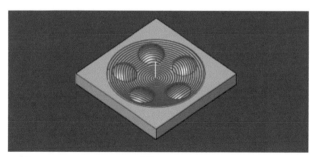

图 9-23

- **径向**：与环切加工类似，该操作同样从中心点开始加工，加工路径呈放射状，因而可以用于加工径向零件。此外，它还提供使径向加工路径中心不会过短的选项，这样加工路径就不会过于紧密，如图 9-24 所示。加工位置的中心点是自动定位或由用户自定义的，这同样适用于刀具接触角。

- **依外形环切**：该操作除了会根据边界生成环切加工（环切加工根据加工边界对生成的加工路径进行修整）外，与环切加工类似。这意味着，依外形环切可用于其他环切加工不适用的曲面。该加工策略通常可以提供比环绕等距加工更平滑的刀具路径，并且在加工任意形状／有机曲面时非常实用，如图 9-25 所示。

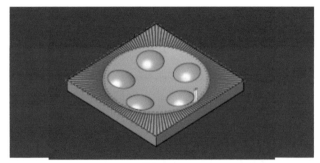

图 9-24

- **投影**：可以使用刀具中心沿着轮廓加工的精加工策略。所提供的轮廓始终投影至曲面，因此无需直接位于实际的曲面上。投影加工通常用于在曲面上雕刻文本或符号，通过输入轴向偏移或负的加工余量使刀具移至曲面，如图 9-26 所示。

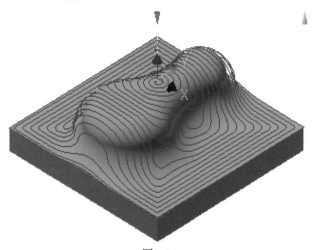

图 9-25

图 9-26

3. 钻孔

钻孔工具集下有钻孔和孔识别两个命令，如图 9-27 所示。

图 9-27

- **钻孔**：可用于各种钻孔，进行攻螺纹和孔加工操作，如深镗孔和沉孔，如图 9-28 所示。

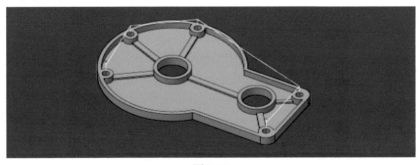

图 9-28

- **孔识别**：可在任何平面中
  自动查找孔特征并创建孔
  操作，如图 9-29 所示。

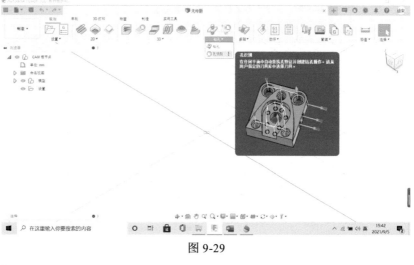

图 9-29

4. 多轴

Fusion 360 的多轴加工工具集
下包括刀具侧刃加工、多轴轮廓和
旋转 3 个命令，如图 9-30 所示。

图 9-30

- **刀具侧刃加工**：一种采
  用刀具的侧刃进行加工
  的多轴加工策略。该加
  工策略支持沿着轮廓线
  和曲面加工。仅沿着轮
  廓线加工时，需要手动
  同步轮廓。刀具侧刃加
  工支持多种切削模式来
  控制如何向下加工侧面，
  如图 9-31 所示。

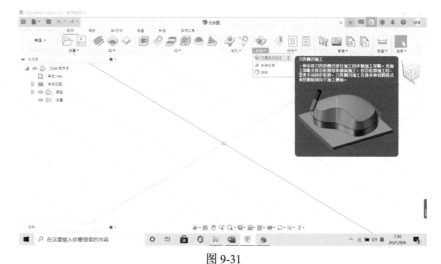

图 9-31

- **多轴轮廓**：一种用刀尖沿着指定接触曲线进行加工的多轴加工策略。默认情况下，刀具会和曲面垂直，但是在需要时可以运用前倾和后倾角度来控制刀具的接触点。此加工策略还支持左、中和右的刀补，如图 9-32 所示。

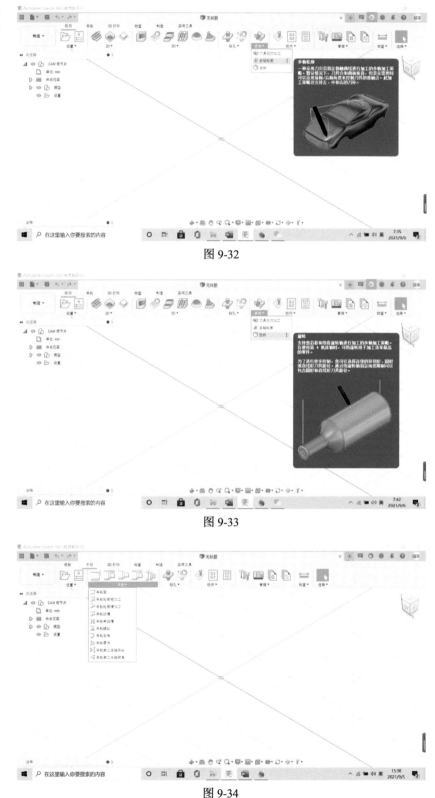

图 9-32

- **旋转**：支持用户沿着和绕着旋转轴进行加工的多轴加工策略。该加工策略在使用第 4 机床轴时，可用于加工效率最高的零件，如图 9-33 所示。为了进行更多控制，用户可以选择连续的环切形、圆形或直线形刀具路径。选择轴指定角度限制时，可以包含圆形和直线形刀具路径。

图 9-33

5. 车削

Fusion 360 中提供了车削轮廓、车削凹槽、车削面、车削单凹槽、车削倒角、车削零件、车削螺纹、车削毛坯转移等车削命令，如图 9-34 所示。

图 9-34

- **车削轮廓**：车削轮廓加工策略用于使用常规车削刀具对零件进行粗加工和精加工，如图 9-35 所示。
- **车削凹槽**：车削凹槽加工策略用于使用凹槽刀具对零件进行粗加工和精加工，如图 9-36 所示。

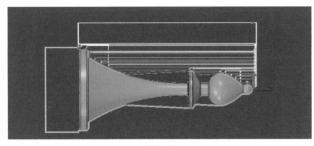

图 9-35

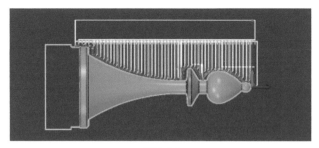

图 9-36

- **车削面**：车削面加工策略用于加工零件前侧，如图 9-37 所示。
- **车削单凹槽**：车削单凹槽加工策略用于仅在选定位置开槽，如在进行螺纹加工之前在后侧开槽，如图 9-38 所示。

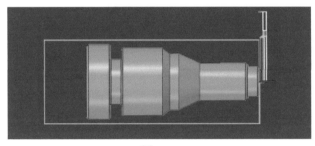

图 9-37

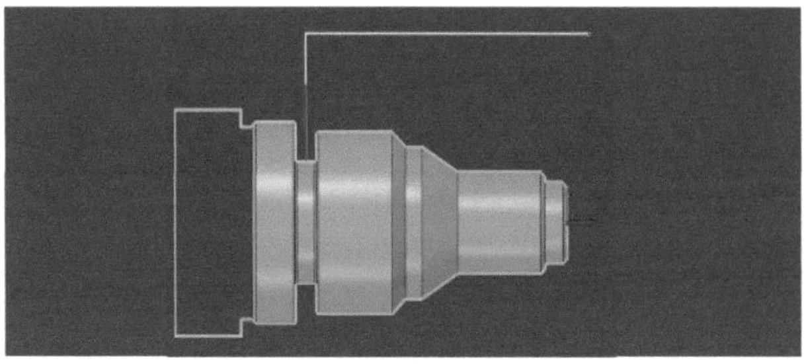

图 9-38

- **车削倒角**：车削倒角加工策略用于对尚未创建倒角的锐角创建倒角，如图 9-39 所示。
- **车削零件**：该加工策略用于切削掉零件以在另一个主轴上加工或在零件经过完全加工后将其切削掉，如图 9-40 所示。

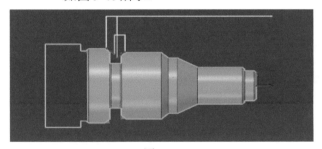

图 9-39

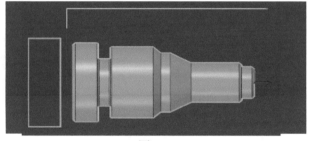

图 9-40

- **车削螺纹**：该加工策略用于车削螺纹，圆柱形和圆锥形螺纹均受支持。CNC 控制器必须对同步主轴和进给量提供内置支持，如图 9-41 所示。
- **车削毛坯转移**：毛坯转移策略的目的是在两个主轴之间实现自动转移毛坯。没有与此策略相关联的刀具路径。该策略负责输出所需的 NC 代码。

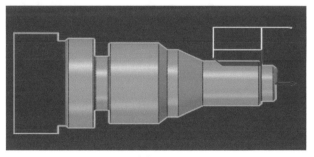

图 9-41

6. 3D **打印**

Fusion 360 通过预览网格结构、进行预印优化并自动创建优化的支撑结构，准备要进行 3D 打印的设计。还可以同时打印多个不同的设计。

Fusion 360 提供了两种进入 3D 打印的途径，一种是在设计工作空间下，选择"工具"→"生成"→"3D 打印"命令，选择 Meshmixer 打印程序，进入 3D 打印工作空间，如图 9-42 所示。

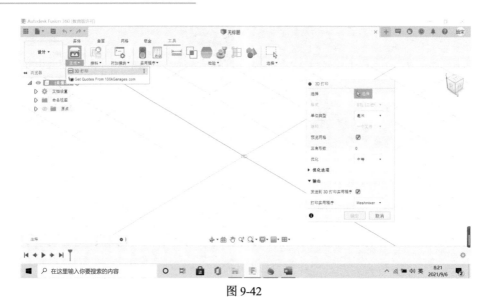

图 9-42

另一种是通过制造工作空间，选择"3D打印"→"设置"→"新建设置"命令，进入3D打印工作空间。制造工作空间下的3D打印包括设置、打印设置、填充、支撑、动作、管理和检查等工具集，如图9-43所示。

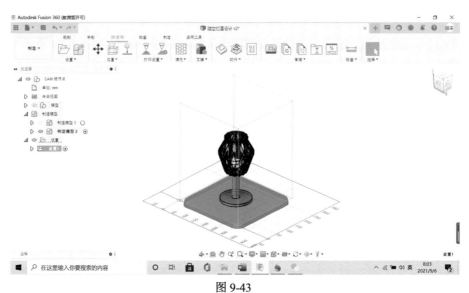

图 9-43

9.1.2 毛坯的生成及设置

毛坯是指还没加工的原料。在实际的加工中，毛坯可以归纳为三种形状：方形毛坯、圆柱形毛坯和异形毛坯。Fusion 360中的毛坯形状可以分为固定尺寸方体、相对尺寸方体、固定尺寸圆柱体、相对尺寸圆柱体、固定尺寸圆管、相对尺寸圆管、来自实体七种类型。下面我们就以搭扣模型为工件，让大家了解一下Fusion 360中毛坯的生成与类型。

以搭扣模型为例，导入模型后，选择工具栏中的"设置"命令，它可以针对一套加工操作的常规特性，指定工件的坐标系（WCS）、毛坯形状、夹具和加工曲面，如图9-44所示。

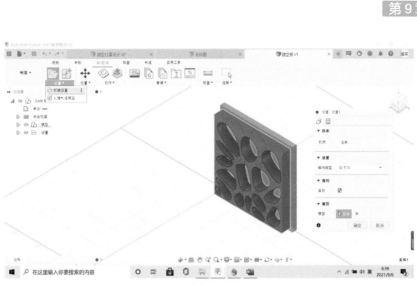

图 9-44

在"设置"对话框中，单击"选择"按钮，选择机床。信息栏可以显示机床信息，如图 9-45 所示。

图 9-45

在"设置"对话框中，单击"模式"下拉按钮，在弹出的下拉列表中可以选择毛坯的类型。Fusion 360 默认的是"固定尺寸方体"毛坯，这能更智能化地帮助设计师选择适合模型工件的毛坯，如图 9-46 所示。

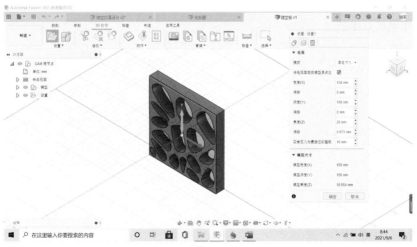

图 9-46

9.1.3 工作坐标系（WCS）的设置

工作坐标系（WCS）决定了刀具的朝向、加工工件的原点等。当前模型工件的默认工作坐标系 Z 轴是向前的，表示在选择设置刀具后，将从模型工件前方下刀，如图 9-47 所示。

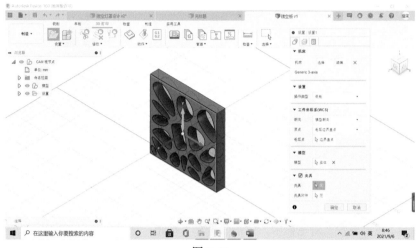

图 9-47

选择"2D 自适应清洁"命令，选择一把直径为 10mm 的扁平刀具，观察一下视图中刀具的方向，如图 9-48 所示。

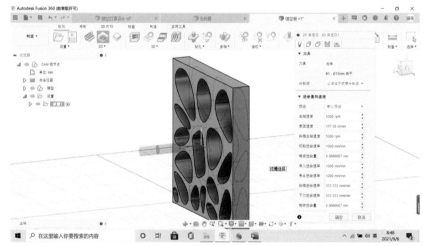

图 9-48

可是在实际的加工中，尤其是 2D 的铣削加工，往往是从顶部下刀的，也就是说工作坐标系中的 Z 轴要向上方，不能向前方。

我们将工作坐标系（WCS）中的"模型朝向"改为"选择 Z 轴 / 平面和 Y 轴"，这时候视图会自动打开原点坐标系，如图 9-49 所示。

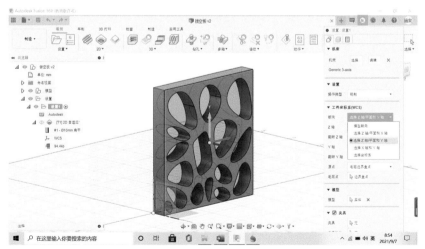

图 9-49

单击原点坐标系中向上的坐标轴 Z 轴，如图 9-50 所示。

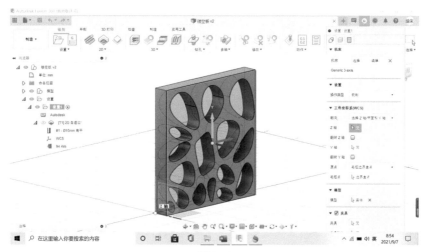

图 9-50

现在可以看到，工作坐标系中的 Z 轴向上了，如图 9-51 所示。

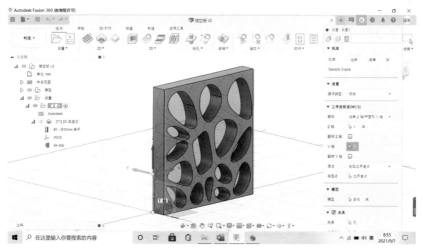

图 9-51

设置好工作坐标系（WCS）后，选择"2D 自适应清洁"命令，选择一把球形刀具，直径仍为 10mm。可以看出，刀具和 Z 轴保持方向一致，如图 9-52 所示。

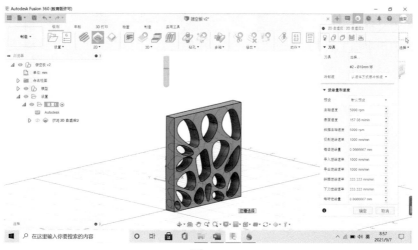

图 9-52

9.1.4 刀具的类型与设置

减材制造和刀具是分不开的，Fusion 360 提供了丰富的刀具。不同的加工工艺和加工策略需要不同的刀具，因此工具栏中任何一种加工方式，都可以在弹出的对话框中找到刀具选项。我们就以"2D 自适应清洁"命令为例，讲解刀具的类型与设置。

选择"2D 自适应清洁"命令，在弹出的对话框中有刀具选项，单击"选择"按钮，打开刀具库，如图 9-53 所示。

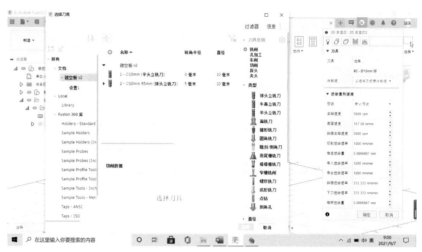

图 9-53

在"选择刀具"对话框中，＋按钮用于加工策略的选择，如对模型工件进行铣削、车削还是孔加工。铣削中又分为挖槽、雕刻还是螺纹加工等；车削中又分为通用、开槽、镗孔等。先选择一种加工策略，然后再选择并设置适合加工策略的刀具，如图 9-54 所示。

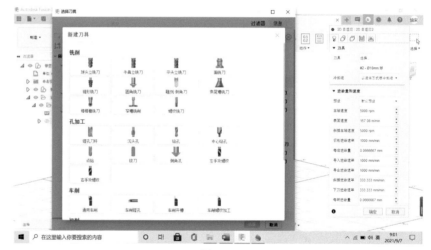

图 9-54

在加工中常用的刀具类型有三大类：球头立铣刀、牛鼻立铣刀、平头立铣刀。平头立铣刀用来加工平面和槽；牛鼻立铣刀又称之为环形刀，它和球头立铣刀用来加工曲面或者清角等，如图 9-55 所示。

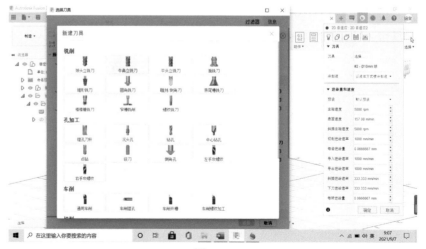

图 9-55

剩下的刀具类型，都是具有针对性的，例如倒角刀、燕尾槽、螺纹等。由于加工策略选择的是"铣削"，因此这里的刀具类型选择平头立铣刀，单击"确定"按钮，如图9-56所示。

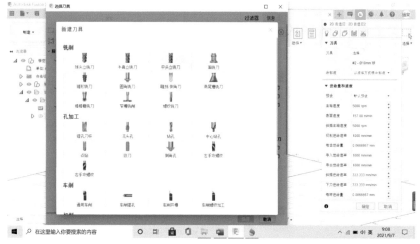

图 9-56

"选择刀具"对话框可以设定刀具尺寸，在这个对话框里有6个选项卡，通用、刀具、轴、夹头、切削数据和后处理器，如图9-57所示。

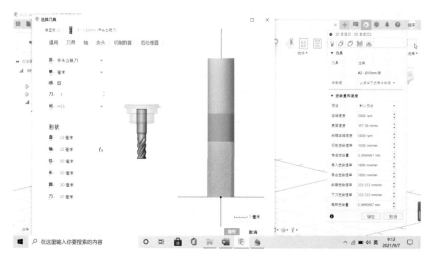

图 9-57

以"直径"为例，单击"直径"选项后的参数，设置为6mm，单击"接受"按钮。

当加工策略、刀具类型、尺寸都设置完成后，刀具库中就会为用户选出符合要求的刀具，且在列表中给出刀具的参数：名称、直径、半径、总长等，其右边是可视化视图，如图9-58所示。

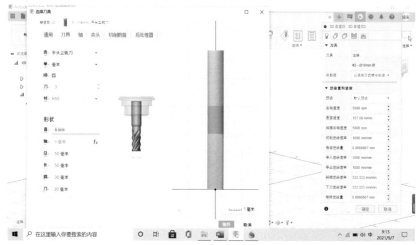

图 9-58

从列表中选择一把适合所需加工工艺和加工策略的刀具，单击"选择"按钮。例如设置将进行"铣削"加工，直径为 6mm 的扁平刀具，如图 9-59 所示。

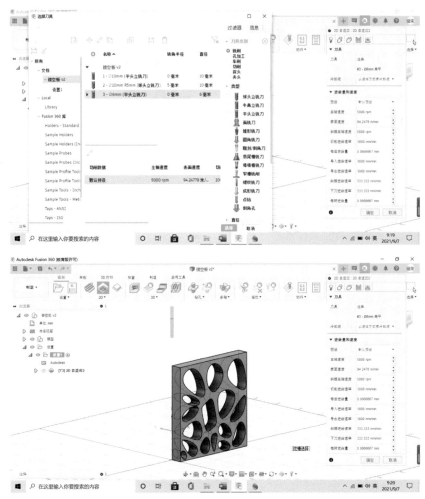

图 9-59

9.2　加工案例及仿真

9.2.1　2D 加工案例——电吉他琴体的加工

概述：2D 加工是较为简单的加工方式，我们将以铣削的加工方式介绍 CAM 模块中物体边缘的加工以及挖槽的加工。在这个案例中，我们要介绍平面铣削刀具的选择，工作坐标系（WCS）的设置，加工路径的设定，以及加工仿真和多刀连续仿真等功能，如图 9-60 所示。

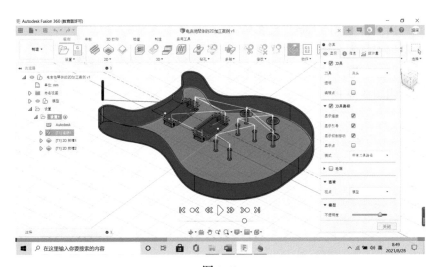

图 9-60

学习要点

■■ **生成毛坯**：了解毛坯类型以及生成方法。

■■ **指定刀具**：熟悉刀具的设置并选择刀具。

■■ **设置工作坐标系（WCS）**：掌握如何设置工作坐标系。

■■ **生成加工路径**：掌握根据模型边缘生成加工路径，理解把侧边补偿设置为左侧（顺铣）的原因。

■■ **仿真**：了解仿真动画的制作，掌握毛坯与透明的观察与设置。

1. 打开模型，选择机床

（1）打开电吉他琴体的零件模型，进入制造工作空间，如图 9-61 所示。

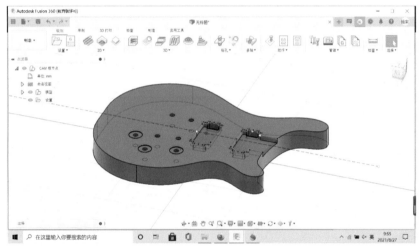

图 9-61

（2）在工具栏上选择"设置"命令，Fusion 360 会根据模型的大小和形状自动生成毛坯。在"设置"对话框中选择机床型号，这里我们选择的是 Autodesk 的 3 轴机床。"设置"选项组中的"操作类型"默认为"铣削"，如图 9-62 所示。

图 9-62

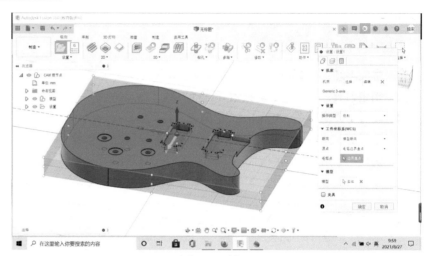

图 9-62（续）

2. 设置工作坐标系（WCS）

在"设置"对话框中，将"工作坐标系（WCS）"选项组中的"朝向"由"模型朝向"改为"选择 Z 轴 / 平面和 Y 轴"，然后单击视图中蓝色坐标轴 Z 轴，使工作坐标系 Z 轴（蓝色）向上，如图 9-63 所示。

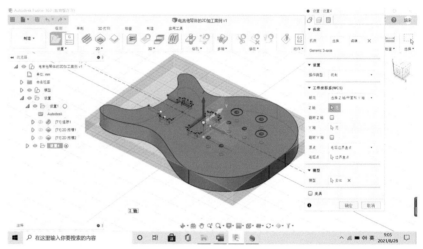

图 9-63

3. 2D 追踪与刀具设置

在工具栏中 2D 按钮的下拉菜单中选择"追踪"命令，在"追踪"对话框中的"形状"选项组中，"曲线选择"选择吉他琴体底部曲线，这时 "曲线选择"会显示为"串连"，如图 9-64 所示。

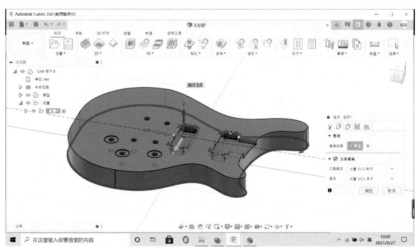

图 9-64

"追踪"对话框中共有 5 个选
项卡，分别是刀具、形状、高度、
加工路径和连接。

切换到"刀具"选项卡中，单
击"选择"按钮打开刀具库，如
图 9-65 所示。

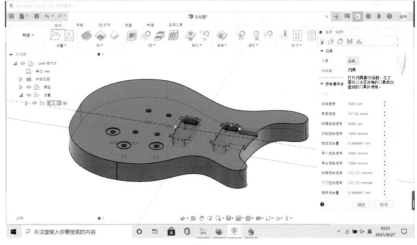

图 9-65

在刀具库中首先选择加工策
略与刀具类型，这里由于是 2D 加
工，我们选择铣削刀具中的雕刻刀
具。需要注意的是，Fusion 360 的
刀具库中有一些是以英寸为单位的
刀具，我们尽量选择以毫米为单位
的刀具使用，如图 9-66 所示。

图 9-66

选中"铣削"单选按钮，由于
是二维平面的加工，因此选择刀具
形状为"平头立铣刀"，如图 9-67
所示。

图 9-67

切换到"刀具"选项卡，可以
设置刀具的参数和直径。在"直径"
选项中设置 6mm 作为刀具直径，
单击"确定"按钮，如图 9-68 所示。

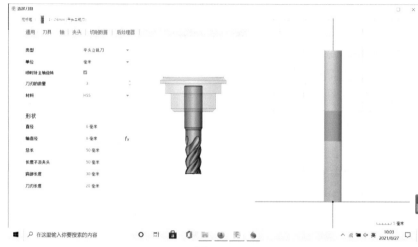

图 9-68

4. 生成加工路径

切换到"形状"选项卡，选择
模型的底部轮廓，作为刀具的轨迹
形状，如图 9-69 所示。

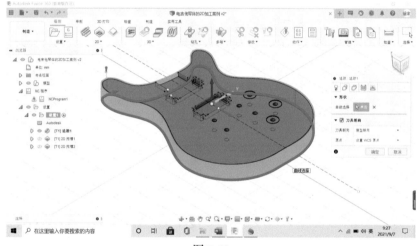

图 9-69

切换到"高度"选项卡，检查
安全高度、退刀高度和进给高度。
其中红色平面代表安全高度，而绿
色平面代表退刀高度，如图 9-70
所示。

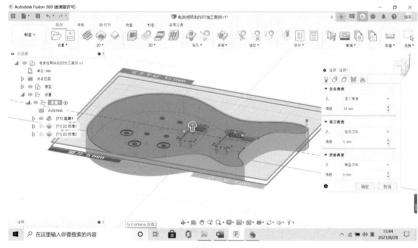

图 9-70

切换到"加工路径"选项卡，这个选项卡中的参数对于刀具加工轨迹的设置尤其重要，如图9-71所示。

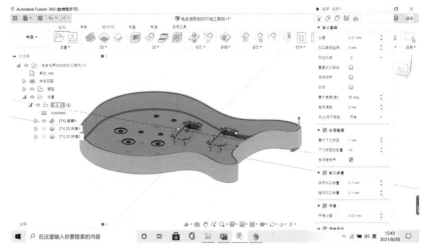

图 9-71

首先把"侧边补偿"由"中心"改为"左侧（顺铣）"选项。侧边补偿为"中心"的刀具加工轨迹，紧贴着模型侧壁，加上刀具的圆心垂直于加工路径，刀具的直径尺寸中有一半在模型内，一半在模型外，这样在加工的时候模型就会损失刀具半径的尺寸，如图9-72所示。

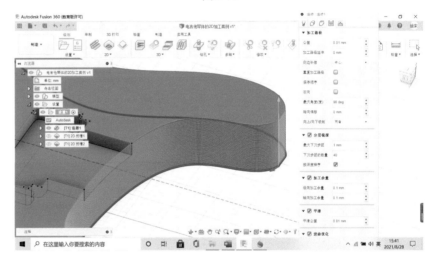

图 9-72

侧边补偿为"左侧（顺铣）"的刀具加工轨迹，是以刀具边缘为基准的，这样被加工的模型就不会有任何损失了，如图9-73所示。

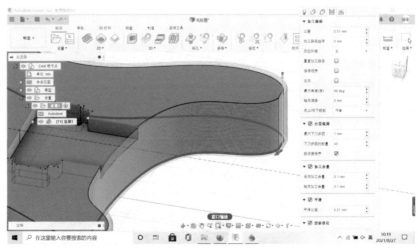

图 9-73

接下来设置模型铣削加工的分层信息。选中"分层铣深"复选框，设置"最大下刀步距"为 1mm，"下刀步距的数量"为 40，选中"按深度排序""加工余量""平滑""进给优化"复选框，如图 9-74 所示。

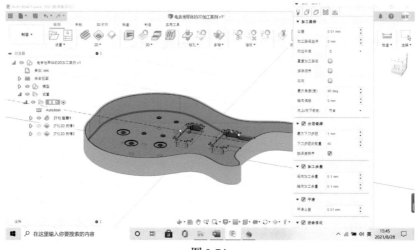

图 9-74

切换到"连接"选项卡，将"安全距离"设置为 2mm。单击"确定"按钮，完成设置，如图 9-75 所示。

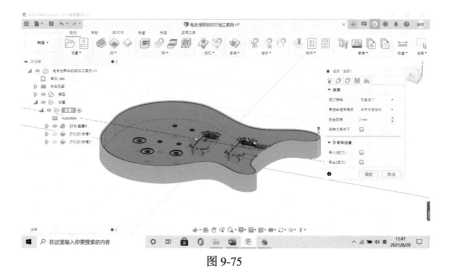

图 9-75

5. 外轮廓加工仿真

单击工具栏中的"动作"按钮，选择"仿真"命令，打开"仿真"对话框，如图 9-76 所示。

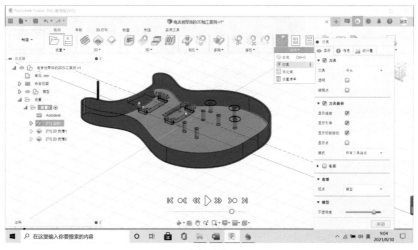

图 9-76

选中"毛坯"复选框，观察场景中的毛坯，如图 9-77 所示。

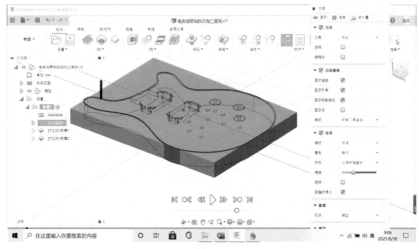

图 9-77

选中"透明"复选框，观察毛坯、刀具和零件模型之间的关系，如图 9-78 所示。

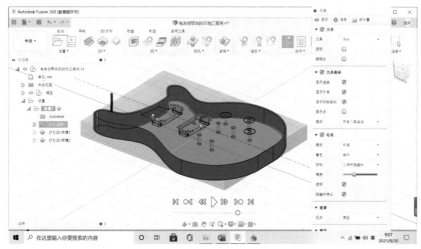

图 9-78

单击"播放"按钮，播放加工仿真动画，如图 9-79 所示。

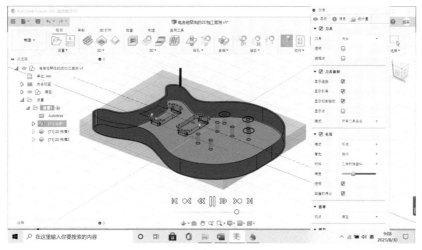

图 9-79

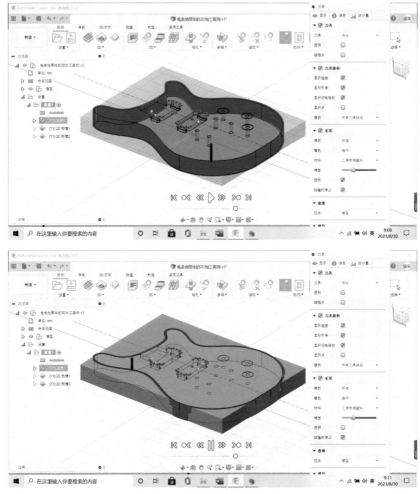

图 9-79（续）

6. 槽与孔的加工

选择 2D → "2D 挖槽" 命令，弹出 "2D 挖槽" 对话框，如图 9-80 所示。

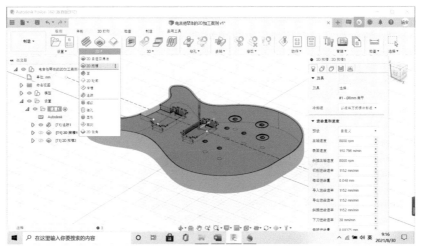

图 9-80

在刀具类型中选择"挖槽"，在刀具形状中选择"扁平"，直径仍为 6mm，如图 9-81 所示。

图 9-81

在"形状"选项卡下先选择 2 个前端方形槽的底部面轮廓形状，后选择零件模型中 3 个大圆形的底部面作为加工路径，如图 9-82 所示。

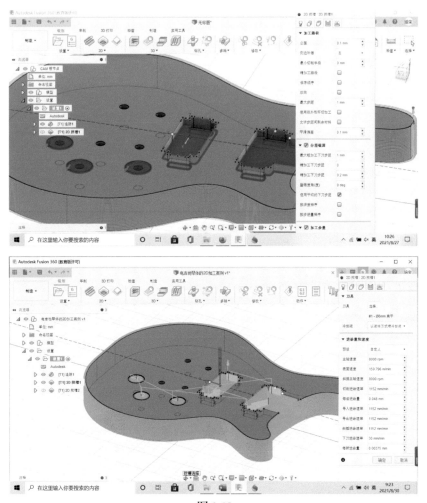

图 9-82

查看退刀高度和安全高度，如图 9-83 所示。

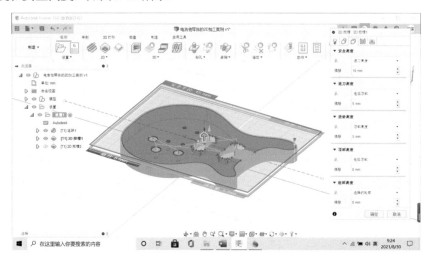

图 9-83

在"连接"选项卡里，选中"导入（进刀）""导出（退刀）""与导入相同"三个复选框，将"斜插"选项组下的"斜插类型"由"螺旋"改为"下刀"，"斜插安全高度"设置为 2.5mm，如图 9-84 所示。

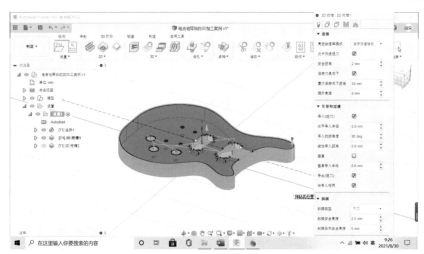

图 9-84

单击"确定"按钮完成设置，如图 9-85 所示。

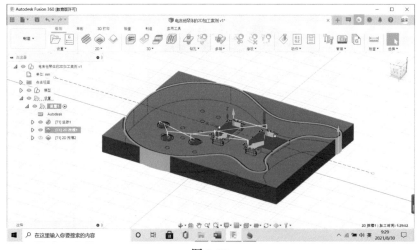

图 9-85

接着还是运用 2D → "2D 挖槽"命令来加工孔。命令设置与挖槽相同，只是加工路径要选择 7 个深孔底部的面，如图9-86所示。

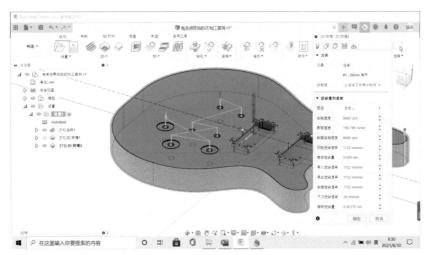

图 9-86

7. 多刀连续加工仿真

按住 Shift 键，在屏幕左侧浏览器中选择追踪1、挖槽1和挖槽2，右击，在弹出的快捷菜单中选择"仿真"命令，或者选择"动作"→"仿真"命令，打开"仿真"对话框，选中"毛坯"复选框和"透明"复选框，如图9-87所示。

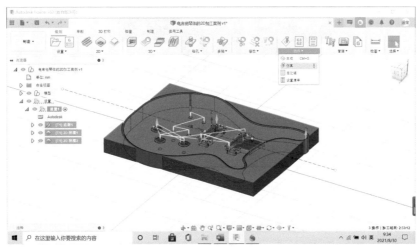

图 9-87

单击"播放"按钮，观察多刀连续加工仿真，如图9-88所示。

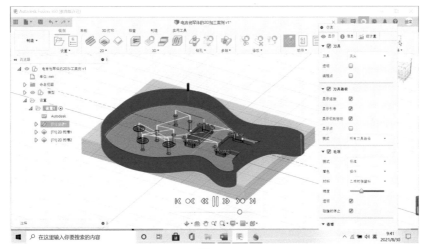

图 9-88

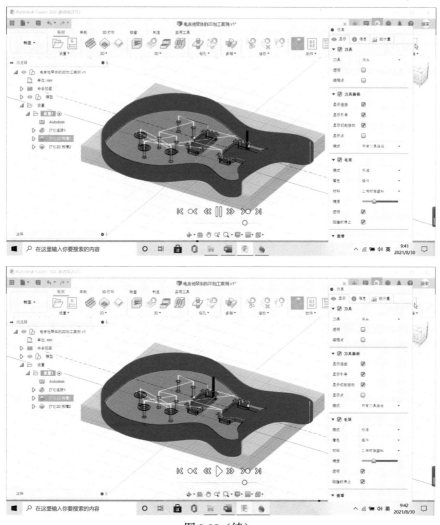

图 9-88（续）

9.2.2 3D 加工案例——自行车车座的加工

概述： 3D 加工相对于 2D 加工难度要大一些，因为不仅增加了一个维度，还涉及曲面加工。从加工的顺序上讲可以分为两个步骤：粗加工和精加工，其中精加工还包括半精加工。我们以 3.2.3 节中设计的自行车车座模型作为案例，给大家介绍一下 3D 铣削加工及仿真，如图 9-89 所示。

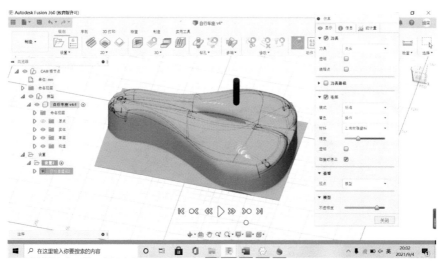

图 9-89

■ **生成毛坯**：了解毛坯类型以及生成方法。

■ **指定刀具**：熟悉刀具的设置并选择刀具。

■ **设置工作坐标系（WCS）**：熟悉工作坐标系的设置。

■ **自适应清洁**：掌握自适应清洁的加工策略及参数设置。

■ **加工路径**：掌握粗加工中最优负载和下切步距的设置；理解精加工中加工余量的参数。

■ **平行**：掌握平行的加工策略及参数设置。

■ **仿真**：熟悉毛坯与透明的观察与设置，掌握多刀路连续仿真技巧。

1. 粗加工

步骤1 ♂ 打开模型，生成毛坯。

首先打开自行车车座模型，然后切换到 CAM 的工作环境，进行粗加工的设置。

步骤2 ♂ 设置工作坐标系（WCS）

单击工具栏中的"设置"按钮，在"设置"对话框中的"工作坐标系（WCS）"选项组中把"Z 轴"设置成工作轴，如图9-90所示。

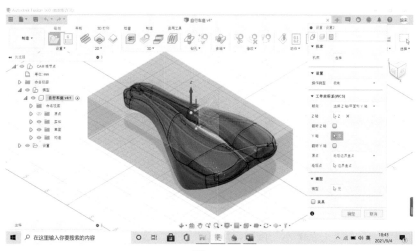

图 9-90

步骤3 ♂ 选择刀具

选择工具栏中的"3D命令"→"自适应清洁"命令，如图9-91所示。

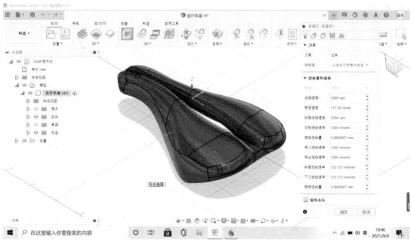

图 9-91

弹出"自适应"对话框，选择一把合适的刀具。由于这次加工的工件是曲面的，因此我们选择球头立铣刀，如图 9-92 所示。

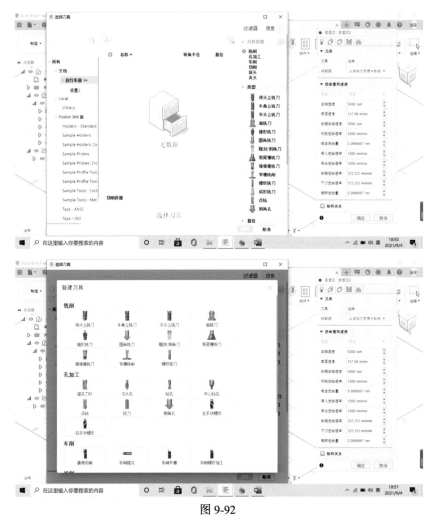

图 9-92

单击"球头立铣刀"按钮，选择"刀具"选项，设置刀具的直径为 10mm，单击"确定"按钮，并在下面的刀具库中选择一把符合要求的球头立铣刀，如图 9-93 所示。

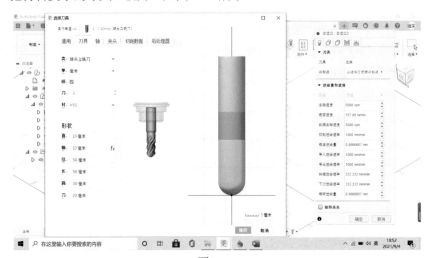

图 9-93

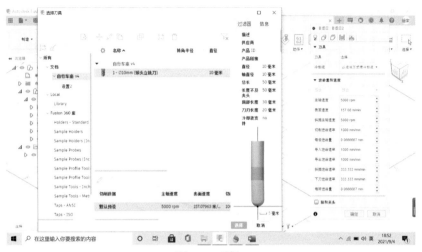

图 9-93（续）

这里的主轴速度指的是刀具的转速进给量，现在是每分钟 8000rpm。而切削进给速率为 1920mm/min，代表着每分钟进给 1920mm；斜插进给速率同样设置成 1920mm/min，如图 9-94 所示。

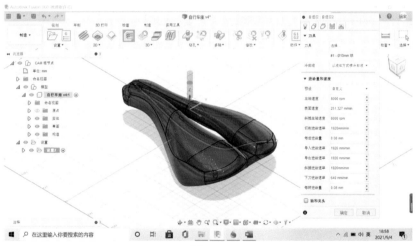

图 9-94

切换到"形状"选项卡，查看加工范围，如图 9-95 所示。

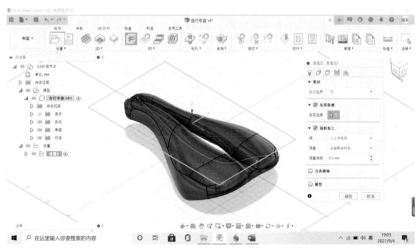

图 9-95

切换到"高度"选项卡，检查"退刀高度"和"安全高度"，如图 9-96 所示。

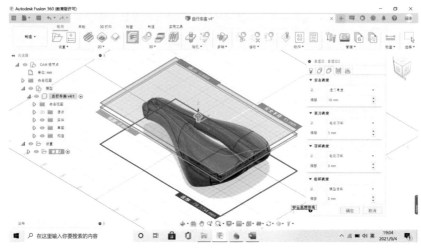

图 9-96

步骤 4 生成加工路径

切换到"加工路径"选项卡，其中有几项参数至关重要，如图 9-97 所示。

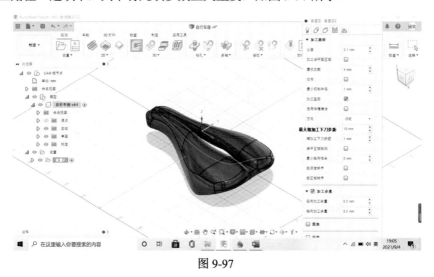

图 9-97

首先，"最优负载"这个参数指的是径向的行距，设置为 4mm，如图 9-98 所示。

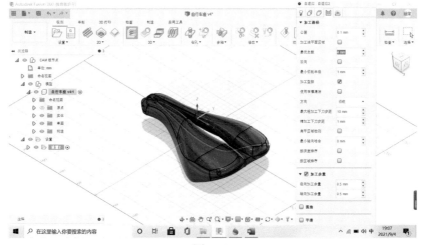

图 9-98

接下来"最大粗加工下切步距"参数是轴向的步距，设置为 3mm，如图 9-99 所示。

图 9-99

Fusion 360 会自动计算径向的行距和轴向的下切步距，并在浏览器中显示计算进度，如图 9-100 所示。

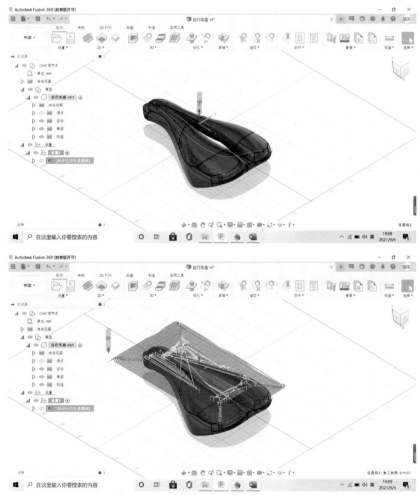

图 9-100

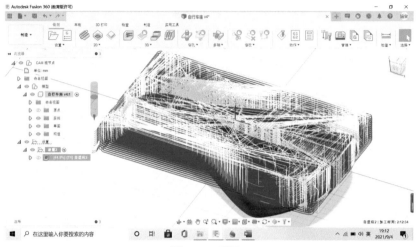

图 9-100（续）

计算完成后的行距和下切步距，如图 9-101 所示。

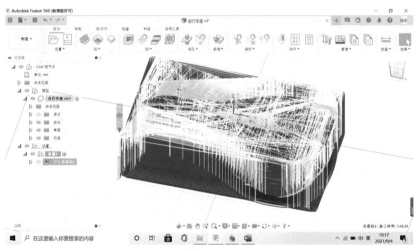

图 9-101

在浏览器中选择"自适应"选项，右击，在弹出的快捷菜单中选择"编辑"命令，把"加工路径"选项组中的 "最优负载"设置为 8mm，如图 9-102 所示。

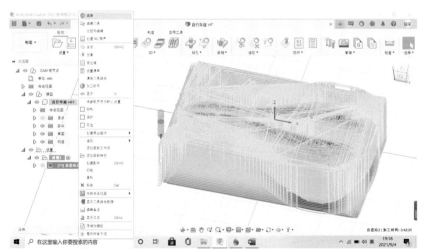

图 9-102

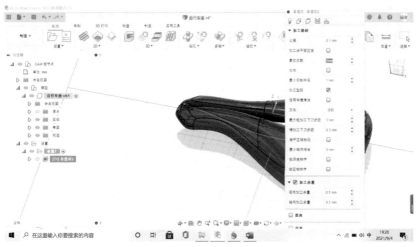

图 9-102（续）

可以观察到，加工的行距和下切步距疏缓了很多，如图 9-103 所示。

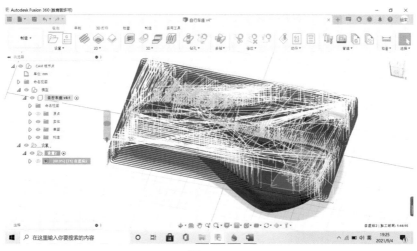

图 9-103

步骤 5 🔧 **粗加工仿真**

在浏览器中选择"自适应"，右击，在弹出的快捷菜单中选择"仿真"命令，如图 9-104 所示。

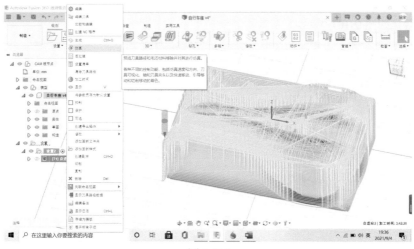

图 9-104

在弹出的"仿真"对话框中选中"毛坯"复选框，并单击视图中的"播放"按钮，如图 9-105 所示。

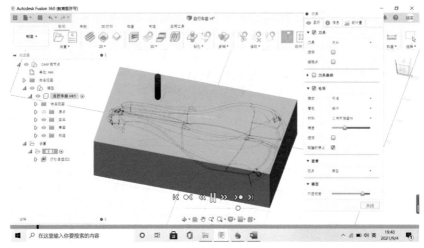

图 9-105

观察粗加工的仿真结果，如图 9-106 所示。

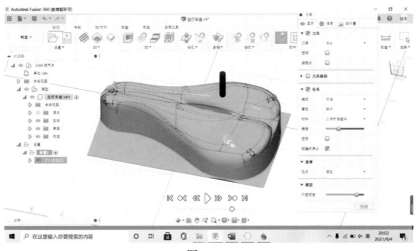

图 9-106

2. 精加工

Fusion 360 中提供的精加工类别有扁平、平行、轮廓、斜插、水平、交线清角、环绕等距、环切、径向、依外形环切和投影等，如图 9-107 所示。

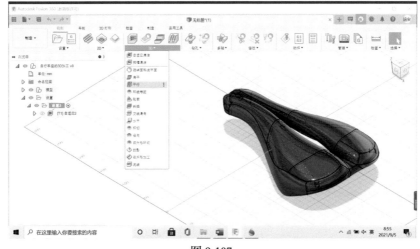

图 9-107

实际的曲面加工，可分为陡峭加工和平坦加工。在陡峭加工中，常用轮廓和斜插。轮廓是按等高的方式轴向加工，而斜插是一种螺旋轨迹的加工，它比轮廓这种等高加工要连贯。平坦加工常用平行加工、水平加工等。其中环切、径向都属于平行加工，而水平加工只加工 0° 平面（水平面）。交线清角一般只用于凹进部分的圆角部分的加工。我们以一张截面图来帮助大家理解曲面加工，如图 9-108 所示。

图 9-108

步骤 6 平行加工

车座工件进一步的精加工选择平行加工。平行加工是精加工种类中相对简单的，它的加工轨迹和行距都是水平线，如图 9-109 所示。

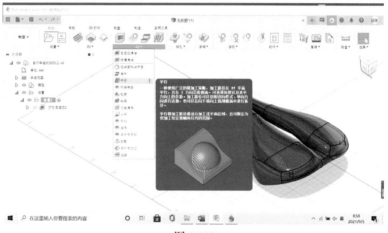

图 9-109

步骤 7 生成加工路径

将"加工路径"对话框中的"步距"设置为 1mm，如图 9-110 所示。

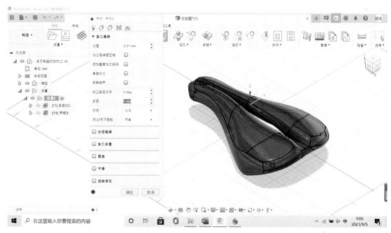

图 9-110

这里的"步距"也就是加工中提到的行距，是 XY 平面的投影行距。它和加工余量有关，决定着加工工件表面的粗糙度。在刀具直径不变的前提下，行距越大加工工件表面越粗糙，行距越小加工工件表面越精细，如图 9-111 所示。

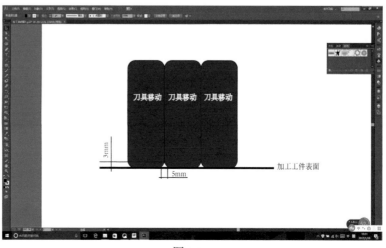

图 9-111

> 🔊 **注意**
>
> 在实际的加工制造中，我们所追求的加工表面的质量或者说加工精度，和加工材料、刀具材料和直径、加工余量都有着直接关系，刀具直径越大、行距越小，表面粗糙度值越小，那么表面质量就越好，反之就越差。

选中"加工余量"复选框，到了精加工这一环节，将"轴向加工余量"和"径向加工余量"都设置为0，如图9-112所示。

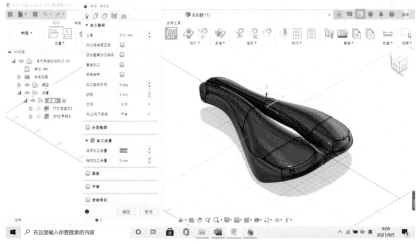

图 9-112

车座工件曲面上的加工路径呈现出水平状态，如图9-113所示。

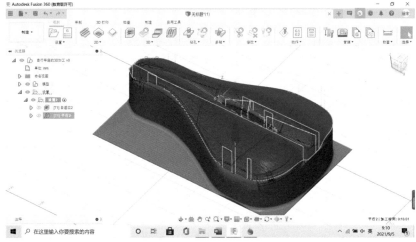

图 9-113

步骤8 🔧 加工仿真

在导视窗口中右击，在弹出的快捷菜单中选择"仿真"命令，如图9-114所示。

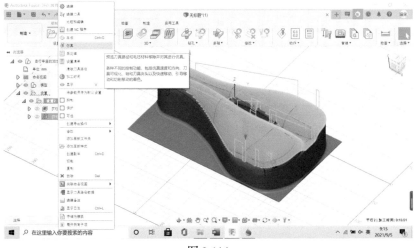

图 9-114

选中"毛坯"复选框，单击视图中的"播放"按钮，如图 9-115 所示。

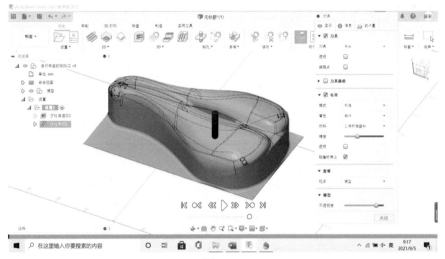

图 9-115

观察车座工件表面精加工仿真过程与仿真结果，如图 9-116 所示。

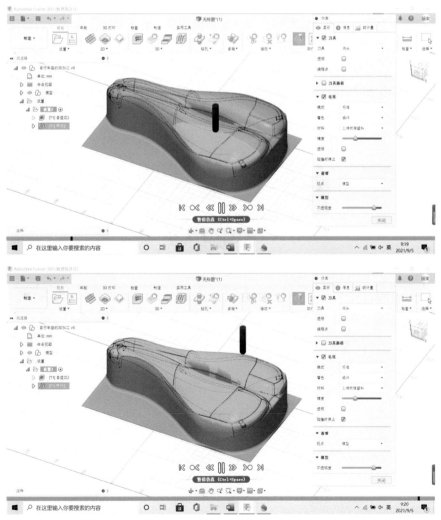

图 9-116

步骤 9 ♂ 多刀连续仿真

在浏览器中，按住 Ctrl 键或者 Shift 键，分别选择粗加工和平行精加工选项，右击，在弹出的快捷菜单中选择"仿真"命令。就可以在 Fusion 360 中进行多刀连续仿真动画，如图 9-117 所示。

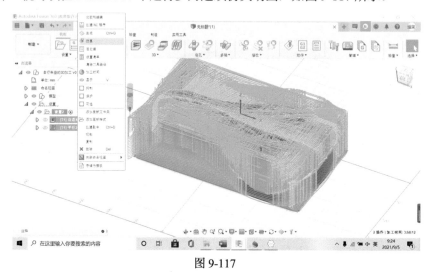

图 9-117

拖动"播放"按钮下方的滑块可以控制仿真动画的播放速度，最下方是仿真动画的播放进度，如图 9-118 所示。

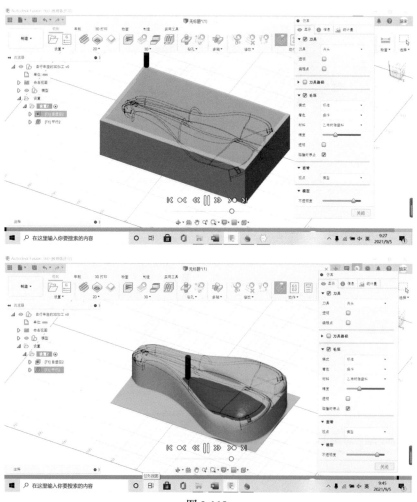

图 9-118

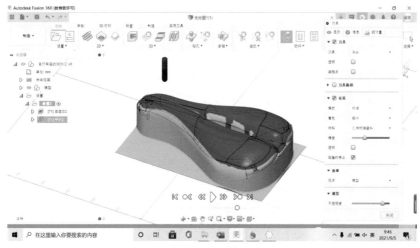

图 9-118（续）

9.3 后处理文件

接下来把 Fusion 360 中生成的加工路径输出为数控机床和系统可以接受的加工程序代码文件，我们称之为后处理文件。把生成的后处理文件交给数控机床，就可以进行实际的加工生产了。

9.3.1 数控系统的类型 ▼

先了解一下现有的数控系统。当前数控系统有一千多种类型，我国常用的数控系统有日本的发那科（Fanuc）数控系统，德国的西门子（Siemens）数控系统、德马吉（DMG）数控系统、哈斯（Haas）数控系统，以及中国的华中数控系统等。

Fusion 360 中可以支持的数控系统目前有几百种，包括发那科、西门子、德马吉、哈斯等常用的数控系统，如图 9-117 所示。

图 9-119

由于后处理文件具有针对性，不同的软件和数控机床都有自己的文件格式和后缀，因此，在 Fusion 360 中可以根据实际的数控系统类型选择要生成的后处理文件的数控系统类型。

1. 2D 加工案例生成加工代码

下面我们把 9.2.1 节中的 2D 加工案例进行后处理，生成 G 代码。选择"动作"→"后处理"命令，在弹出的对话框中单击"后处理"后的按钮（蓝色），如图 9-120 所示。

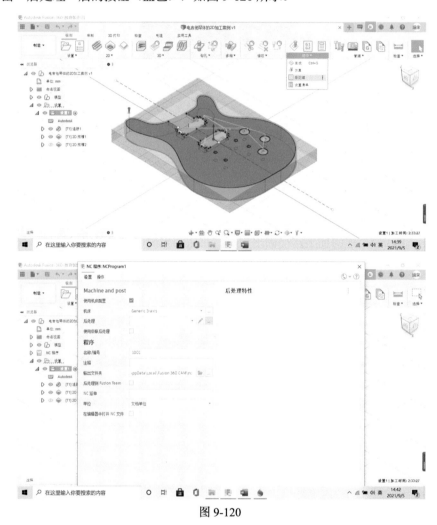

图 9-120

在"后处理库"对话框中选择"Fusion 360 库"，在过滤器的"能力"列表中选中"铣削"复选框，如图 9-121 所示。

图 9-121

选择输出的数控系统类型为哈斯 750 机床，如图 9-122 所示。

图 9-122

单击输出文件夹后的按钮，选择要输出的文件夹，如图 9-123 所示。

图 9-123

单击"后处理"按钮，生成后处理文件。我们可以打开文件夹查看后处理文件，也可以在记事本中打开后处理文件来查看加工代码（注意：一定要在 Windows 自带的记事本中打开查看后处理文件，不要在 Word 或者 WPS 等软件中打开）。9.2.1 节中 2D 加工案例中生成的 G 代码可从教材配套资源库中下载查看"1001.nc"文件。

2. 3D 加工案例中生成加工代码

下面我们把 9.2.2 节中的 3D 加工案例进行后处理，生成 G 代码。选择"后处理"命令，选择发那科 G91 数控机床，如图 9-124 所示。

图 9-124

选择输出的路径，名称 / 编号
设置为 1002。单击"后处理"按钮，
生成和输出后处理文件，如图 9-125
所示。

图 9-125

3D 加工案例 G 代码可从教材配套资源库中下载查看"1002.nc"文件。

9.4　3D 打印

3D 打印属于新的增材制造技术，业界关注度很高，也很适合用于产品模型和样机的实现，主要作用是产品评价以及后续的设计进阶。Fusion 360 通过预览网格结构、预印优化并自动创建优化的支撑结构，准备要进行 3D 打印的设计。还可以同时打印多个不同的设计。

Fusion 360 可轻松用于 3D 打印软件实用程序，包括 Meshmixer 和 Print Studio 等，它还与各种不同的 3D 打印机兼容，包括与 Type A Machines、Dremel、MakerBot 和 Ultimaker 提供的打印机直接集成。

9.4.1　Meshmixer 概述 ▼

Fusion 360 最开始搭配的 3D 打印程序是 Autodesk Print Studio，后来因 Print Studio 不再通过 Autodesk 下载，Fusion 360 改为提供制造行业更为熟悉的 Meshmixer 打印程序。Meshmixer 是 Autodesk 旗下的一款 3D 原型设计工具，这款软件虽然免费但功能上却不逊于其他的原型设计软件。Meshmixer 主要用于处理三维网格文件。它给了设计者很大的自由度，可以完美导入、编辑、修改和绘制各种 3D 模型。新版本增加了对 3D 打印机的驱动支持，这样用户可以将设计完成的 3D 模型，直接从 Meshmixer 上输入到自己的 3D 打印机上打印出来。

它也是最流行的 .STL 文件检测和修复的程序之一，允许用户预览、改善和修复 3D 模型，以确保正常的 3D 打印；同时它也具备强大的入门级建模工具，使用的是三角形网格。Meshmixer 支持大部分的桌面 3D 打印机，同时也可以将模型上传到 Shapeways、Sculpteo 和 i.materialise 进行打印。接下来了解一下 Meshmixer 的打印界面、功能命令与打印案例，如图 9-126 所示。

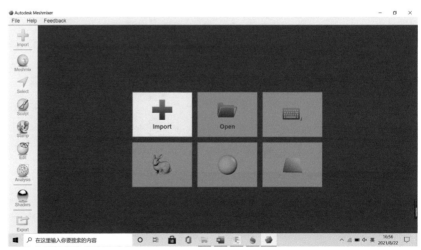

图 9-126

9.4.2　Meshmixer 打印案例 ▼

概述：Fusion 360 在设计工作空间中提供了 3D 打印功能，可通过功能强大的 Meshmixer 进行打印设置，我们将以 3.3 节中的凳子曲面模型为例作为加工工件进行打印设置与仿真预览。在这个案例中我们要介绍增材制造刀具路径的生成，打印参数的设置，后处理文件的生成与查看，以及加工仿真等功能。

学 习 要 点

- **加工库：了解机床的选择与信息的查看方法。**
- **指定刀具：熟悉刀具的设置并选择刀具。**
- **增材刀具路径：掌握如何生成刀具路径与查看打印进度。**
- **后处理：掌握生成正确的后处理文件并打开文件查看 G 代码方法。**
- **加工仿真：了解模拟增材刀具路径命令并播放仿真动画方法。**

1. 打开工件

打开 3.3 节中的凳子模型，选择"生成"→"3D 打印"命令，如图 9-127 所示。

在弹出的"3D 打印"对话框的"输出"选项组中选中"发送到 3D 打印实用程序"复选框，在"打印实用程序"下拉列表中选择 Meshmixer 选项。如果系统中没有安装 Meshmixer，软件会自动提示下载安装。用选择工具在浏览器中单击实体，生成预览网格。现在对话框中显示三角形数是 17064 个，如图 9-128 所示。

> 🔊 **提示**
>
> 第一次使用 3D 打印功能和尚未安装 Meshmixer 的用户需要先下载安装 Meshmixer。

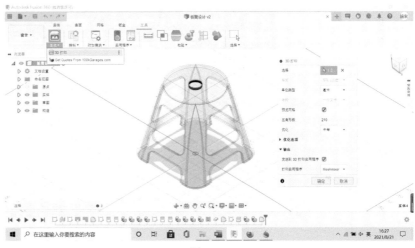

图 9-127

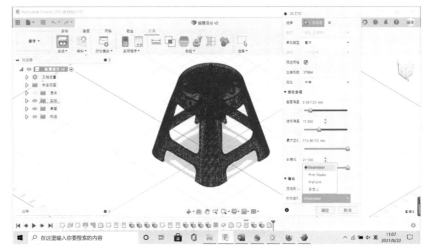

图 9-128

单击"确定"按钮，软件自动启动 Meshmixer，如图 9-129 所示。

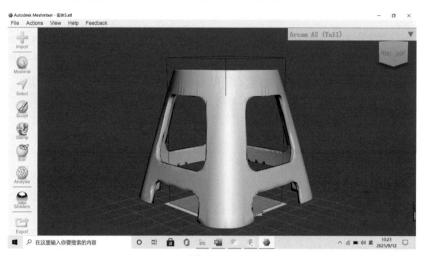

图 9-129

我们也可以先打开 Meshmixer 软件，然后单击"+Import"按钮导入模型，如图 9-130 所示。

图 9-130

如果模型过大，就会超出打印机的尺寸，如图 9-131 所示。

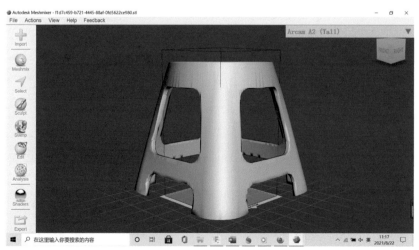

图 9-131

单击 Edit 按钮，可以在视图中预览模型的尺寸（Size X、Y、Z），接着可以通过设置 Scale 参数来控制打印模型的大小，如 Scale X 为 0.5，Scale Y 为 0.5，Scale Z 为 0.5，如图 9-132 所示。

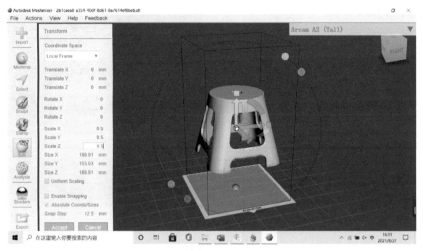

图 9-132

这样整个模型就在打印范围之内了。单击对话框中的 Translate Y 后的数值，输入 -70mm，可以在视图中沿着 Y 轴向下移动模型，如图 9-133 所示。

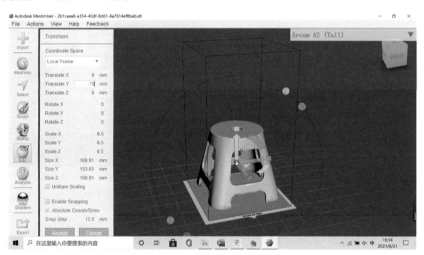

图 9-133

单击屏幕右上方 Arcam 后的下拉按钮，可以更换打印机，不同的打印机打印尺寸也不相同，默认打印机为 Arcam A2（Tall），如图 9-134 所示。

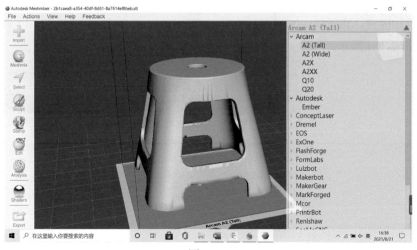

图 9-134

单击 Analysis（分析）按钮，选择 Orientation（方向）命令，如图 9-135 所示。

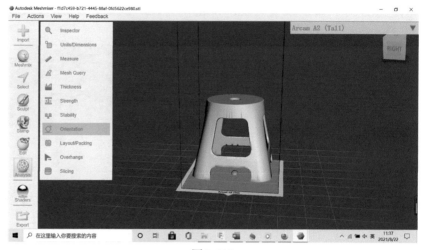

图 9-135

将模型倒置打印，这是由于打印的过程中凳子腿较轻，凳子面会堆积更多材料相对较重。将模型倒置打印，单击对话框下方的 Accept 按钮，如图 9-136 所示。

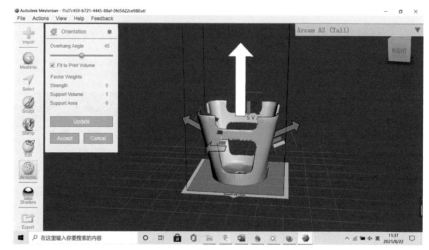

图 9-136

2. 打印支撑的生成

接下来就可以为打印的模型生成打印支撑了。单击左侧工具栏中的 Analysis（分析）按钮，选择 Overhangs（支架）命令，在弹出的对话框下方单击 Generate Support（生长支撑）按钮，自动生成打印支撑，如图 9-137 所示。

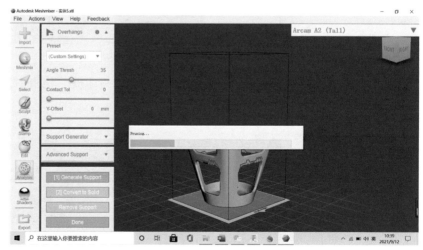

图 9-137

用户可以通过 Support Generator（支架生长）选项组下的参数滑块调节支架，或者选择 Advanced Support（先进支撑）选项组下的参数滑块调节支架，如图 9-138 所示。

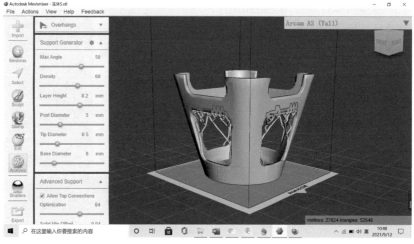

图 9-138

假如支架不符合打印需求，可以单击 Remove Support（删除支撑）按钮，符合打印要求就单击 Done 按钮，如图 9-139 所示。

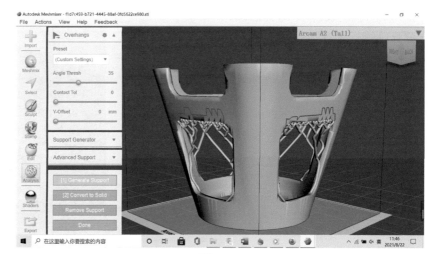

图 9-139

3. 工件切片与打印文件

单击左侧工具栏中的 Analysis（分析）按钮，选择 Slicing（切片）命令，将模型分层切片，如图 9-140 所示。

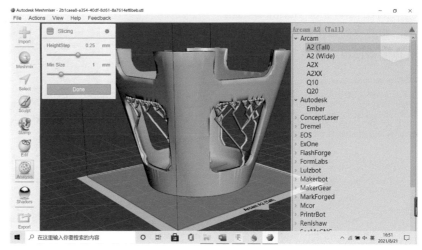

图 9-140

这里可以计算打印面数和切片的数量，智能化程度较高。从右下方的分层结果可以看到，模型三角面数为 27024，分为 52648 层切片，如图 9-141 所示。

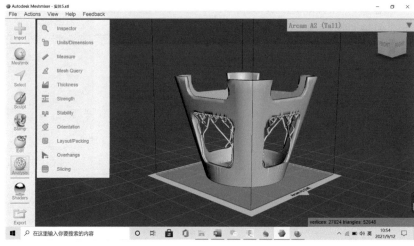

图 9-141

单击左侧工具栏中的 Analysis（分析）按钮，选择 Thickness（厚度）命令，计算支撑的厚度，红色显示支架厚度有问题，如图 9-142 所示。

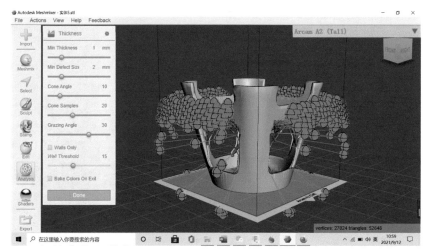

图 9-142

向左拖动 Min Thickness 的滑块，修改支架厚度错误。可以看到红色的错误提示消失了，如图 9-143 所示。

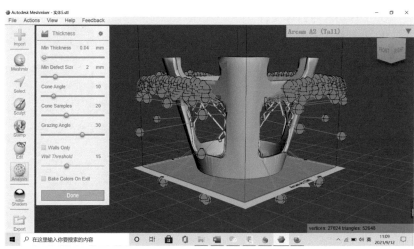

图 9-143

单击左侧工具栏中的 Analysis（分析）→ Strength（强度）命令，计算支撑的强度，如图 9-144 所示。

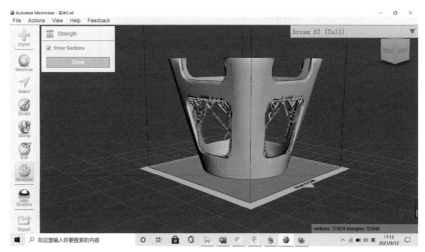

图 9-144

最后导出打印机文件。单击 Export 按钮，文件名为凳子的 3D 打印，选择导出路径并保存。Meshmixer 支持的文件格式包括：OBJ、STL、3MF、AMF、PLY、VRML、SMESH 等。选择 STL 格式导出文件，在相应的文件夹中就可以找到已经生成的打印文件了，如图 9-145 所示。

图 9-145

4. Meshmixer 工具及命令介绍

Meshmixer 打印程序的工具栏为用户提供了 9 种功能：Import（导入）、Meshmix（网格混合）、Select（选择）、Sculpt（数字雕刻）、Slamp（中间断层）、Edit（编辑）、Analysis（分析）、Shaders（着色）和 Export（导出）。其中 Import（导入）主要是导入或打开现有的打印模型，如图 9-146 所示。

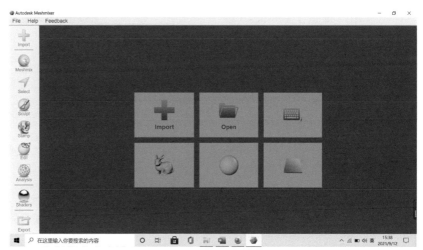

图 9-146

- Meshmix（**网格混合**）：
提供了程序自带的可打
印模型，除了几何体外，
还包含了有机的生物模
型，例如胳膊、腿、翅
膀等，这些模型也可以
组合在一起打印。在屏
幕的右上角可选择不同
的打印机，如图 9-147
所示。

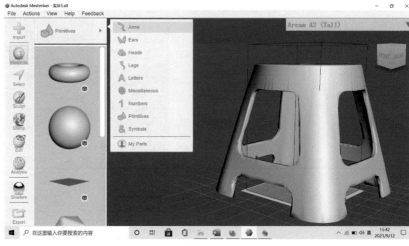

图 9-147

- Select（**选择**）：为用户
提供笔刷，可以调节笔
刷的大小并选择模型区
域，笔刷选择的区域以橙
色显示，如图 9-148 所示。

图 9-148

- Sculpt（**数字雕刻**）：为
用户提供了 Brushes（雕
刻笔刷）、Falloff（衰减）、
Color（色彩）等功能，
通过此功能可进行数字
雕刻，改变打印工件形
态，在对话框中可调节
长短、面积和深度等选
项，如图 9-149 所示。

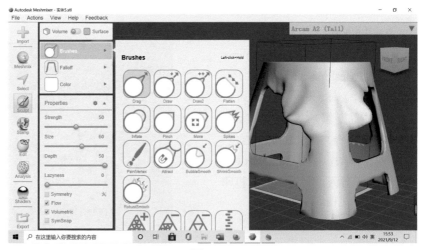

图 9-149

- Slamp（**中间断层**）：为
  用户提供断层截面形状，
  如图 9-150 所示。

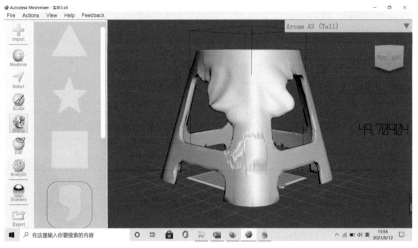

图 9-150

- Edit（**编辑**）：包
  括 Mirror（镜像）、
  Duplicate（重复）、
  Transform（变形）、
  Align（对齐）、Create
  Pivot（创建中心点）、
  Plane Cut（裁切平面）等
  命令。例如工件超出打
  印尺寸，用户就可以通
  过变形功能中的缩放来
  修改工件大小比例，如
  图 9-149 所示。

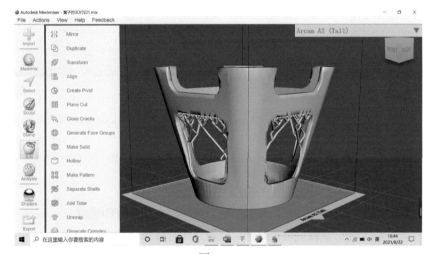

图 9-151

- Analysis（**分析**）：包
  括 Inspector（检查）、
  Thickness（厚度）、
  Strength（强度）、
  Stability（稳定性）、
  Layout/Packing（布局动
  画）、Overhangs（支架）
  和 Slicing（切片）等命令。
  用户可以通过这些命令
  来实现支架的生成与修
  复，工件的切片生成等
  功能，如图 9-152 所示。

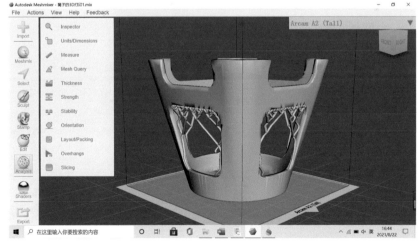

图 9-152

Shaders（着色）提供了自带的视觉材料，Export（导出）命令则是为了导出打印文件，支持的文件格式包括：OBJ、STL、3MF、AMF、PLY、VRML、SMESH 等。

9.4.3　Fusion 360 3D 打印案例

概述： Fusion 360 的制造工作空间中包含 3D 打印功能。3D 打印是更加便捷的加工方式，我们将以第 3 章中的马克杯模型作为加工工件进行打印设置与仿真预览。在这个案例中我们要介绍增材制造刀具路径的生成，打印参数的设置，后处理文件的生成与查看，以及加工仿真等功能。

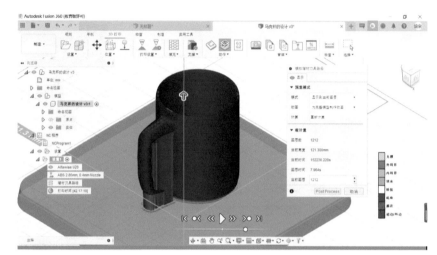

图 9-153

学习要点

- **加工库：** 了解机床的选择与信息的查看。
- **指定刀具：** 熟悉刀具的设置并选择刀具。
- **增材刀具路径：** 掌握如何生成刀具路径与查看打印进度。
- **后处理：** 掌握生成正确的后处理文件并打开文件查看 G 代码。
- **加工仿真：** 了解模拟增材刀具路径命令并播放仿真动画。

1. 打开工件

打开 3.2.1 节中的马克杯模型，切换至制造工作空间，选择"设置"→"新建设置"命令，如图 9-154 所示。

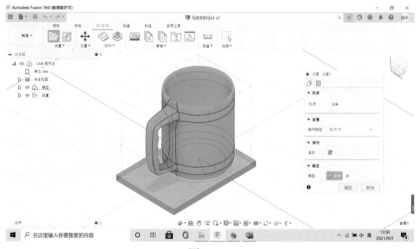

图 9-154

2. 参数设置

在弹出的"设置"对话框中，单击"机床"后的"选择"按钮，在"加工库"对话框中选择左侧的"Fusion 360 库"，并选中右侧过滤器中的"3D 打印"复选框，如图 9-155 所示。

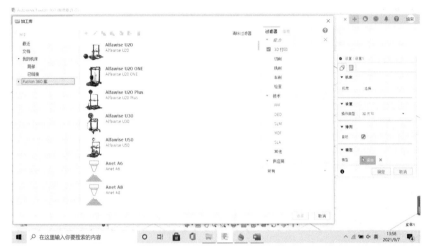

图 9-155

选择 Alfawise U20 打印机，在右侧信息栏中可浏览打印尺寸等信息，单击"选择"按钮，如图 9-156 所示。

图 9-156

在"设置"对话框模型后的"实体"选项中，选择马克杯工件，如图 9-157 所示。

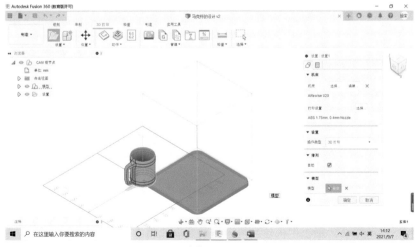

图 9-157

单击"设置"对话框中"打印设置"后的"选择"按钮，弹出"打印设置库"对话框。选择打印材料，在右侧的过滤器中选择打印技术、图层高度和打印丝直径等，在信息中可以查看已选择的打印材料信息，如图 9-158 所示。

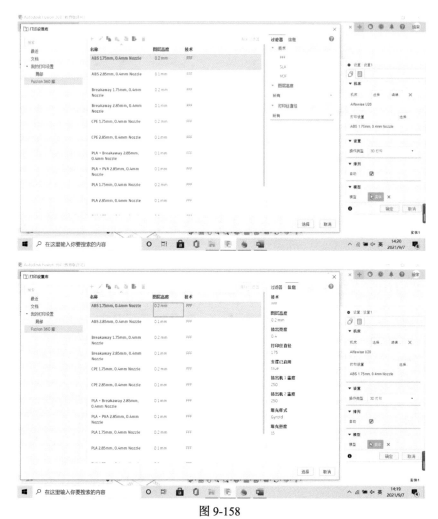

图 9-158

单击"确定"按钮，马克杯工件已放置在打印范围内，如图 9-159 所示。

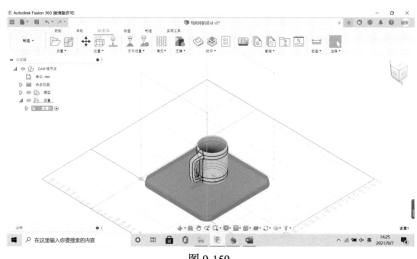

图 9-159

位置工具集下包括移动组件、最小化构建高度、自动定向、将零件放置在平台上和碰撞检测 5 个命令。选择"移动组件"命令，选择马克杯工件，向上移动 30mm，如图 9-160 所示。

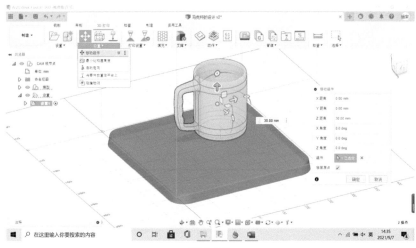

图 9-160

选择"位置"→"将零件放置在平台上"命令，选择马克杯工件，设置"平台间隙"为 0.00mm，单击"确定"按钮，马克杯工件重新被放置在平台上，如图 9-161 所示。

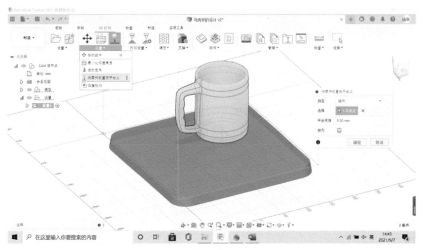

图 9-161

选择"打印设置"→"选择"命令，在弹出的"打印设置库"对话框中选择打印材料及参数，如图 9-162 所示。

图 9-162

3. 增材刀具路径与打印进度计算

选择"动作"→"生成"命令，生成增材刀具路径。Fusion 360 会自动计算刀具路径，并在屏幕左侧的浏览器中显示计算进度，如图 9-163 所示。

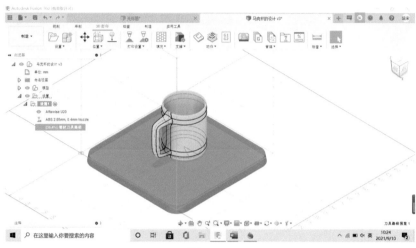

图 9-163

增材刀具路径计算完成后将
会计算打印时间，在屏幕左侧的浏
览器中显示计算进度，如图 9-164
所示。

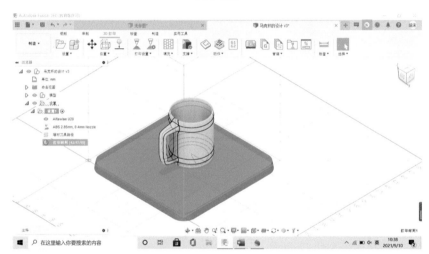

图 9-164

在打印时间进度上右击，在弹
出的快捷菜单中选择"打印统计信
息"命令，弹出"打印统计信息"
对话框，查看打印的具体参数信
息，如图 9-165 所示。

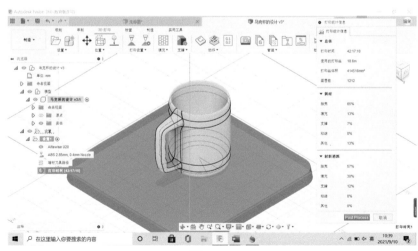

图 9-165

4. 后处理

选择"动作"→"后处理"命令，弹出 NC 程序对话框，在"输出文件夹"后选择保存路径，单击"后处理"按钮，生成后处理文件。在屏幕左侧的浏览器中会显示后处理信息，如图 9-166 所示。

图 9-166

在浏览器的 NC 程序下右击，在弹出的快捷菜单中选择"打开 NC 输出文件夹"命令，可以找到文件。 用记事本打开名称为 1001.nc 的文件，查看 G 代码，如图 9-167 所示。

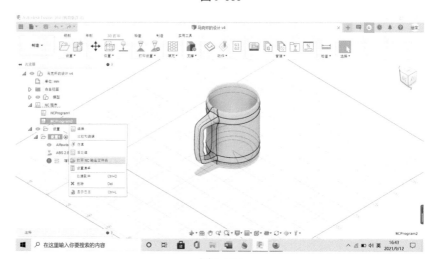

图 9-167

5. 模拟增材刀具路径

在浏览器的增材刀具路径上右击，在弹出的快捷菜单中选择"模拟增材刀具路径"命令，弹出"模拟增材刀具路径"对话框，单击屏幕下方的"播放"按钮▶，观看加工仿真动画，如图 9-168 所示。

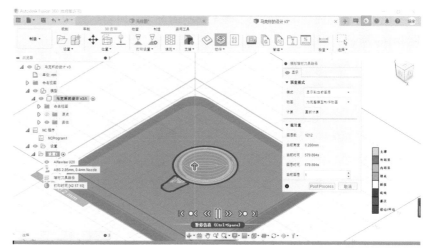

图 9-168

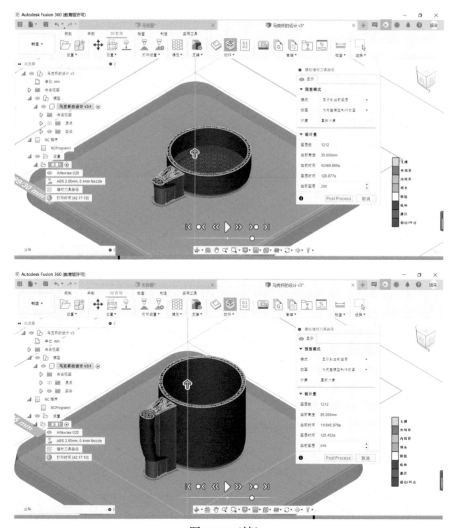

图 9-168（续）

　　加工仿真完成后，在确保工件无误的情况下，可将后处理文件提交给相对应的打印机进行 3D 打印，如图 9-169 所示。

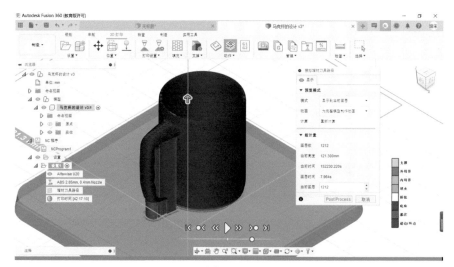

图 9-169

1. 设计界面中英文对照

2.T 样条界面中英文对照

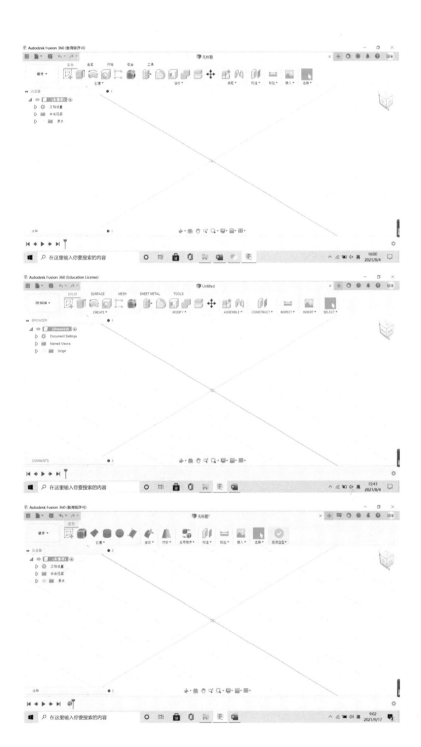

3. 衍生式设计界面中英文对照

4. 渲染界面中英文对照

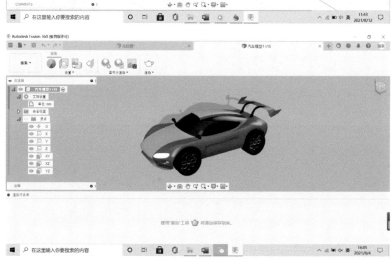

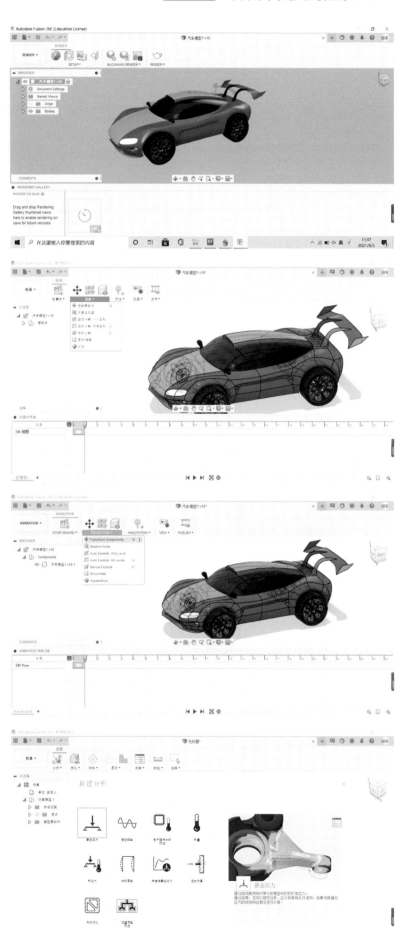

5. 动画界面中英文对照

6. 仿真界面中英文对照

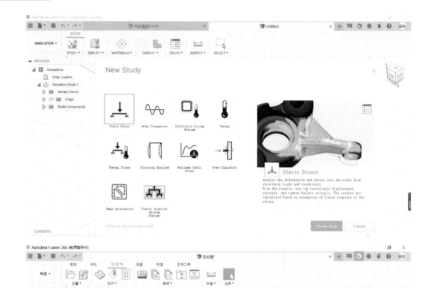

7. 制造界面中英文对照

8. 3D 打印界面中英文对照

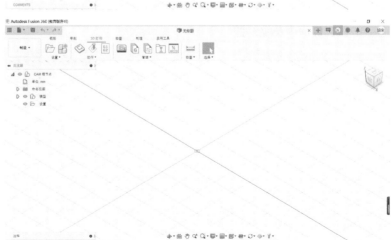

9. 工程图界面中英文对照

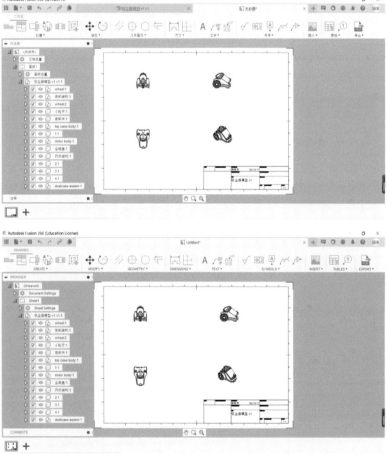

10. 工作空间中英文对照

11. 浏览器中英文对照

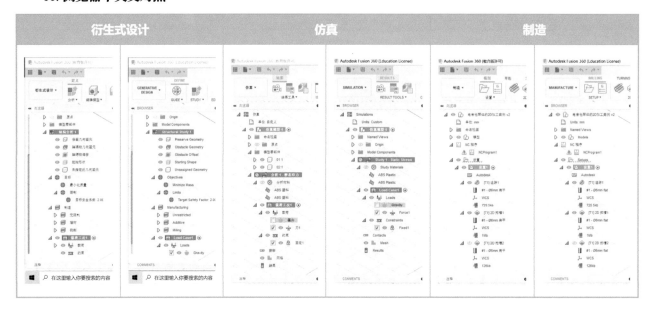

1. 命令集中英文对照

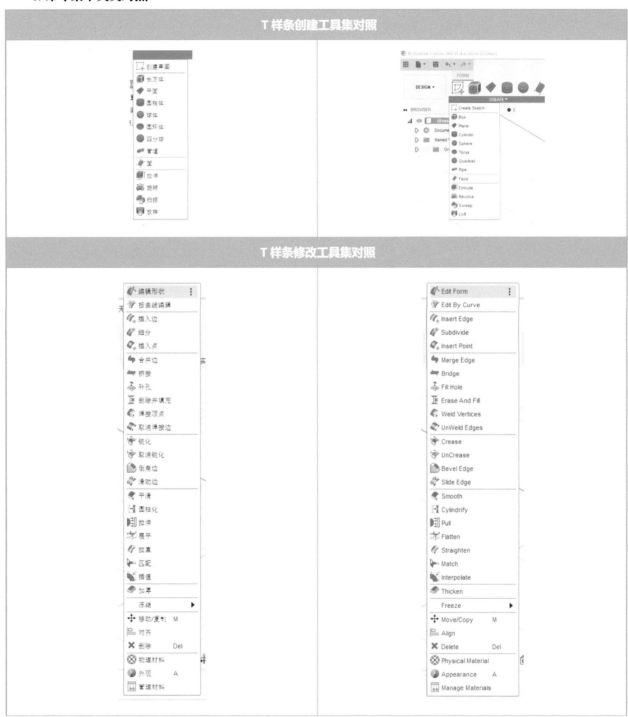

T 样条对称工具集对照

T 样条实用程序工具集对照

T 样条构造工具集对照

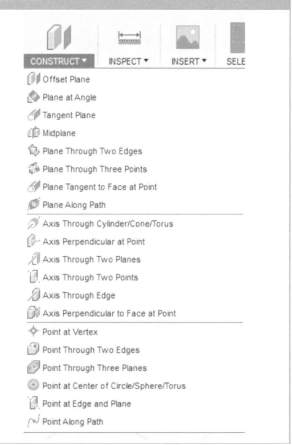

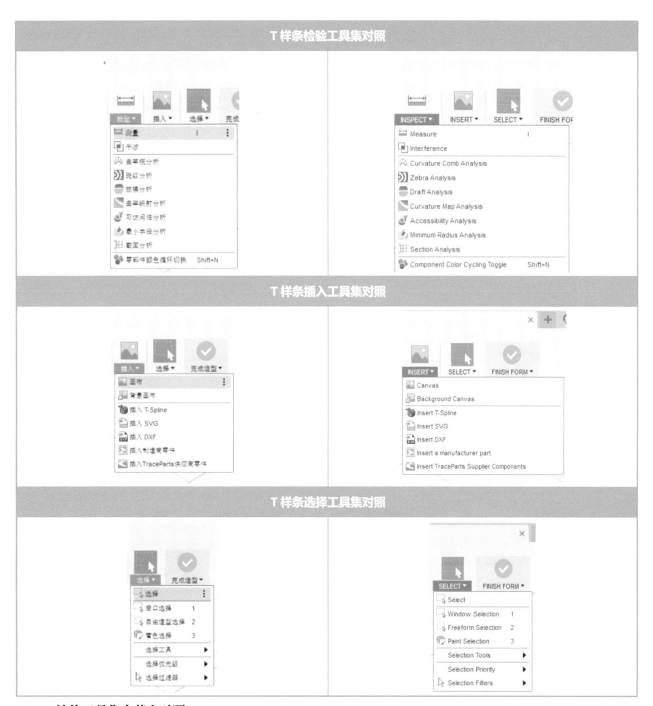

2. 渲染工具集中英文对照

画布内渲染工具集对照

1. 平面

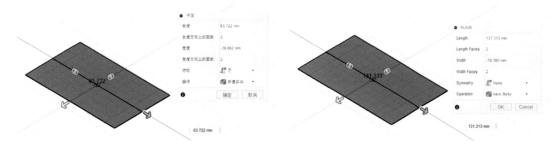

2. 编辑形状

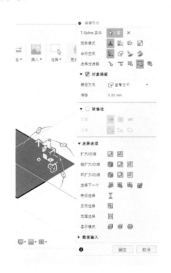

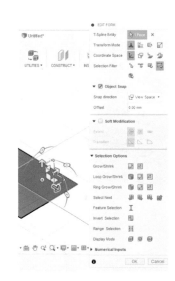

3. 补孔

4. 插入边

5. 焊接顶点

6. 合并边

7. 加厚

8. 桥接

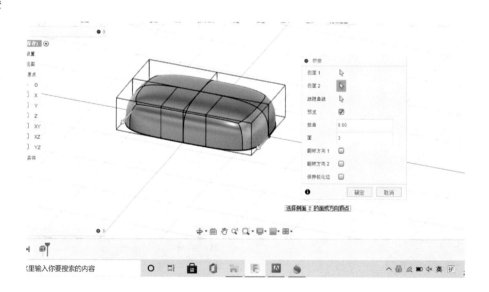

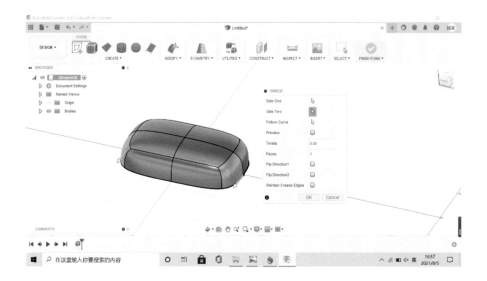

9. **细分**

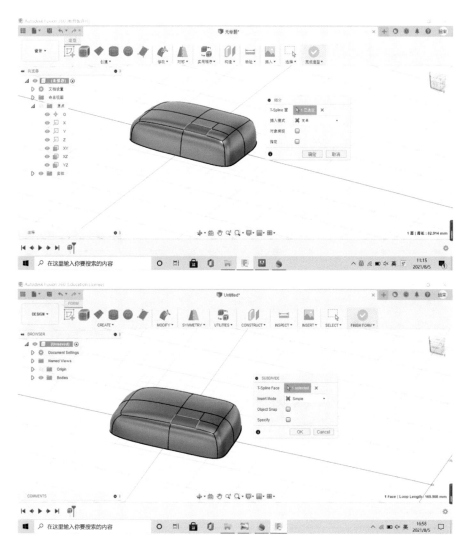

10. 锐化

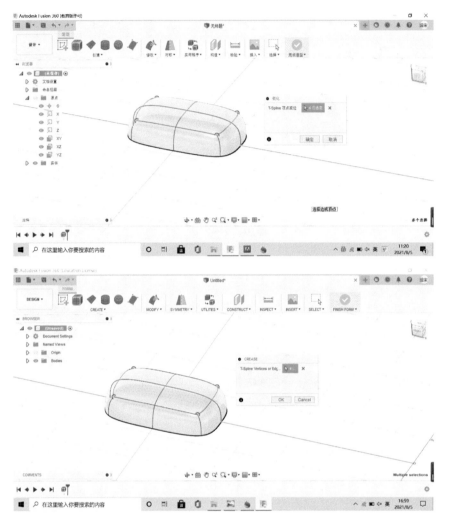

11. 取消锐化

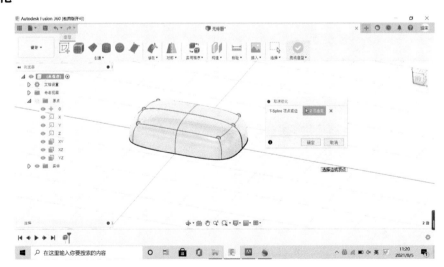

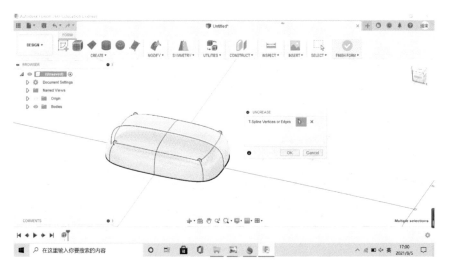

12. 移动 / 复制

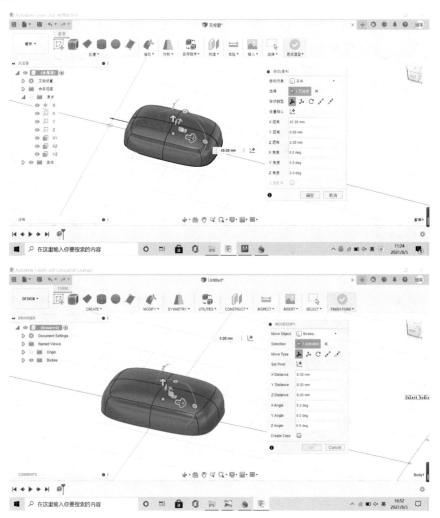

13. 镜像 - 复制

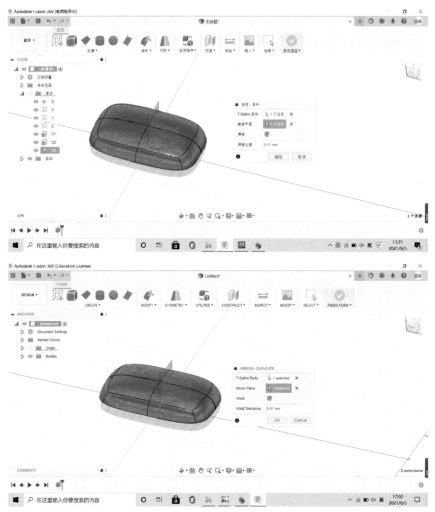

14. 镜像 - 内部

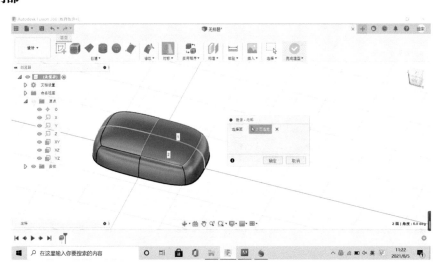

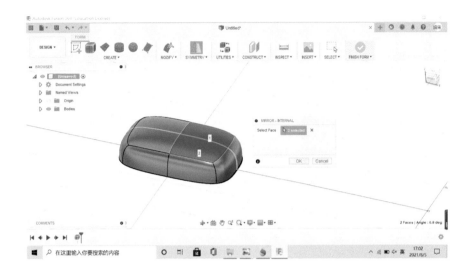

15. 外观

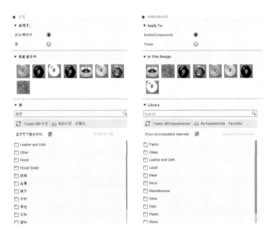

16. 场景设置

17. 画布内渲染

18. 环境库

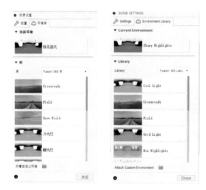

19. 图像选项

20. 材料属性

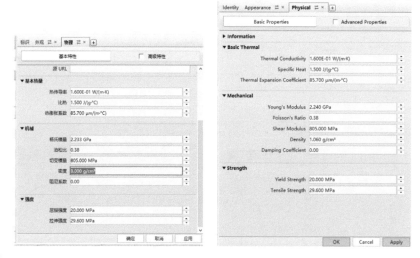

21. 手动接触

22. 刀具

23. 形状

24. 高度

25. 加工路径

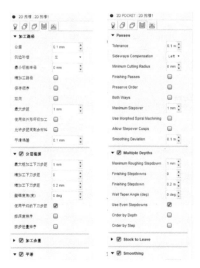

26. 连接

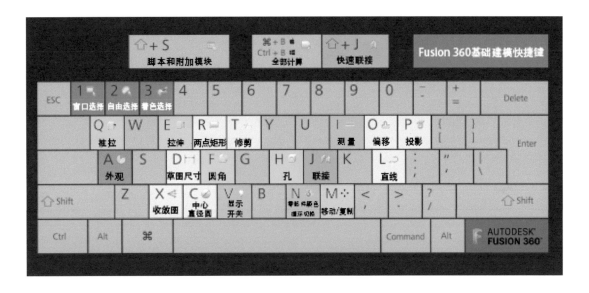